# 农作物种子知识问答

主　编　魏　明　何　川

副主编　李亚迅　许昌慧　杨婷婷　郑红武　徐　俊

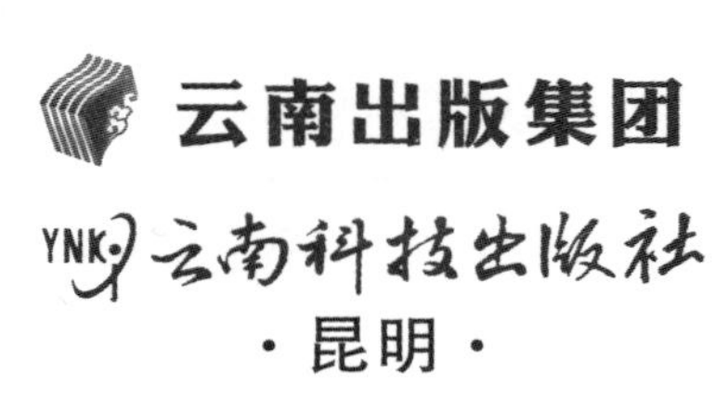

图书在版编目(CIP)数据

农作物种子知识问答 / 魏明，何川主编. -- 昆明 : 云南科技出版社，2022.5（2023.6 重印）
ISBN 978-7-5587-4138-8

Ⅰ. ①农… Ⅱ. ①魏… ②何… Ⅲ. ①作物－种子－问题解答 Ⅳ. ①S330-44

中国版本图书馆CIP数据核字(2022)第068369号

**农作物种子知识问答**
NONGZUOWU ZHONGZI ZHISHI WENDA
魏明　何川　主编

出 版 人：温　翔
策　　划：刘　康
责任编辑：王　韬
封面设计：昆明上厚文化
责任校对：张舒园
责任印制：蒋丽芬

书　　号：ISBN 978-7-5587-4138-8
印　　刷：北京长宁印刷有限公司天津分公司
开　　本：889mm×1194mm 1/16
印　　张：16.75
字　　数：340千字
版　　次：2022 年 5 月第 1 版
印　　次：2023 年 6 月第 2 次印刷
定　　价：45.00元

出版发行：云南出版集团　云南科技出版社
地　　址：昆明市环城西路609号
电　　话：0871-64192372

# 《农作物种子知识问答》编写人员名单

主　编　魏　明　何川

副主编　李亚迅　许昌慧　杨婷婷　郑红武　徐　俊

**编写人员**

陈赟娟　丁乃一　龚菊声　郭琼仙

何　川　李俊流　李廷荣　李亚迅

魏　明　徐　俊　许昌慧　杨天丽

杨婷婷　姚月波　张玉强　郑　琦

郑红武

# 简介

BRIEF INTRODUCTION

本书共九章，全书以《种子法》为指导思想，以品种管理、种子生产经营和种子质量控制为核心内容。第一章至第四章紧密围绕《种子法》及相关配套法规，对种质资源、品种管理、生产经营等现行种子管理制度和种子生产经营中常见问题，采用一问一答方式，进行了详细解释说明；种子检验是种子质量控制以及监督管理的技术支撑，第五章重点介绍了种子质量常规检验、分子检测和活力检测等方法和技术；第六章至第九章，针对当前种子市场作物品种类型多以及药用种子、种薯种苗、食用菌菌种生产经营中常出现的质量问题，从基础知识、质量控制、检验检测、生产经营等方面着手，深入浅出地对这些近年来发展快、市场需求大的种子类型进行了介绍。

本书内容丰富，涉及面广，具有较强的规范性、针对性和实用性。适合种业从业人员、种业管理人员和基层农技推广人员在工作中阅读参考，也可供农业职业技术院校的广大师生在学习中参考。

# 前 言

PREFACE

种业是战略性、基础性核心产业，是促进农业长期稳定发展、保障国家粮食安全的根本。种子事关农业农村现代化及人民美好生活，种源安全事关国家安全。种子被誉为农业的“芯片”，在我国农业发展中具有不可替代的战略作用。2021年7月9日，习近平总书记在审议《种业振兴行动方案》时提出“农业现代化，种子是基础，必须把民族种业搞上去，把种源安全提升到关系国家安全的战略高度，集中力量破难题、补短板、强优势、控风险，实现种业科技自立自强、种源自主可控”，充分体现了以习近平同志为核心的党中央对种业的高度重视，为我们抓好种业振兴指明了方向、提供了遵循。

种子是现代农作物种业体系构建和持续发展的核心，熟练掌握种子基础、生产加工经营、法律法规，以及质量控制、检验技术等内容，是种子产业发展和种子管理的前提，也是打好种业翻身仗，切实推进种业振兴的基础。为此，针对我省种子管理和产业发展现状以及存在的问题，我们组织长期从事种子技术推广和种子管理工作、具有丰富实践经验的人员，编写《农作物种子知识问答》一书，按照内容实用、文字易懂、科普性强的原则，以问答的形式，比较全面系统地介绍种子法律制度、农作物种子、种薯、种苗，以及食用菌菌种的基础知识、质量要求和检验技术等内容，有助于读者了解种子管理制度，质量控制、检验技术，适合种子管理人员和种子从业人员参考和查询，以提高种子管理水平，增强种子质量意识，促进我省种子产业质量提升和创新发展。

本书共九章，全书以《种子法》为指导思想，以品种管理，种子生产经营和种子质量控制为核心内容。第一章至第四章紧密围绕《种子法》及相关配套法规，对种质资源、品种管理、生产经营等现行种子管理制度和种子生产经营中常见问题，采用一问一答方式，进行了详细解释说明；种子检验是种子质量控制以及监督管理的技术支撑，第五章重点介绍了种子质量常规检验、分子检测和活力检测等方法和技术；第六章至第九章，针对当前种子市场作物品种类型多以及药用种子、种薯种苗、食用菌菌种生产经营中常出现的质量问题，从基础知识、质量控制、检验检测、生产经营等方面着手，深入浅出地对这些近年来发展快、市场需求大的种子类型进行了介绍。本书最大亮点是立足现实，强调理论与实践统一，以专业问题专业释疑的模式来编写，文字通俗易懂，又不失专业水准，使读者获得解决专业问题的知识和能力。同时，本书配合内容，编制了大量表格，直观、简捷地表达出其含义，可作为技术资料，方便查阅。

尽管编写人员查询参考了大量资料和技术文献，做了很大努力，但因农作物种子范围广泛，涉及多个学科和多种技术，加之时间仓促，水平有限，书中仍有许多不完善之处。敬请同行专家和读者批评指正。

编　者

# 目　录

# 第一章　基础篇

## 1.什么是种子？

种子在植物学上是指由胚珠发育而成的繁殖器官，由胚、胚乳、种皮三部分构成，通常称为真种子。在农业生产上，作为繁殖材料的种子，含义比较广泛，凡是可以直接用作播种材料的植物器官都称为农作物种子，包括真种子、果实、用作繁殖的营养器官、人工种子等。

按照《中华人民共和国种子法》（以下简称《种子法》）的规定，种子是指农作物的种植材料或者繁殖材料，包括籽粒、果实、根、茎、苗、芽、叶、花等。种植材料是指直接用于农业种植生产的各种材料；繁殖材料是指用于生产繁殖种植材料或农业生产、科研中所需的各种材料，如原种、亲本等。

在农业种植生产中，最常见的种子类型有籽粒类的种子、种苗、苗木、使用植物营养繁殖器官的种薯、根、茎、叶、芽等和食用菌菌种。

## 2.什么是人工种子？

人工种子是指将植物离体培养中产生的体细胞胚或者能发育成完整植株的分生组织(芽、愈伤组织、胚状体等)包埋在含有营养物质和具有保护功能的外壳内，形成类似天然种子的颗粒体。在适宜条件下，人工种子能够发芽出苗，长成正常植株。完整的人工种子结构与真种子类似，由胚体、人工胚乳、人工种皮三部分构成，因为是人工合成，所以也称为合成种子、人造种子。

人工种子在本质上属于无性繁殖体，种子生产不受环境条件和遗传变异等不利因素的限制，具有一些独特优点：一是对自然条件下不能正常产生种子或种子昂贵的珍稀植物，如三倍体、非整倍体、工程植物等，均可利用人工种子进行繁殖生产；二是结合生物工程技术，可批量快速生产体细胞胚，进而合成人工种子，及时满足规模化生产需求；三是可通过人工种子技术固定杂种优势，保持杂种材料的遗传稳定性；四是人工种子的养分和保护成分能提高种子抗性水平；五是人工种子生产有利于质量控制，可节省制种用地，避免种传病害，种子更加适宜机械化播种。

## 3.种子的化学成分有哪些?

种子含有的化学成分种类多，按照性质和作用的不同，可分为水分、营养物质、生理活性物质和其他化学成分四大类。

种子水分是种子生命活动的介质，在种子形成、成熟、贮藏、发芽等各个不同时期，种子的物理特性和生理生化变化都和水分的状态及含量密切相关。

种子的营养物质主要包括蛋白质、糖类、脂类。蛋白质是生命活动的基质，在种子萌发和发育中起决定性作用，主要用于合成幼苗原生质和细胞核。糖类包括淀粉、纤维素和半纤维素、果胶质等，是种子中最重要的养分贮藏物质，是胚生长发育养料和能量的来源。脂类是水解后能产生脂肪酸的物质，主要包括脂肪和磷脂，特点是难溶于水；脂肪也是种子中的养分贮藏物质，磷脂是细胞膜的重要成分，对于限制细胞和种子的透性，维持细胞正常功能具有重要作用。

种子的生理活性物质是指与种子生命活动密切相关的化学物质，主要包括酶、维生素和植物激素。酶是种子内催化、调节和控制各种生化反应的特殊蛋白质；维生素是维持种子正常生命活动所必需的有机物质；植物激素是指对种子成熟、老化、萌发及幼苗生长等生理过程起促进或抑制作用的物质，主要包括生长素、赤霉素、细胞分裂素、脱落酸和乙烯五类。

种子的其他化学成分包括色素、矿物质和特殊化学成分等。色素形成种子的色泽，是品种特性的重要标志，而且能反映种子成熟度和外观品质状况。种子中所含色素有叶绿素、类胡萝卜素、花青素等。矿物质是种子内所含的磷、钠、钾、钙、铁、镁、锰、硫、硅等矿物质元素，有 30 多种；根据其在种子中的含量可分为大量元素和微量元素两类，是维持植物正常生理功能的必需成分。种子中的特殊化学成分因品种而异，是指可能对种子本身具有某些生理作用或对人畜产生有益或有害作用的物质，如硫葡萄糖甙、单宁、棉酚、咖啡碱、可可碱等。

## 4.种子水分有什么特点?

种子水分是种子中最主要的成分之一，是种子内部新陈代谢活动的介质，与种子成熟度、寿命、活力等因素密切相关。种子水分高低直接关系到种子在包装、贮藏、运输期间的生命力状态，是评价种子保持生活力和活力的重要指标。种子中的水分按特性可分为自由水(游离水)、束缚水(结合水)两种形式。自由水又称游离水，存在于细胞间隙内，具有一般水的特性，0℃结冰，容易从种子中蒸发出去；束缚水与种子内的亲水胶体相结合，不能在细胞间隙内自由流动，不容易蒸发，低温下不会结冰。此外，种子中一些化合物如糖类等含有水分的组成元素，分解会产生水分，称为化合水或分解水，这种水分组成元素是种子营养物质构成的必要成分，不能失去。种子如果完全失去水分也就失去了生命力。

种子的生命活动必须在游离水存在的状态下才能进行。种子中束缚水达到饱和，无自由水出现时的水分含量，称为临界水分。种子水分值在临界水分以下时，种子基本不发生生命活动，能够安全贮藏；种子水分高于临界水分，自由水增多，种子呼吸强度增大，种子生命活动加强，代谢旺盛，种子耐储性下降。种子水分超过40%～60%时，种子就开始萌发。临界水分以下能够保持种子活力的种子水分含量区间，称为安全水分，是种子安全储藏的水分含量。

## 5.什么是种子的形态特征？

种子的形态特征主要包括种子形状、大小、种皮色泽及附着物，种皮表面特征等。种子形态特征由品种遗传特性决定，具有稳定的性状表现，是鉴别农作物种类和品种的重要依据，同时也是种子加工贮藏利用的重要特征特性。

种子形状主要有圆球形(豌豆)、椭圆形(大豆)、扁卵形(南瓜)、肾形(菜豆)、圆锥形(苦苣)、盾形(葱)、齿形(玉米)、纺锤形(牛蒡)、披针形(黄瓜)、楔形(菊苣)等。色泽是种子含有的色素呈现出来的颜色和光泽。种子大小常用籽粒的平均长、宽、厚或千粒重来表示。种皮表面特征因种类不同而有很大差异，如有的种子表面光滑、有的表面粗糙，表面具有沟、穴、网纹、条纹、突起、棱脊等结构，或是表面具有冠毛、翅、芒、毛、刺等附着物。种子具有的形状、色泽、重量及长、宽、厚等特征特性是种子清选的重要依据和原理，千粒重是衡量种子质量的重要指标之一。

## 6.什么是种子的基本结构？

种子的外部形态多种多样，但基本结构都是由种皮、胚和胚乳三个主要部分组成。

(1)种皮。种皮包括果皮，是种子的外部保护组织。果皮由子房壁发育而成，种皮由珠被发育而成。在种皮上可观察到种脐、脐条、内脐、发芽口等胚珠的痕迹，通常也是种子外观鉴定的重要特征。

(2)胚。胚是由受精卵发育而成的幼小植物体，是种子最主要的部分。不同种类种子的胚，其构造和形状有所差异，但基本器官相同，一般由胚芽、胚轴、胚根和子叶四部分组成。胚芽是叶、茎的原始体，位于胚轴的上端，顶部是茎的生长点；胚轴连接胚芽和胚根的过渡部分；胚根在胚轴下面，为植物未发育的初生根，有一条或多条；子叶是种子内的营养物质贮藏器官，单子叶植物具 1 片子叶，双子叶植物具 2 片子叶，裸子植物具 2 片或多片子叶。

(3)胚乳。胚乳是受精过程中发育成的营养物质贮藏器官。由珠心层细胞直接发育而成的，称为外胚乳；由胚囊中受精极核细胞发育而成的，称为内胚乳。有些植物种子在发育过程中，胚乳被胚吸收，仅留下一层薄膜，成为无胚乳种子。无胚乳种子的营养物质主要贮存于子叶中，如豆科、菊科、葫芦科、蔷薇科植物种子。

## 7.什么是种子的物理特性？

种子的物理特性主要由作物品种遗传特性决定，环境条件也会影响种子物理特性。种子的物理特性包括单粒种子性状的指标(如籽粒外形、大小、硬度、透明度等)和反映种子群体特点的指标(如千粒重、密度、容重、比重、散落性等)。种子的物理特性是评价种子质量的重要指标，也是种子干燥、清选分级，以及贮藏的依据。

种子容重是指单位容积内种子的重量，与种子大小、形状、表面光滑度、内部组织疏松度、水分、含杂情况等有关。种子比重是种子的重量与绝对体积之比，种子比重与种子形态、化学成分、水分、成熟度、内部松紧度等有关。种子的散落性是种子由高处自由下落时，向四面流散的特性。种子散落性通常以静止角和自流角表示，静止角是种子在无外力作用下，自由落于水平面上，种粒向四面散开，当种子落到一定量时，便形成一个圆锥体，圆锥体的斜面线与水平面的夹角。自流角是指种子堆放在其他物体的平面上，将平面的一边慢慢向上抬起到一定程度时，种子在斜面上开始滚动直到绝大多数种子滚落为止，此时的角度称为自流角。种子的散落性与种子的形态、水分、混杂物等有关。

在种子加工中，常利用种子在物理学方面的特性差异进行分选。如根据种子形状、尺寸、比重、悬浮速度、颜色、导电性、表面特性(粗糙程度、绒毛钩刺)等物理学特性选用合适的设备和方法，获得符合质量要求的种子。种子贮藏要根据种子外形特征、散落性、静止角等物理特性，采取适宜的堆放贮藏方式，获得较高的仓库利用率。

## 8.什么是种子休眠？

种子经过一段时间贮存，或者经过特殊处理之后，在适宜条件下，种子才能正常发芽，这种因种子本身生理或物理原因造成的延迟发芽现象称为种子休眠。种子休眠是植物在长期系统发育过程中形成对不良环境条件的适应性，在不适宜的环境条件下，种子不萌发。植物通过休眠调节种子萌发的最佳时间，使种子能在不同年份萌发生长，可避免恶劣环境条件影响，对植物个体生存、延续和进化具有普遍的生态意义。引起种子休眠的原因有多种，如胚或种子尚未完全成熟，种皮不透水、不透气、机械约束作用，或种子内存在抑制物质，不良环境条件影响等。种子休眠的状态可能是由单一原因造成，也可能是由多种原因共同作用的结果。

种子休眠是重要的品种特性，用休眠期表示，指种子群体从收获至发芽率达 80%时所需的时间。大多数农作物种子都有不同程度的休眠期。对休眠期较长的种子，通过贮藏、低温、高温、变温、热水浸种、机械处理种皮、光处理或使用过氧化氢、硫脲、赤霉酸、细胞分裂素处理等方式方法破除种子休眠，促进种子萌发，满足农业生产需要。种子休眠期很短的品种，往往会在收获前的母株上萌发，影响种子品质和产量，就需要通过品种选育或者采取药剂、低湿、高温条件处理，延长种子休眠期。

## 9.什么是硬实？

硬实是指种皮不透水、不透气，种子不能吸胀发芽并保持原来大小状态的种子。硬实是植物界普遍存在的现象，是种子休眠的常见形式，以豆科植物为最多，其他如藜科、茄科、旋花科、锦葵科、苋科、睡莲科、百合科等植物及杂草种子中都广泛存在。硬实通过延长休眠期的方式延续种子寿命，有利于植物繁衍后代。但在农业生产中，硬实会造成缺苗断垄，不利于种植栽培。

硬实的形成与植物遗传特性密切相关，种子成熟度和环境条件对硬实的形成也有很大影响。未充分成熟的种子不会发生硬实，种子成熟度越高，硬实率越高；如在干燥高温季节成熟的种子中硬实率较高，在低温高湿条件下成熟的种子中硬实率较低；种子贮藏过程中，干燥的贮藏环境条件也会使原来正常的种子转化成硬实。

硬实用硬实率表示。一般通过 24h 浸种，其中不能吸胀的种子即为硬实，计算硬实百分率。通过对种子进行变温、干湿交替处理，或者用破皮的方法改变种皮的透性，解除产生硬实的因素，降低种子硬实率。

## 10.什么是种子寿命？

种子寿命是指种子群体在一定环境条件下保持生活力的期限。种子寿命是指种子群体的平均存活时间，一般用半活期表示。一批种子从收获后到发芽率降到 50%时所经历的时间，即为该批种子的平均寿命，也称为种子的半活期。成活的种子是指能在田间环境条件下正常出苗的种子。研究表明，种子在实验室发芽率越高，越接近田间出苗率，当实验室测定种子发芽率开始下降时，田间出苗率下降更快。因此，在农业生产上，以一定条件下，种子保持 90%以上发芽率或保持种子生活力的年限作为农作物种子的寿命。

种子寿命对农业生产、种质资源保存均有重要意义。寿命长的种子使用年限长，可以减少种子繁殖次数，降低种子生产费用，有利于保持品种的典型性和纯度。

## 11.为什么植物种子的寿命各不相同？

种子寿命的差异很大，这种差异性首先是由植物本身的遗传性所决定，其次是种子收获前的生长发育和成熟程度，第三是种子收获的气候状况以及加工贮藏等环境条件的影响。按照种子寿命的长短，可将种子分为短命种子、常命种子(中命种子)和长命种子三类。

(1)短命种子。种子寿命一般在3年以下，包括大葱、洋葱、韭菜、胡萝卜、芹菜、辣椒、甘蔗、花生、苎麻、柑橘、柠檬、茶等。此外、许多果树、观赏植物、林木种子的寿命较短。这类种子的特点是含油分较高，种皮薄脆，保护性差，通常需要特殊贮藏条件来保持种子的活力。

(2)常命种子(中命种子)。种子寿命一般在3～15年，包括大多数农作物种子。主要有水稻、裸大麦、小麦、高粱、粟、玉米、荞麦、向日葵、大豆、菜豆、豌豆、油菜、番茄、菠菜等。

(3)长命种子。种子寿命一般在15年以上，包括睡莲、蚕豆、绿豆、紫云英、豇豆、小豆、甜菜、陆地棉、烟草、芝麻、丝瓜、南瓜、西瓜、甜瓜、黄瓜、茄子、萝卜、白菜、茼蒿等。这类种子种皮较坚韧致密，有的还具有不透水性，多为小粒种子。

种子寿命随环境条件不同而有很大差异。在遗传性不变的情况下，种子贮藏的环境条件是决定种子寿命的主要因素。通过控制贮藏条件，改进贮藏方法能够延长种子寿命。正常的种子用液态氮保存在-196℃的条件下，经3年后测定几乎没有衰变。种子含水量在5%～14%的范围内，每下降1%，寿命延长1倍；种子水分低于5%时，寿命随水分降低而缩短。试验表明，贮存在适宜的环境条件下，短命种子也可变为长命种子。

## 12.什么是种子活力？

种子活力是指种子或种子批在各种田间条件下适时整齐萌发、出苗且幼苗能正常生长的潜在能力总称，包括贮藏期间的种子在田间发芽、出苗、幼苗正常生长的速度和整齐度等综合性状表现和指标。种子活力是种子重要的品质，与种子发育、成熟、萌发、贮藏、劣变及寿命等有密切联系。高活力种子具有很强的种子生活力和发芽力。

种子活力反映种子在较广泛的环境因子范围内迅速萌发和整齐出苗正常生长的活性水平，对农业生产具有十分重要的意义。高活力的种子，对不良环境抵抗能力强，具有田间萌发、出苗迅速、整齐，幼苗生长优势明显和高产潜力的特点，可节省种子，提高机械化效率，降低播种费用。种子活力低，萌发出苗缓慢，易受不良环境条件影响，田间常表现出苗不整齐，甚至不出苗。此外，高活力种子具有较强的抵抗逆境能力，种子耐藏性好，适合用作需要贮藏较长时期的种子或作为种质资源保存的种子。

## 13.什么是种子生活力？

种子生活力是指种子发芽的潜在能力或种胚所具有的生命力，通常是指一批种子中具有生命力(即活种子)种子数占种子总数的百分率。

## 14.什么是种子发芽力？

种子发芽力是指种子在适宜条件(实验室可控制的条件)下发芽并长成正常幼苗的能力，通常用发芽势和发芽率表示。

## 15.什么是种子劣变？

种子劣变是指种子生理机能的恶化，包括化学成分的变化和细胞结构的损伤，具体原因主要有三方面：一是氧化作用使蛋白质变性，大分子降解使核酸变性，酶和细胞器钝化；二是有毒代谢物质积累；三是重要代谢产物耗尽。

种子衰老是引起种子劣变的主要原因，随着衰老逐渐加深和累积，种子形态结构和生理生化机能均发生一系列劣变，造成种子生命力的丧失。种子劣变的发生反映种子活力的下降，当劣变程度很深时，种子失去活力和发芽力。此外，极端逆境如突然的高温或低温冻害、机械损伤、化学药品腐蚀、有毒物质及高渗透压物质损害等也是引起种子劣变的原因。

种子发生劣变后，种子外部形态特征、内部成分结构和整体表现等均发生很多恶性变化，包括种子变色；种子内部的膜系统受到破坏，透性增加；与萌发有关的赤霉素、细胞分裂素及乙烯等植物激素的产生能力逐步丧失；种子播种后萌发迟缓，发芽率低，畸形苗多，长势差，抗逆性弱，产量低等。

## 16.什么是种子引发？

种子引发是指在控制条件下让种子缓慢吸收水分，利用渗透压的变化，促进细胞膜、细胞器、DNA 的修复和酶的活化，使种子进入发芽前期的生理生化代谢状态。引发后的种子可以直接用于播种，也可以回干贮藏。经引发的种子具有破除种子休眠、活力增强、抗逆性强、耐低温、出苗快而整齐、成苗率高的特点，并能提高未成熟种子和老化种子的活力，已应用于芸薹属、胡萝卜、芹菜、黄瓜、茄子、莴苣、洋葱、辣椒、番茄和西瓜等种子的加工处理上。使用引发方法和技术处理的种子称为引发种子。

## 17.什么是种子分类?

种子分类是指为有利于农业生产实践操作和科学研究的深入发展，按照种子内有无胚乳或者以种子形态特征为依据对种子进行分类。

(1)有胚乳种子和无胚乳种子

有胚乳种子是具有胚乳组织的种子，这类种子由种皮、胚和胚乳组成。根据胚乳的发达程度和来源，分为内胚乳发达(如禾本科、大戟科、蓼科、茄科、伞形科、百合科等植物的种子)、内胚乳和外胚乳同时存在(如胡椒、姜、睡莲等植物的种子)、外胚乳发达(如苋科、藜科、石竹科等植物的种子)三种类型。

无胚乳种子不产生胚乳或只有胚乳痕迹，这类种子由种皮和胚组成。在种子发育的过程中，营养物质由内胚乳和珠心转移到子叶中。因此，这类植物种子的胚较大，有发达的子叶。双子叶植物中大豆、蚕豆、油菜、瓜类等种子和单子叶植物中慈姑、泽泻等种子都是无胚乳种子。按照种子内是否残留内胚乳痕迹，无胚乳种子分为无胚乳残留和存在胚乳残留细胞两种类型。

(2)根据形态特征分类

农作物种子以及栽培种植使用的播种材料通常包括植物学意义上的种子和外部构成部分，根据这些形态特征，可将种子分为五个类型：①果实及其外部的附属物(如稻、有皮大麦、燕麦、粟、甜菜、菠菜、荞麦、食用大黄等)；②果实的全部(如普通小麦、玉米、草莓、大麻、胡萝卜、芹菜、茴香、芫荽、当归、防风、向日葵、蒲公英、莲等)；③种子及果实的一部分(内果皮)(如桃、李、梅、杏、樱桃、桑、杨梅、枣、山核桃、人参、五加等)；④种子(如葱、韭菜、茶、油茶、樟、棉、瓜类、苹果、豆科、大戟科、茄科、芸香科、十字花科等)；⑤种子的主要部分(种皮的外层已脱去，如银杏等)。

## 18.农作物包括哪些类型?

农作物是指在田间或设施内栽培的作物，包括粮食、棉花、油料、麻类、糖料、蔬菜(含西甜瓜)、果树(核桃、板栗等干果除外)、茶树、花卉(野生珍贵花卉除外)、观赏植物(木本除外)、桑树、烟草、中药材、草类、绿肥、食用菌、藻类等作物，以及橡胶等热带作物。

广义的农作物通常称为作物，主要分为农艺作物、园艺作物、饲草作物和食药用菌四大类。农艺作物有粮食作物(谷类、豆类、薯类)、经济作物(纤维、油料、糖料、饮料、药用、染料、香料、特用等作物)和绿肥作物。园艺作物有蔬菜(含西甜瓜)、果树、花卉和观赏植物等。饲草作物有豆科、禾本科和其他各类饲草。食药用菌有香菇、黑木耳、银耳、双孢蘑菇、草菇等食用菌和灵芝、云芝、猪苓等药用菌，以及茯苓、蜜环菌、虫草等食药兼用菌。

中国栽培的主要作物种类有700多种，其中，粮食作物30多种，经济作物约90种，果树作物约150种，蔬菜(含西甜瓜)作物120多种，绿肥作物约20种，牧草约50种，花卉140余种，药用植物60多种，食药用菌80余种。

农业生产上按照对社会稳定、国民经济发展的重要性，将农作物分为主要农作物和非主要农作物两大类。主要农作物是指稻、小麦、玉米、棉花、大豆五种；主要农作物以外的农作物称为非主要农作物。

## 19.什么是品种？

品种是指经过人工选育或者发现并经过改良，形态特征和生物学特性一致，遗传性状相对稳定的植物群体。品种是已知最低一级植物分类单位中的一个类群，该类群应该是通过某一特定的基因或基因型组合所表达的特征来界定，与任何其他植物类群有所区别，经过繁殖后其适应性未变的一个单位。通俗地说，品种并不是植物分类学上的单位，而是栽培植物在生产上的类别，是农业生产的核心和基础。

品种具有特异性(distinctness)、一致性(uniformity)、稳定性(stability)、区域性或地区性(locality)、时间性(timeliness)和局限性(limit)六个属性。特异性是指一个植物品种有一个以上性状明显区别于已知品种。一致性是指一个植物品种的特性除可预知的自然变异外，群体内个体间相关的特征或者特性表现一致。稳定性是指一个植物品种经过反复繁殖后或者在特定繁殖周期结束时，其主要性状保持不变。区域性或地区性是指品种的生物学特性只适应于一定地区的生态环境和栽培方式。时间性是指品种在有效期内正常使用时，其优良特性会随环境、栽培条件的变化而逐渐退化。局限性是指任何品种不可能所有性状都达到最优，会存在某方面的不足或缺陷。

特异性、一致性、稳定性是构成品种的最基本属性，也是品种之间相互区分的基本属性，常用这三个属性英文第一个字母的缩写简称为品种的DUS。

## 20.什么是品种退化？

品种退化是指品种在栽培过程中表现出原品种典型性状降低，变异株多，品种纯度下降，田间群体表现出整齐度差、成熟期不一致，抗病性、抗逆性减退，经济性状或品质性状变劣，产量降低的现象。品种退化产生的原因主要是品种混杂和品种退化。品种混杂是指一个品种中混进了其他品种甚至是不同作物的植株或种子，或者是上一代发生了天然杂交，导致后代群体出现变异类型的现象；品种退化是指品种自身的一个或多个性状变劣，使品种的生活力降低，抗性减退，田间整齐度差，品质和产量下降的现象。

品种混杂与品种退化有密切联系，混杂直接导致品种纯度下降，引起品种退化，品种退化导致变异株增多，必然表现混杂。因此，品种退化也常称为品种混杂退化。

## 21.品种退化的原因有哪些?

引起品种退化的原因较多,主要有以下几个方面:

(1)机械混杂。在种子生产、加工、贮藏及流通等环节中,由于人为因素，导致其他品种或其他作物种子混入的现象称为机械混杂。机械混杂是种子生产过程中引起品种混杂退化的重要原因。自花授粉作物的混杂退化主要是由于机械混杂造成的。机械混杂直接降低品种纯度，产生种间混杂，增加生物学混杂的机会，引起分离退化。

(2)生物学混杂。在品种繁殖过程中，由于隔离条件不严格等因素，和其他品种间或其他作物发生天然杂交而引起混杂退化。生物学混杂是异花、常异花授粉作物品种退化的主要原因。

(3)品种自身性状变化。品种的数量性状由微效多基因控制，很难达到完全纯合，在种子生产过程中，这些不纯合的基因会继续分离，使后代个体间逐渐增多性状上的差异，引起品种混杂退化。此外，突变使不利基因逐步积累，从而引起品种退化。

(4)不正确的选择。在种子生产过程中，要通过严格的选择，及时淘汰去除混杂劣变植株，以保持典型性状和提高品种纯度。不正确的选择方法或标准会加速品种的混杂退化。

(5)病毒感染。农作物感染病毒后，病毒会破坏植株的正常生理功能，使感病植株生长衰弱，营养器官和生理器官不能正常生长，原品种典型性状丧失，常通过无性繁殖逐代增殖为害，导致品种退化。病毒感染是使用无性繁殖方式的作物如马铃薯、甘薯、果树、花卉等品种退化的主要原因。

## 22.怎样防止品种退化?

品种发生退化后，纯度降低，性状变劣，抗病抗逆性减弱，产量下降，品质变差，严重时失去种用价值。应当坚持防杂重于除杂，保纯重于提纯的原则，严格按照种子生产加工技术规程，杜绝各类混杂发生，建立严格合理的隔离制度和措施，田间要及时淘汰杂株，防止品种退化现象的发生。

(1)防止机械混杂。在种子从收获到脱粒、干燥、清选、加工、包装、贮运、播种等环节，严格执行种子生产加工技术规程，杜绝混杂。同时，要合理安排繁种田的轮作和耕作，防止种子遗留田间造成混杂。

(2)防止生物学混杂。严格隔离，防止种子繁殖田在开花期间的自然杂交，是减少生物学混杂的主要途径。

(3)严格去杂去劣。种子生产地内存在杂株，是造成品种间混杂和种间混杂的重要原因。前作的遗留及机械混杂是异品种的重要来源，因此，在各类种子生产过程中，都应严格去杂去劣，保证繁殖品种的遗传纯度。

(4)选择适宜的种子生产环境条件。依据品种的种性特点，选择适宜的环境条件进行种子生产，可有效地减少品种退化。如在高寒地区进行马铃薯、唐菖蒲等作物的繁殖，能有效防止品种退化。

(5)有效防治传毒介体。在种子生产过程中，应当及时采取药剂防治措施，预防和杀灭蚜虫、叶蝉等传毒昆虫，有效控制田间传毒生物介体的群体数量，防止因病毒感染导致品种退化。

(6)定期更新生产用种。应对原种定期进行更新繁殖。采用育种家种子(原原种)“一年生产，多年贮藏，分年使用”的方法，减少繁殖世代，防止混杂退化，从而较好地保持品种的种性和纯度，延长品种利用年限。

(7)品种合理搭配、延缓品种退化。同一地区，同种作物应多个品种搭配种植，尤其是不同抗性品种搭配，可延缓病害优势生理小种(株系)的出现，避免品种退化，延长品种的使用寿命。

## 23.什么是种子生产程序?

种子生产是指按照种子生产技术规程或质量要求采用相应的生产技术，生产出达到质量标准的种子。种子生产程序是指应用重复繁殖技术路线和严格的防杂保纯措施，把种子按世代高低和质量标准分为不同级别的生产程序，形成逐级繁育生产的程序体系。

我国自20世纪50年代以来，一直采用三圃制(即株行圃、株系圃、原种圃，采取单株选择、株行鉴定、株系比较、混系繁殖的方法)的提纯复壮法进行原种种子生产，实行原原种(原种提纯复壮)→原种→良种(生产用种)三级种子生产程序。三圃制繁殖种子具有种源起点低、种子生产周期长、效率低、费用高等局限性，自20世纪90年代以来，我国逐渐开始实行四级种子生产程序。四级种子生产程序是把繁育种子按世代高低和质量标准分为育种家种子、原原种、原种和大田用种四级，各级种子具有严格的世代和纯度标准，实行育种家种子→原原种→原种→大田用种的逐级繁育程序，每个程序环节均需在严格隔离、防杂保纯的条件下进行。

## 24.四级种子生产程序有什么优点?

首先，坚持以育种家种子为种源基础。育种家种子是由育种者亲自选择培育的，其种性最好，纯度最高，是种子繁殖的起点和根本来源。繁殖生产种子实质上就是种子群体由少到多的重复繁殖过程，保证优良种源基础是最经济有效的方法。其次，限代繁殖，确保优良品种的种性和纯度。对育种家种子进行限代繁殖，一般进行3～4代，确保种子遗传特性。其他各级种子的繁殖生产，严格按照生产程序和质量标准要求繁殖1代。三是繁殖系数高。由于种源纯度高，不需要选择，只需防杂保纯，可最大限度提高繁殖系数。四是应用四级种子生产程序，种子来源和种子生产可追溯，能有效地保护育种者的知识产权。五是操作简便，经济省工。六是缩短了种子生产年限，种子生产效率高，有利于品种更新换代。七是有利于各级别种子生产连续进行，实现种子生产专业化，促进种子选育生产经营一体化发展。八是有利于实现种子标准化，有利于提高种子监督管理水平和效率，有利于同国际接轨。

## 25.什么是种子级别？

种子级别是指不同质量等级的种子，主要按照繁殖程序、繁殖世代，以及质量标准来确定。种子级别主要有以下两种类型：

一种是分为育种家种子、原原种、原种和大田用种四个级别。其中育种家种子是指育种家育成的遗传性状稳定、特征特性一致的品种或亲本组合的最初一批种子；用育种家种子按照技术操作规程繁殖的第一代至第三代经确认达到规定质量要求的种子称为原原种；用原原种按照技术操作规程繁殖的第一代经确认达到规定质量要求的种子称为原种；用原种按照技术操作规程繁殖的第一代经确认达到规定质量要求的种子称为大田用种，也称为生产用种。育种家种子和原原种除繁殖世代不同外，其他基本相同，都具有该品种的典型性，遗传性稳定，品种纯度为100%，产量及其他主要性状符合品种育成时的原有水平。原种的遗传性状与原原种相同，产量及其他主要性状指标仅次于原原种。大田用种的遗传性状与原种相同，产量及其他主要性状指标仅次于原种。杂交种是指利用杂种优势，使用配合力高的亲本生产并经确认达到规定质量要求的种子。

另一种是分为育种家种子、原种、大田用种三个级别。育种家种子是指育种家育成的遗传性状稳定、特征特性一致的品种或亲本组合的最初一批种子；原种是指用育种家种子繁殖的第一代至第三代经确认达到规定质量要求的种子；大田用种是指用常规原种繁殖的第一代至第三代经确认达到规定质量要求的种子；杂交种是指利用杂种优势，使用配合力高的亲本生产并经确认达到规定质量要求的种子。

我国现行的农作物种子质量标准中，种子级别只规定了原种和大田用种两个等级的质量要求。

## 26.什么是种子类别？

种子类别是指按照种子世代级别繁殖程序和种子生产方式对种子进行分类。种子类别分为常规种和杂交种，其中常规种按种子繁殖世代分为育种家种子、原种、大田用种三个级别。

## 27.杂交种的类别有哪些？

按照亲本类型和杂交方式不同，杂交种的类别有以下五种：

(1)自交系间杂交种。是指用不同自交系作亲本组配的杂交种，按亲本数目、组配方式不同，分为单交种、双交种、三交种。

单交种是用两个自交系组配的杂交一代种子，如 $S_1 \times S_2 \rightarrow F_1$ ；单交种增产幅度大，性状整齐，制种程序比较简单，是当前利用杂种优势的主要类型。

双交种是用四个自交系组配的杂交一代种子；通常先配成两个单交种，再配成双交种，组合方式为 $(S_1 \times S_2) \times S_3 \times S_4) \rightarrow F_1$ ；双交种增产幅度较大，但产量和整齐度都不及单交种，制种产量比单交种高，但制种程序比较复杂。

三交种是指一个自交系和一个单交种组配的杂交一代种子，组合方式为 $(S_1 \times S_2) \times S_3 \rightarrow F_1$ ；三交种增产幅度较大，产量接近或稍低于单交种，但制种产量较单交种高。

(2)品种间杂交种。是指用两个亲本品种组配的一代杂种，如品种甲×品种乙 $\rightarrow F_1$。品种间杂交种常用于自花授粉植物。异花授粉植物，亲本品种的基因型纯合差，品种间杂交种的优势不大。

(3)顶交种。是指用异花授粉植物品种与一个自交系进行杂交产生的杂交一代种子，如品种甲 $\times S_1 \rightarrow F_1$ 。顶交种具有群体品种的特点，性状不整齐，增产幅度不大。

(4)雄性不育杂交种。是指以雄性不育系作母本配制的一代杂种，主要有细胞核雄性不育杂交种和核质互作雄性不育杂交种。目前，生产上使用的细胞核雄性不育杂交种的不育源主要是由单隐性核基因控制的雄性不育，其利用的途径是两系法制种。通常以两用系(AB 系)作母本，与一个配合力高的父本系杂交生产一代杂种种子，如辣椒、番茄和大白菜的“两系”杂交种。核质互作雄性不育杂交种是指用雄性不育系作母本、用恢复系(或父本系)作父本配制的一代杂种种子，如洋葱、萝卜、大白菜、辣椒的“三系”杂交种。

(5)自交不亲和系杂交种。是指用自交不亲和系作母本，与另一个自交不亲和系或自交亲和系杂交配制的一代杂种种子。目前，生产上主要应用于甘蓝、大白菜、萝卜等十字花科蔬菜杂交种子的生产。

## 28.什么是认证种子？

认证种子是指由种子认证机构依据种子认证方案对种子生产进行全过程的质量监

控，确认符合规定质量要求并准许使用认证标识的种子。认证机构制作的认证标签应标注作物种类、种子类别、品种名称、种子批号、质量指标、认证机构名称、认证标志、标签的唯一性编号等内容。

## 29.什么是假种子？

按照《种子法》规定，有下列情形之一的，属于假种子：

(1)以非种子冒充种子或者以此种品种种子冒充他种品种种子的。

(2)种子种类、品种与标签标注的内容不符或者没有标签的。

## 30.什么是劣种子？

按照《种子法》规定，有下列情形之一的，属于劣种子：

(1)质量低于国家规定标准的。

(2)质量低于标签标注指标的。

(3)带有国家规定的检疫性有害生物的。

## 31.什么是种子质量？

种子质量指满足人们使用种子所要求达到的特征特性的总和，是由反映种子的物理、品质和产品特征特性的一系列指标组成。种子的物理特性（物理质量），包括净度、水分、千粒重、容重、散落性等指标。种子的品质特性（品质质量）包括种子生理、遗传和病理等指标内容；种子生理特性（生理质量）包括发芽力、活力、休眠期、种性强度、抗性等指标；种子的遗传特性（遗传质量）包括真实性、品种纯度、遗传稳定性等指标；种子的病理特性（病理质量）包括种子健康度等指标。种子的产品特性（产品质量），包括包装、标签、外观等指标；种子的产品质量包括包装、标签、外观等指标。反映种子质量的指标很多，单项指标不能表明种子整体和真实的质量状况，可以通过对种子进行真(品种真实性)、纯(品种纯度)、净(种子净度)、饱(千粒重)、壮(发芽率)、健(病虫感染率)、干(种子水分)和强(活力)等八方面指标的测定和综合评价，得出较为全面的种子质量状况。

在农业生产中，种子质量主要通过品种质量和播种质量两方面进行衡量评价。品种质量是指与品种遗传特性有关的特征特性指标，主要通过品种的真实性和品种纯度进行评价；真实性是表明种子真实可靠的程度，品种纯度是表明品种典型一致的程度。播种质量是指种子播种后与田间出苗有关的特征特性，主要通过净度、发芽率、水分、千粒重等指标进行评价。高质量的种子应当兼有优良的品种质量和播种质量。对农作物籽粒种子，国家或行业标准中规定的种子质量指标为品种纯度、净度、发芽率和水分四项。

## 32.种子质量有什么重要意义?

种子是农业最基本的生产资料，种子质量与农业生产发展密切相关。第一，种子质量直接影响种植业的收成。质量好的种子，具有出苗整齐，幼苗健壮，抗逆性强，田间易于管理，增产潜力大等优点，是农业丰收的基础。第二，种子质量与经济发展密切相关。使用质量好的种子，增产增收，能有效保障农产品的供应，促进经济发展。第三，种子质量与农业机械化紧密相关。质量好的种子，大小均衡，有利于实现机械化精量播种，节省人力，降低劳动强度，提高生产效率。第四，种子质量与种子企业的竞争能力密切相关。质量是企业竞争能力的关键，种子质量控制贯穿种子生产经营全过程，需要企业具有较强的质量管理能力。第五，种子质量的影响时限长，范围广。种子质量出现问题时，一般要到作物成长或收获期才表现出来，难以采取及时有效的补救措施，造成的损失往往比较大，严重时，直接关系到社会稳定。因此，种子质量是保证农业生产安全，实现农业产业化和持续发展的关键因素，具有重要意义。

## 33.什么是种子质量标准?

种子质量标准是种子质量分级和检验判定的准则和依据。根据种子生产实践和科学研究的成果，我国规定品种纯度、净度、发芽率、水分是种子质量指标(质量特性)的标注项目，各标注项目的标注值是指该质量指标应符合的最低值或最高值。如品种纯度、净度、发芽率等指标的标注值是应达到的最低值，水分指标的标注值是指允许达到的最高值(上限)。

国家已发布一系列农作物种子质量国家或行业以及地方标准，并在种子生产经营、使用、管理过程中贯彻执行。推广、销售的种子，其质量指标值都必须达到相应的种子质量标准规定。未制定国家或行业以及地方种子质量标准的农作物，种子生产经营者应根据检验检测值或企业标准标注品种纯度、净度、发芽率和水分。

## 34.什么是种子标准体系?

种子标准体系是指通过对一系列种子标准的贯彻实施，能够在农业生产中以一种最佳模式获得农产品最优效益的实践活动过程。种子标准体系是对种子质量和种子生产、加工、检验、包装、运输、贮存各环节，以及品种和种子特征特性作出科学、明确的规定，制订出一系列先进、可行的技术标准，由质监主管部门批准，以特定的文件形式发布，作为共同执行的准则和依据。种子标准体系包括品种标准化、种子质量标准化及相关配套技术标准规范化，核心是建设并持续完善覆盖生产、加工、贮藏、流通全过程的种子标准化体系，具体包括五方面的内容：一是农作物种子、种苗、苗木质量与检验检测标准；二是品种选育、区域试验及抗性鉴定评价相关标准；三是种子生产、加工、包装、贮藏及产地环境相关标准；四是种质资源描述、鉴定评价及保存相关标准；五是植物新品种特异性、一致性、稳定性测试相关标准。

## 35.什么是合格种子？

国家规定品种纯度、净度、水分、发芽率四项指标作为判定种子质量的标准，是种子生产经营者必须承诺并标注在标签(包装袋)上的质量指标。种子生产经营者承诺的指标不能够低于国家、行业和地方强制性种子质量标准，达到种子质量标准的种子就是合格种子。种子纯度、净度、水分、发芽率四项指标中任何一项达不到种子质量标准的种子是不合格种子。

## 36.什么是种子真实性？

种子真实性是指种子真实可靠的程度，是一批种子所属品种、种或属与所附文件记录(标签)的内容是否相符，即是否名副其实。种子真实性是鉴定种子真假的依据。在农业生产中，如果种子失去真实性，说明该种子不是文件描述的品种，不具备应有的遗传品质质量，对农业生产的产量和品质都有不利影响，严重时可能会造成绝产。

## 37.种子标签上标注的质量指标有何意义？

根据《种子法》的规定，我国实行种子标签真实性制度，判定种子质量符合(合格)或不符合(不合格)的主要依据是“真实”和“达标”两项原则，其中，“真实”原则更加重要。种子标签上质量指标的标注值不能低于国家、行业或地方强制性标准规定，同时也是种子生产者承诺达到的质量。如果种子质量指标的检测值达到了规定的标准，但低于种子标签标注的质量指标值，则判定种子质量不合格，属于劣种子。质量指标是种子标签上必须标注的内容，而且必须真实，种子生产经营者不能够为了提高竞争力而任意提高标注的种子质量指标，否则会因为与实际不符而被判定为劣质种子承担法律责任。此外，对国家、行业或地方没有质量标准的种子，以种子生产经营者标注的质量标准为准。

## 38.什么是种子认证?

种子认证是由第三方质量认证机构对种子生产经营者保持和保证种子繁殖材料的遗传稳定性和纯度，并能持续稳定供应高质量种子的活动进行合格评定，并出具证明文件的程序。简单地说，种子认证是由第三方对种子进行质量保证的系统。种子认证是种子质量控制的一种方式，认证机构依据认证方案实施认证程序，经确认后颁发认证证书和认证标识来证明某一种子批的种子质量符合相应规定要求，防止不合格种子进入市场，对种子生产和贸易起到质量保证和质量监督的作用。

种子认证主要通过以下几方面的一系列程序活动来确认种子质量：

(1)通过对品种、种子来源、种子生产田、田间检验等一系列活动过程的质量控制，确认遗传质量。

(2)监控种子扦样、标识和封缄行为符合认证方案的要求。

(3)通过种子检验室的检测，确认种子质量符合国家标准或合同规定的要求。

(4)种子品种质量(遗传质量)监控实行生产全过程的管理，种子播种质量监控实行100%批验。

## 39.什么是种子储备制度?

种子储备制度是指各级政府根据自然灾害发生规律和种子市场供需特点，为保障粮食生产安全、确保救灾需要和种子市场应急供种，有计划地储存一定数量的重要农作物种子。《种子法》规定，省级以上人民政府建立种子储备制度，主要用于发生灾害时的生产需要，保障农业生产安全。对储备的种子应当定期检验和更新。因此，我国的种子储备由国家级救灾备荒种子储备和省级救灾备荒种子储备组成。

国家级救灾备荒种子储备由农业农村部负责，组织落实国家救灾备荒种子储备任务，组织调用储备种子。财政部负责对承担国家救灾备荒种子储备任务的单位给予适当补助。国家救灾备荒种子是指为保障农业生产用种安全，国家专门储备用于市场调剂及灾后恢复生产所需的农作物种子。各省农业农村主管部门负责本省(自治区、直辖市)的救灾备荒种子储备任务。

## 40.什么是种子储备原则?

国家救灾备荒种子的储备原则是以备荒为主，兼顾救灾。具体储备作物及品种类型包括：市场调剂余地小的杂交早稻和早熟杂交玉米品种及其亲本；制种和繁殖易受气候影响的两系杂交水稻品种及其亲本；玉米和水稻主产区域市场调剂所需要的杂交玉米和杂交水稻品种及其替代品种；适宜灾后恢复生产改种补种的杂交玉米、杂交水稻、杂粮、杂豆等短生育期作物品种；适宜救灾、备荒的其他农作物品种。

省级种子储备原则是根据各省(自治区、直辖市)农业生产、需种情况及灾害发生规律及特点，主要以调剂、稳定种子市场(备荒)和保障灾后生产(救灾)为主。在储备作物种类及品种的选择上主要依据本省(自治区、直辖市)区域内种植面积较大，市场占有率高，抗逆强、适应性广的作物品种，用于救灾的则选择生育期较短的作物品种。

## 41.什么是引种?

引种是指从不同地区或者其他国家引进农作物品种，经过本地试种试验和适应性鉴定，把表现优良的品种直接用于本地推广销售。引种是解决农业生产中急需新品种的最经济和最有效方法，也是品种选育工作的重要组成部分。

## 42.什么是引种的原则?

为提高引种成功率，避免盲目引种带来的损失，引种必须有明确的目标，并遵循以下引种原则：

(1)具有相似生态气候环境。引入地区和原产地区纬度相同，海拔高度相近，自然环境条件相似的，引种容易成功。

(2)纬度和海拔。纬度相同，海拔高度不同和不同纬度地区之间的引种，温度、光照强度、光质(如紫外线强度等)、日照时数等均有差异，引种时必须考虑温度、光照等环境生态条件变化对品种特性和品种生育期长短的影响。马铃薯等作物由高纬度向低纬度、高海拔向低海拔引种易成功。

(3)严格植物检疫，避免在疫区引种。严格执行植物检疫程序，禁止从疫区引种，确保引入品种中不含检疫性病虫草等有害生物。

(4)坚持先试后引，良种良法配套的原则。

(5)合法性原则。引入的审定品种在推广销售前，引种者应当到引入地省级农业农村主管部门备案。

## 43.什么是引种的方法?

要确保引种成功和引种效果，引种前应当研究不同地区作物的生态环境和生态类型，坚持引种试验和综合评价的原则，遵循以下方法和步骤进行引种。

(1)深入了解拟引入品种的信息。掌握拟引入品种的来源，生态类型、遗传特性，以及原产地生态环境条件、栽培制度和栽培方法等信息，然后根据本地的气候环境条件和引种目的，有针对性地进行引种。

(2)严格按照试验、示范、推广的程序进行引种。同一气候类型区域，距离较近的地方引种，一般可以直接使用。在气候类型区域不同，距离较远的地区之间引种，必须按照试验、示范、推广的程序进行。通过试验，引进品种在产量、质量、抗病性等方面都具有优势，就可以进行示范种植。引进品种示范种植的表现与试验结果相符，才能在当地进行推广应用。

(3)严格植物检疫。检疫的目的是防止有害生物侵入对本地造成的危害。因此引种时，要严格执行植物检疫程序，确保引入品种中不含检疫性病虫草等有害生物。

(4)引种与提纯、选育相结合。引入品种后，由于生态环境条件改变，可能会发生变异，必须进行选择，淘汰退化株，保持引入品种的典型性、稳定性和一致性。同时，对少数表现突出的优良变异单株，可采用单株(穗)选择法，按系统育种程序育成新品种。

# 第二章　种质资源和品种管理篇

## 1.什么是种质资源？

亲代通过体细胞或生殖细胞传给子代的遗传物质称为种质，携带各种种质的材料或者生物载体称为种质资源，又称为遗传资源、基因资源、品种资源。种质资源是长期进化过程中形成的产物，具有遗传多样性，对特定生态环境有最好的适应性，常具有珍贵的特异性状。种质资源是地球上形成生物多样性的重要组成部分，是人类赖以生存和发展最根本的物质基础和战略资源，也是研究物种起源、进化、分类、遗传的基本材料。种质资源的范围广泛，包括植物、动物和微生物等的种、品种、品系、株系、类型和野生近缘物种。

植物种质资源是选育植物新品种的基础材料，包括各种植物的地方种(栽培种)、野生种的繁殖材料，以及利用上述繁殖材料人工创造的遗传材料，即包括植物新品种、杂交种亲本，以及育种过程中所产生的中间材料等。种质资源的表现形式包括基因、DNA、染色体、细胞、器官、组织等。

## 2.什么是农作物种质资源？

农作物种质资源，也称为农作物遗传资源或农作物基因资源，是选育农作物新品种和品种改良的基础材料，包括农作物的栽培种、野生种、近缘植物和濒危稀有种的繁殖材料，以及利用上述繁殖材料人工创造的各种遗传材料和经过人工选育而成的农作物品种，其形态包括植物的植株、果实、籽粒、苗、根、茎、叶、芽、花、组织、细胞和DNA、DNA片段及基因等有生命的物质材料。农作物的原始地方品种群体及其野生近缘植物，是人类从事农业生产赖以选择利用的主要种质资源。

## 3.农作物种质资源有什么作用？

农作物种质资源是植物物种多样性的重要组成部分，是培育农作物优良品种的物质基础，是人类生存与发展的战略性资源，是维系国家食物、物质安全的重要保证，是我国农业持续发展的重要基础。农作物种质资源的重要作用主要体现在以下几方面：

(1)农作物种质资源是人类赖以生存和发展的物质基础和战略资源。农作物种质资源为人类食物、纤维、农产品等农业生产提供基础原材料，也为人类社会发展所需食品、药物、橡胶、乙醇、生物油等工业原料提供物质基础。

(2)农作物种质资源是作物改良和育种创新的关键原材料。现代农业生产对品种的要求越来越高，选育具有丰产性、抗病性、抗逆性、适应性和高品质等多方面优良性状的品种，需要有更加丰富的农作物种质资源作为基础材料。持续收集种质资源并加以深入研究和利用，是保证育种工作顺利开展的基础条件。

(3)农作物种质资源是农业产业持续发展的基础。丰富的农作物种质资源可以避免因遗传资源贫乏导致遗传脆弱性，为筛选和选育更多类型的栽培作物品种奠定基础；为适应不同环境和满足人类社会发展对农产品日益增加的各类需求，结合现代生物技术发展，育种创新对农作物种质资源的依赖程度越来越高。

(4)农作物种质资源是生物多样性的重要组成部分，是保持和恢复生态环境的重要源泉。丰富多样的农作物种质资源是生物多样性的重要组成部分，也是对生态环境遭受破坏后进行生态恢复的重要基础材料，对生态系统的稳定性起着重要作用。

## 4.农作物种质资源有什么特点?

农作物种质资源有以下特点：

(1)有限性。地球上生态环境和耕作方式多种多样，长期进化过程中形成丰富多彩的农作物种质类型和巨量资源，但地球终究属于有限环境，因而农作物种质资源再多也是有限的，并且随着人类社会经济活动发展和气候环境变化，农作物种质资源的多样性正逐渐减少。

(2)潜在性。人类对客观世界的认知和探索是逐渐深入和不断发展的过程，一些目前认为没有利用价值的农作物种质资源材料，如农作物野生近缘种等，随着科学研究的发展，可能会发现新用途和新价值，成为重要的种质资源材料。

(3)易灭性。为满足人类社会发展的农产品需求，现代农业常采用大规模种植单一作物品种的生产方式，使其他类型的作物及品种逐渐消失。此外，人类活动和建设日益增加以及环境恶化等问题，大量的农作物野生资源失去栖息地，有的已经或正在灭绝。

## 5.什么是种质库?

为保存植物种质资源，减缓植物种质资源灭绝的速度，为人类未来可持续发展赢得机会，科学工作人员将有用的植物种质资源收集起来，贮存在特殊设施中，这个设施称为种质库或基因库。种质库是用来保存种质资源的，库内安装保温隔湿结构和空调仪器，常年保持低温干燥环境，能够减缓种子或种质资源材料新陈代谢，延长种子或种质资源材料寿命，使种子或种质资源材料在存贮期间不丧失原有遗传性和生长成新植株的能力。种质库按照种质资源贮藏期分为短期库、中期库和长期库。短期库温度10～15℃，相对湿度50%～60%，一般可存放5年左右，多用于临时存放，供鉴定，研究和分发用；中期库温度0～10℃，相对湿度50%以下，种子水分在8%左右，可存放15年以上，主要用于中期保存和分发材料；长期库温度-10～-20℃，相对湿度30%～50%，种子水分在4%～6%，种子密封包装或真空包装，可存放50～100年，用于长期保存，当分发材料用完时可用作繁殖材料提取，因此也称为基础库。

目前，全世界已建成的各类种质(子)库有1750座，共保存740多万份种质资源，其中包括大量的珍稀濒危植物、地区特有植物、重要经济植物、重要农作物和重要农作物野生近缘种种子和种质资源。我国的国家作物种质库于1986年10月在中国农业科学院落成，总建筑面积3200 m²，由试验区、种子入库前处理操作区、贮藏区三个部分组成。目前，国家种质库已保存国内外180多种40多万份农作物种质资源，200多种39万份200GB的作物种质基础信息，随着二期扩建项目的完成，其库容量和种质保藏量将可能成为世界最大的农作物种质库。

我国的国家级农作物种质库分为长期种质库及其复份库、中期种质库、种质圃及试管苗库。长期种质库负责全国农作物种质资源的长期保存，复份库负责长期种质库贮存种质的备份保存，中期种质库负责种质的中期保存、特性鉴定、繁殖和分发，种质圃及试管苗库负责无性繁殖作物及多年生作物种质的保存、特性鉴定、繁殖和分发。

## 6.什么是种质资源保护制度?

我国对种质资源实行保护制度。《种子法》明确规定，国家对种质资源享有主权，国家依法保护种质资源，任何单位和个人不得侵占和破坏种质资源。我国的种质资源保护制度包括以下内容：

(1)种质资源监管机构。全国农业种质资源的监管由农业农村部负责；林业种质资源的监管由国家林业主管部门负责。

(2)制定和公布种质资源目录。国家和省级农业农村主管部门对农业种质资源的普查、收集、整理、鉴定、登记、保存、交流和利用制定计划。国家定期公布可供利用的种质资源目录，省级定期公布省级重点保护和可供利用的种质资源目录。

(3)保存保护种质资源。农业种质资源保存实行原生境保存和非原生境保存相结合的制度。原生境保存包括建立农业种质资源保护区和保护地，非原生境保存包括建立各种类型的种质库、种质圃及试管苗库。国家和省级农业行政主管部门根据需要建立国家和本地区的农业种质资源保护区、保护地、种质圃和种质库。农业种质资源保护区(地)应当设立保护标志，加强日常管理。

(4)依法监管种质资源。禁止采集或者采伐国家重点保护的天然种质资源、濒危稀有的农业种质资源、具有特殊价值的农业种质资源以及其他需要保护的农业种质资源；在农业种质资源保护区(地)内禁止采集或者采伐种质资源，禁止狩猎、放牧、开垦、烧荒、采矿、旅游等，禁止倾倒废弃物、排放污水和有毒有害物质，禁止引进新的物种，禁止其他危害农业种质资源的行为。占用种质资源库、种质资源保护区或者种质资源保护地的，需经原设立机关同意。

(5)依法使用种质资源。因科研等特殊情况需要采集或者采伐重点保护天然种质资源的，应当经国务院或者省(自治区、直辖市)人民政府的农业、林业主管部门批准；种质资源库、种质资源保护区、种质资源保护地的种质资源属公共资源，依法开放利用；向境外提供种质资源，或者与境外机构、个人开展合作研究利用种质资源的，应当向省(自治区、直辖市)人民政府农业、林业主管部门提出申请，受理申请的农业、林业主管部门经审核，报国务院农业、林业主管部门批准。

## 7.怎样合法采集、采伐农作物种质资源?

因科研等特殊情况需要采集或者采伐列入国家重点保护野生植物名录的野生种、野生近缘种、濒危稀有种种质资源的，应当按照国务院及农业农村部有关野生植物管理的规定，办理审批手续。需要采集或者采伐保护区、保护地、种质圃内种质资源的，应当经建立该保护区、保护地、种质圃的农业行政主管部门批准。

农作物种质资源的采集数量应当以不影响原始种群的遗传完整性及其正常生长为标准，并且需要建立采集档案，详细记载材料名称、基本特征特性、采集地点和时间、采集数量、采集人等信息。

## 8.怎样依法对外提供农作物种质资源?

国家对农作物种质资源享有主权，任何单位和个人向境外提供种质资源，应当经所在地省(自治区、直辖市)农业农村行政主管部门审核，报农业农村部审批。对外提供农作物种质资源实行分类管理制度，农业农村部定期修订分类管理目录。对外提供农作物种质资源按以下程序办理：

(1)对外提供种质资源的单位和个人按规定的格式及要求填写《对外提供农作物种质资源申请表》，提交对外提供种质资源说明，向申请人所在地辖区农业行政主管部门提出申请。

(2)申请人所在地辖区农业行政主管部门审查通过后报省级农业行政主管部门审核。

(3)省级农业行政主管部门审核通过的，报农业农村部审批。

(4)农业农村部审批通过的，开具《对外提供农作物种质资源准许证》。

(5)对外提供种质资源的单位和个人持《对外提供农作物种质资源准许证》到检疫机关办理检疫审批手续。

(6)《对外提供农作物种质资源准许证》和检疫通关证明作为海关放行依据。

## 9.从境外引进农作物种质资源应注意哪些问题？

国家鼓励单位和个人从境外引进农作物种质资源。从境外引进农作物种质资源，应当按照以下程序进行：

(1)完成植物检疫程序。单位和个人从境外引进种质资源，应当依照有关植物检疫法律、行政法规的规定，办理植物检疫手续。引进的种质资源，应当隔离试种，经植物检疫机构检疫，证明确实不带有检疫性有害生物，方可分散种植。

(2)隔离试种程序。从境外引进新物种的，应当进行科学论证，采取有效措施，防止可能造成的生态危害和环境危害。引进前，报经农业农村部批准，引进后隔离种植 1 个以上生育周期，经评估，证明确实安全和有利用价值的，方可分散种植。

(3)登记、备案和保存农作物种质资源。国家实行引种统一登记制度。引种单位和个人应当在引进种质资源入境之日起 1 年之内向国家农作物种质资源委员会办公室申报备案，并附适量种质材料供国家种质库保存。

当事人可以将引种信息和种质资源送交当地农业行政主管部门或者农业科研机构，当地农业行政主管部门或者农业科研机构应当及时向国家农作物种质资源委员会办公室申报备案，并将收到的种质资源送交国家种质库保存。

(4)统一引种编号和译名。引进的种质资源，由国家农作物种质资源委员会统一编号和译名，任何单位和个人不得更改国家引种编号和译名。

(5)对引入种质资源进行风险控制。引进的农作物种质资源有遗传缺陷或者对引进地区农作物种质资源、自然生态环境有危害或者可能产生危害的，省级人民政府农业行政主管部门应当决定停止引进和推广，并和有关部门会商，及时采取相应的安全控制措施。

## 10.怎样进行农作物种质资源的鉴定、登记和保存？

农作物种质资源的鉴定、登记和保存主要由各资源库和资源圃完成。

(1)鉴定。农作物种质资源的鉴定按照国家统一标准，对收集的所有农作物种质资源进行种类、类型和主要农艺性状鉴定。

(2)登记。农作物种质资源的登记实行统一编号制度，任何单位和个人不得更改国家统一编号和名称。

(3)保存。农作物种质资源保存实行原生境保存和非原生境保存相结合的制度。原生境保存包括建立农作物种质资源保护区和保护地，非原生境保存包括建立各种类型的种质库、种质圃及试管苗库。

## 11.怎样对农作物种质资源的品质进行评价？

农作物种质资源评价包括种质资源的数量和质量、生态适应性、可利用性、资源效益和遗传多样性评价等方面的内容。其中，对种质资源的品质，即内在质量进行评价，是实现农作物种质资源效益最优及可持续利用的理论依据。农作物种质资源的品质评价是在适宜的环境条件下，按照科学方法和程序以及相应的标准规范，对所收集种质资源样本具有的植物学、生理性状、遗传性状、农艺性状、经济性状等特征特性进行全面系统的鉴定、评价和完整描述。农作物种质资源评价包括基因型和表型性状描述。基因型是指构成种质资源遗传特性的基因总和，常对控制某一具体性状的基因和等位基因的所有组合进行描述。表型也称为表现型，是指在一定环境条件下，种质资源所表现出的性状特征。

农作物种质资源是育种和品种改良的遗传基础，对农作物种质资源进行全面评价是高效利用这些资源的关键，同时也是农作物种质资源保护的理论基础。农作物种质资源的品质评价主要包括以下三方面内容：

(1)基本资料记载。首先进行种质资源收集，记录收集地点的详细信息。包括收集时间、收集地点的具体位置、种质资源类别(野生资源、地方品种、育成品种)、生长习性(一年生、多年生、越年生)、繁殖习性(有性、无性)、主要特性、种质用途、利用部位、种质分布与群落、生态类型、气候带、地形、土壤类型、采集方式、采集部位、照片等内容信息。种质资源为选育品种的，还应收录谱系关系和选育方法、过程等内容信息。

(2)初步评价。初步评价通常在对种质资源进行第一次繁育过程中进行，主要包括基本的植物学特征和生物学特征，以及和育种相关的特性进行初步鉴定和评价。

(3)系统全面评价与鉴定。在对种质资源进行初步评价以后，需要在一致的试验条件下，对种质资源的农艺性状进行系统全面的评价与鉴定，包括丰产性、株高、分蘖数、千粒重、抗病性、抗虫性、抗旱性、耐盐碱、品质特性等项目内容。

## 12.农作物种质资源的评价方法是什么？

农作物种质资源评价方法主要包括以下内容：

(1)制定该种质资源的性状描述标准。在对种质资源的长期收集、描述和研究过程中，已经形成通用的性状描述标准和记载规范。在对某个种质资源进行性状描述时，应根据通用的性状描述标准和记载规范结合该种质的特点，制定相应的性状描述标准，然后按照该种质资源的性状描述标准进行描述和测定，对鉴定和评价结果，应作出详细明确的说明。对于某些随着生长周期而发生变化的性状，评价时必须详细注明评价的时间、方法等内容。

(2)对不同性状的描述应区别对待。种质资源的性状一般分为质量性状和数量性状，质量性状容易进行分级描述记载，但数量性状易受环境影响，需要选取可靠材料作为对照，通过与对照进行比较，核实试验结果的准确性。

(3)注意基因与环境互作对性状描述结果的影响。对于多数数量性状，基因与环境互作会影响该性状在材料之间的排列顺序。对这类性状评价和鉴定时，需要进行多次鉴定才能够获得较好的评价结果。通常先对种质材料在不同试验间的基因－环境互作值进行测定，从而作为种质资源评价时的参考依据。

## 13.什么是品种管理?

品种管理是对与品种相关的选育、生产经营、使用等活动制定和实施的一系列行政管理制度，包括品种选育、品种审定、品种登记、新品种保护、引种管理、新品种推广，以及品种退出等法律法规、制度、措施和标准规范等内容。

## 14.什么是品种审定?

品种审定是指品种审定机构按照法定程序，依据法律法规和品种审定标准及规范，对申请审定品种的名称、来源、育种过程，以及品种特异性、一致性、稳定性、丰产性、适应性、抗性等性状进行审核、试验、测定、鉴定和评价，符合要求的审定通过，并对审定品种进行管理的制度。品种审定是确保主要农作物品种的优良性，保证粮食和重要经济作物生产安全，维护种子使用者利益的重要管理制度。

按照粮食安全与经济发展的基础性和重要性程度，农作物分为主要农作物和非主要农作物。主要农作物是指稻、小麦、玉米、棉花、大豆五种作物。《种子法》规定，国家对主要农作物实行品种审定制度。因此，稻、小麦、玉米、棉花、大豆这五种作物的品种需要通过国家级或省级审定后，才能进行推广、销售。

## 15.品种审定是由哪个机构负责?

按照《种子法》规定，我国的品种审定实行国家和省(直辖市、自治区)级审定制度。国家级农作物品种审定工作，由农业农村部设立的国家农作物品种审定委员会负责。省级农作物品种审定工作，由省级人民政府农业农村主管部门设立的省级农作物品种审定委员会负责。农作物品种审定委员会建立包括申请文件、品种审定试验数据、种子样品、审定意见和审定结论等内容的审定档案，保证可追溯。

申请品种审定的单位或个人可以单独申请国家级审定或省级审定，也可以同时申请国家级审定和省级审定，还可以同时向几个省(自治区、直辖市)申请审定。

## 16.推广销售主要农作物品种有什么要求?

按照主要农作物品种审定制度，主要农作物品种应当通过国家或者省级审定，审定合格的主要农作物品种才能进行推广销售。通过国家审定的主要农作物品种由农业农村部公告，可在全国适宜的生态区域推广；通过省级审定的主要农作物品种由省级农业农村主管部门公告，可在本行政区域内适宜的生态区域推广。通过省级审定的品种，其他省属于同一适宜生态区的地域需要引入种植的，引种者应当向所在省级人民政府农业农村主管部门申请备案，经所在省级农业农村主管部门同意后，才可以引种。

## 17.什么是品种试验?

品种试验是品种审定的基础和科学依据，是按照科学方法和标准规范程序，对品种的遗传稳定性、一致性、适应性、抗逆性、丰产性、稳产性、品质等农艺性状进行鉴定、比较、试验和综合评价的过程。申请品种审定的单位或个人首先要申请参加国家或省(直辖市、自治区)级主要农作物品种试验或者参与联合体组织的品种试验。取得实行选育生产经营相结合许可证的种子企业，可以自行组织品种试验。

品种试验包括区域试验、生产试验、DUS测试和需要完成的单项试验如抗逆性鉴定、品质检测、DNA指纹检测、转基因检测等内容。

抗逆性鉴定由品种审定委员会指定的鉴定机构承担，DUS测试、品质检测、DNA指纹检测、转基因检测由具有资质的检测机构承担。品种试验、测试、检测、鉴定承担单位和个人对数据的真实性负责。

## 18.什么是区域试验?

区域试验是对育成或引进的新品种在不同(或相同)类型生态区设置多个试验点，并经多个品种生产周期的比较试验，对品种丰产性、稳产性、适应性、抗逆性等农艺性状进行鉴定评价的过程，并进行品质分析、DNA指纹检测、转基因检测等。

每一个品种的区域试验，试验时间不少于两个生产周期，田间试验设计采用随机区组或间比法排列。同一生态类型区试验点，国家级不少于 10 个，省级不少于 5 个。

## 19.什么是生产试验？

生产试验是在区域试验完成后，在同一生态类型区，按照当地主要生产方式，在接近大田生产条件下对品种的丰产性、稳产性、适应性、抗逆性等农艺性状进一步验证的试验过程。

每一个品种的生产试验点数量不少于区域试验点，每一个品种在一个试验点的种植面积不少于 300 $m^2$，不大于 3000 $m^2$，试验时间不少于一个生产周期。

第一个生产周期综合性状突出的品种，生产试验可与第二个生产周期的区域试验同步进行。

## 20.区域试验和生产试验中使用的对照品种有什么要求？

区域试验和生产试验中使用的对照品种应当是同一生态类型区同期生产上推广应用的已审定品种，具备良好的代表性。对照品种由品种试验组织实施单位提出，品种审定委员会相关专业委员会确认，并根据农业生产发展的需要适时更换。省级农作物品种审定委员会应当将省级区域试验、生产试验对照品种报国家农作物品种审定委员会备案。

## 21.什么是 DUS 测试？

DUS 是品种特异性(Distinctness)、一致性(Uniformity)和稳定性(Stability)三个术语英文第一个字母的缩写简称，DUS 测试是对品种的特异性、一致性和稳定性的栽培鉴定试验或室内分析测试的过程。根据特异性、一致性和稳定性的试验结果，判定测试品种是否属于新品种，为品种审定、登记，以及品种权申请提供可靠的判定依据。

DUS 测试由申请者自主或委托农业农村部授权的测试机构开展，接受农业农村部科技发展中心指导。

申请者自主测试的，应当在播种前 30 日内，按照申请级别将测试方案报农业农村部科技发展中心或省级种子管理机构。农业农村部科技发展中心、省级种子管理机构分别对植物新品种权申请、品种登记、国家级品种审定、省级品种审定等 DUS 测试过程进行监督检查，对样品和测试报告的真实性进行抽查验证。

DUS 测试所选择近似品种应当为特征特性最为相似的品种，测试依据相应农作物 DUS 测试指南进行，测试报告应当由法人代表或法人代表授权签字。

## 22.哪些情况下可以自行开展品种试验?

品种审定申请者具备试验能力并且试验品种是自有品种的，可以按照下列要求自行开展品种试验：

(1)在国家级或省级品种区域试验基础上，自行开展生产试验。

(2)自有品种属于特殊用途品种的，自行开展区域试验、生产试验，生产试验可与第二个生产周期区域试验合并进行。特殊用途品种的范围、试验要求由同级品种审定委员会确定。

(3)申请者属于企业联合体、科企联合体和科研单位联合体的，可由联合体组织开展相应区组的品种试验。联合体成员数量应当不少于5家，并且签订相关合作协议，按照同权同责原则，明确责任义务。一个法人单位在同一试验区组内只能参加一个试验联合体。

(4)取得选育生产经营相结合许可证的种子企业，对其自主研发的主要农作物品种可以在相应生态区自行开展品种试验，完成试验程序后提交品种审定申请材料。该类企业应当建立包括品种选育过程、试验实施方案、试验原始数据等相关信息的档案，并对试验数据的真实性负责，保证可追溯，接受省级以上农业农村主管部门和社会的监督。

自行开展品种试验的实施方案应当在播种前30日内报国家级或省级品种试验组织实施单位，符合条件的纳入国家级或省级品种试验统一管理。具有选育生产经营相结合许可证的种子企业，自行开展的品种试验实施方案应当在播种前30日内报国家级或省级品种试验组织实施单位备案。

## 23.什么是品种审定编号?

品种审定编号是审定通过的主要农作物品种，由品种审定委员会统一进行编号。审定编号由审定委员会简称、作物种类简称、年号、序号四项内容组成，其中序号为四位数。

## 24.什么是品种审定证书?

品种审定证书是由品种审定委员会对审定通过的主要农作物品种颁发证书。审定证书的内容包括：审定编号、品种名称、申请者、育种者、品种来源、审定意见、公告号、证书编号。

## 25.什么是品种审定公告?

品种审定公告是指对审定通过的品种，由审定委员会所属同级农业农村主管部门进行公告。省级审定的农作物品种在公告前，应当由省级农业农村主管部门将品种名称等信息报农业农村部公示，公示期为15个工作日。

审定公告内容包括：审定编号、品种名称、申请者、育种者、品种来源、形态特征、生育期、产量、品质、抗逆性、栽培技术要点、适宜种植区域及注意事项等。

审定公告公布的品种名称为该品种的通用名称。禁止在生产、经营、推广过程中擅自更改该品种的通用名称。

## 26.为什么主要农作物品种必须通过审定后才能推广销售？

主要农作物是对国家粮食和经济社会安全具有重大影响的农作物，因此，《种子法》规定主要农作物品种在推广销售前必须通过品种审定，避免因品种自身因素造成的农业生产危害。对主要农作物品种进行审定的目的是确保品种优良性和稳定性，保证农业生产安全，维护种子使用者的利益。种子使用者购买种植经审定的主要农作物品种，能保证品种的优良性，同时也能有效规避种植风险。

推广销售应当审定未经审定的农作物品种，对种子生产经营者和种子使用者都会带来很大危害。一方面，由于未经审定的品种没有通过法定程序和审定标准的综合评定，对品种的适应性、抗性等特征特性缺少客观全面的认识和了解，使用这类种子容易造成种植事故，给种子使用者造成较大的损失；另一方面，推广销售应当审定未经审定的农作物品种属于违法行为，造成损失的，需要进行赔偿，同时将受到行政执法部门的处罚。此外，这种违法行为还对种子企业或种子销售商诚信守法的信誉带来负面影响，不利于企业或销售商的持续发展。

## 27.什么是引种备案制度？

引种备案是指省级农业农村主管部门建立对同一适宜生态区省际间品种试验数据共享互认机制，通过备案方式实现同一适宜生态区省际间的相互引种。通过省级审定的品种，在其他省(自治区、直辖市)属于同一适宜生态区的地域，引种者可以向引入地省级农业农村主管部门申请备案。备案通过后，引入品种即可进行推广种植。按照《主要农作物品种审定办法》规定，引种备案的作物种类是指稻、小麦、玉米、大豆、棉花五种主要农作物。

## 28.云南省引种适宜区域范围有哪些？

根据《国家审定品种同一适宜生态区的通知》(国品审[2016]1号)，与云南省属于同一适宜生态区的主要农作物国家审定品种均可进行引种备案。按照国家农作物品种审定委员会制定的国家审定品种同一适宜生态区，稻、小麦、玉米国审品种可在云南省进行同一适宜生态区省际品种引种，适宜区域范围为：

稻：长江上游中籼迟熟类型区。该区包括四川省平坝丘陵稻区、贵州省(武陵山区除外)、云南省的中低海拔籼稻区，重庆市(武陵山区除外)海拔800米以下地区、陕西省南部稻区。本类型区品种全生育期155天左右。

小麦：长江上游冬麦品种类型区。该区包括贵州省、重庆市全部，四川省除阿坝、甘孜州南部部分县以外的地区，云南省泸西、新平至保山以北和迪庆、怒江州以东地区，陕西南部地区，湖北十堰、襄阳地区，甘肃陇南。

玉米：西南春玉米类型区、热带亚热带玉米类型区、西南鲜食甜玉米、鲜食糯玉米类型区。

西南春玉米类型区包括四川省、重庆市、湖南省、湖北省、陕西省南部海拔800米及以下的丘陵、平坝、低山地区，贵州省贵阳市、黔南州、黔东南州、铜仁市、遵义市海拔1100米以下地区,云南省中部昆明、楚雄、玉溪、大理、曲靖等州市的丘陵、平坝、低山地区，广西桂林市、贺州市。

热带亚热带玉米类型区主要包括广西自治区、海南省、广东省、福建省漳州以南地区、贵州省与广西接壤的低热河谷地带，云南省文山、红河、临沧、思茅、西双版纳、德宏等州市海拔800米以下地区。

西南鲜食甜玉米、鲜食糯玉米类型区包括四川省、重庆市、贵州省、湖南省、湖北省、陕西省南部海拔800米及以下的丘陵、平坝、低山地区及云南省中部的丘陵、平坝、低山地区。

## 29.引种备案有哪些要求？

引种者应当在拟引种区域开展不少于1年的适应性、抗病性试验，对品种的真实性、安全性和适应性负责。具有植物新品种权的品种，还应当经过品种权人的同意。

申请备案时，引种者需要填写引种备案表，包括作物种类、品种名称、引种者名称、联系方式、审定品种适宜种植区域、拟引种区域等信息；提交引种备案品种特征特性说明材料、适应性试验报告、抗病性鉴定报告、审定证书和原审定机构出具的引种备案品种未撤销审定证明、真实性承诺书等资料。此外，属于转基因品种的，提交转基因生物安全证书复印件；具有植物新品种权的品种，还应当提供品种权人书面同意证明。

## 30.什么是引种备案公告？

省(自治区、直辖市)人民政府农业农村主管部门批准引种备案后，及时发布引种备案公告。引种备案公告内容包括品种名称、引种者、育种者、审定编号、引种适宜种植区域等内容。公告号格式为：(×)引种(×)第×号，其中，第一个“×”为省(自治区、直辖市)简称，第二个“×”为年号(由 4 位数字组成)，第三个“×”为序号(由 3 位数字组成)。

## 31.哪些情况会撤销已审定的主要农作物品种?

撤销审定是对已审定通过的主要农作物品种在使用过程中出现不可克服严重缺陷、种性严重退化或失去生产利用价值、未按要求提供品种标准样品或者标准样品不真实、以欺骗、伪造试验数据等不正当方式通过审定等情形之一的，作出撤销审定的决定。品种审定委员会审核同意撤销审定的，由同级农业农村主管部门予以公告。省级品种撤销审定公告，应当在发布后 30 日内报国家农作物品种审定委员会备案。

公告撤销审定的品种，自撤销审定公告发布之日起停止生产、广告，自撤销审定公告发布一个生产周期后停止推广、销售。品种审定委员会认为有必要的，可以决定自撤销审定公告发布之日起停止推广、销售。

对主要农作物品种的撤销审定，是对审定品种进行全程动态监管，保护农业生产的一个有效手段。

## 32.什么是品种登记?

品种登记是指品种登记机构依法对需要登记的非主要农作物品种，按照规定程序，对申请登记品种的名称、来源、育种过程，以及品种特异性、一致性、稳定性、丰产性、适应性、抗性等性状进行审核、试验、测定、鉴定和评价，符合要求的登记通过，并对登记品种进行管理的制度。

非主要农作物是指稻、小麦、玉米、棉花、大豆五种主要农作物以外的其他农作物。按照《种子法》的规定，国家对部分非主要农作物实行品种登记制度，列入非主要农作物登记目录的品种在推广前应当登记。应当登记的农作物品种未经登记的，不得发布广告、推广，不得以登记品种的名义销售。

## 33.哪些非主要农作物需要进行品种登记?

实行品种登记的非主要农作物范围按照保护生物多样性、保证消费安全和用种安全的原则确定，由国务院农业农村主管部门制定和调整。2017 年 5 月 1 日，农业农村部公布第一批非主要农作物登记目录。目前，需要进行品种登记的非主要农作物包括：马铃薯、甘薯、谷子、高粱、大麦(青稞)、蚕豆、豌豆、油菜(甘蓝型、白菜型、芥菜型)、花生、亚麻(胡麻)、向日葵、甘蔗、甜菜、大白菜、结球甘蓝、黄瓜、番茄、辣椒、茎瘤芥、西瓜、甜瓜、苹果、柑橘、香蕉、梨、葡萄、桃、茶树、橡胶树，共29种。

## 34.品种登记是由哪个机构负责？

按照《种子法》和《非主要农作物品种登记办法》的规定，农业农村部主管全国非主要农作物品种登记工作，制定、调整非主要农作物登记目录和品种登记指南，建立全国非主要农作物品种登记信息平台，具体工作由全国农业技术推广服务中心承担。省级人民政府农业农村主管部门负责品种登记的具体实施和监督管理，受理品种登记申请，对申请者提交的申请文件进行书面审查；对已登记品种进行监督检查，对申请者和品种测试、试验机构进行监管。

## 35.怎样申请品种登记？

品种登记申请实行属地管理，一个品种只需要在一个省份申请登记。

两个以上申请者分别就同一个品种申请品种登记的，优先受理最先提出的申请；同时申请的，优先受理该品种育种者的申请。

申请者应当在非主要农作物品种登记信息平台上实名注册，可以通过品种登记信息平台提出登记申请，也可以向住所地的省级人民政府农业农村主管部门提出书面登记申请。

在中国境内没有经常居所或者营业场所的境外机构、个人在境内申请品种登记的，应当委托具有法人资格的境内种子企业代理。

## 36.什么是品种登记编号？

品种登记编号是指由农业农村部对登记通过的非主要农作物品种统一进行编号。品种登记编号格式为：GPD+作物种类+(年号)+2位数字的省份代号+4位数字顺序号。

## 37.品种登记证书包括哪些内容？

品种登记证书是指由农业农村部对登记通过的非主要农作物品种颁发证书。登记证书内容包括：登记编号、作物种类、品种名称、申请者、育种者、品种来源、适宜种植区域及季节等。

品种登记证书载明的品种名称为该品种的通用名称，禁止在生产、销售、推广过程中擅自更改。

## 38.品种登记公告包括哪些内容?

农业农村部对通过品种登记的信息进行公告，品种登记公告内容包括：登记编号、作物种类、品种名称、申请者、育种者、品种来源、特征特性、品质、抗性、产量、栽培技术要点、适宜种植区域及季节等。

## 39.哪些情况会撤销已登记的品种?

省级农业农村主管部门发现已登记品种存在申请文件、种子样品不实，或者已登记品种出现不可克服的严重缺陷等情形，向农业农村部提出撤销该品种登记的意见。

农业农村部对撤销登记的品种进行公告，停止推广；对于登记品种申请文件、种子样品不实的，按照规定将申请者的违法信息记入社会诚信档案，向社会公布。

申请者在申请品种登记过程中有欺骗、贿赂等不正当行为的，三年内不受理其申请。

对非主要农作物品种的撤销登记，是对登记品种进行全程动态监管，保护农业生产的一个有效手段。

## 40.农业植物品种命名应当遵循什么原则?

为规范农业植物品种名称，保护育种者和种子生产者、经营者、使用者的合法权益，农业植物品种命名应当遵循唯一性、一致性和优先性的原则。

(1)唯一性原则。一个农业植物品种只能使用一个名称；相同或者相近的农业植物属内的品种名称不得相同。

(2)一致性原则。所申请品种的名称在农作物品种审定、品种登记、农业植物新品种权和农业转基因生物安全评价中应当保持一致。

(3)优先性原则。相同或者相近植物属内的两个以上品种，以同一名称提出相关申请的，名称授予先申请的品种，后申请的应当重新命名；同日申请的，名称授予先完成培育的品种，后完成培育的应当重新命名。

## 41.怎样对农业植物品种规范命名？

农业植物品种名称应当规范合法，中文名称、中文名称译成英文、英文名称译成中文时，要按照以下要求进行命名：

(1)农业植物品种名称应当使用规范的汉字、英文字母、阿拉伯数字、罗马数字或其组合。品种名称不得超过15个字符。

(2)农业植物品种的中文名称译成英文时，应当逐字音译，每个汉字音译的第一个字母应当大写。

(3)农业植物品种的外文名称译成中文时，应当优先采用音译；音译名称与已知品种重复的，采用意译；意译仍有重复的，应当另行命名。

农业农村部建立了农业植物品种名称检索系统(http://202.127.42.178:4000/)，供品种命名、审查和查询使用。对农业植物品种命名时，可进入农业植物品种名称检索系统查询所取品种名称是否为重名。

## 42.哪些情形不能用作农业植物的品种名称？

农业植物品种的名称应当按照《农业植物品种命名规定》要求，合法规范命名。品种命名不得存在下列情形：

(1)仅以数字或者英文字母组成的。

(2)仅以一个汉字组成的。

(3)含有国家名称的全称、简称或者缩写的，但存在其他含义且不易误导公众的除外。

(4)含有县级以上行政区划的地名或者公众知晓的其他国内外地名的，但地名简称、地名具有其他含义的除外。

(5)与政府间国际组织或者其他国际国内知名组织名称相同或者近似的，但经该组织同意或者不易误导公众的除外。

(6)容易对植物品种的特征、特性或者育种者身份等引起误解的，但惯用的杂交水稻品种命名除外。

(7)夸大宣传的。

(8)与他人驰名商标、同类注册商标的名称相同或者近似，未经商标权人同意的。

(9)含有杂交、回交、突变、芽变、花培等植物遗传育种术语的。

(10)违反国家法律法规、社会公德或者带有歧视性的。

(11)不适宜作为品种名称的或者容易引起误解的其他情形。

在对农业植物品种命名时，如果品种名称出现上述所列情形之一的，属于不符合法律规定的命名，需要在规定期限内重新对农业植物品种进行符合法律规范的命名。逾期未修改或者修改后仍不符合规定的，在品种审定、登记、新品种权和农业植物品种转基因生物安全评价等事项的申请中不予受理。

## 43.不适宜作为品种名称的情形有哪些？

不适宜作为品种名称的情形是指同名的情况，主要有以下几种表现形式：

(1)读音或者字义不同但文字相同的。

(2)仅以名称中数字后有无“号”字区别的。

(3)其他视为品种名称相同的情形。

## 44.品种名称容易引起误解的情形有哪些？

容易引起误解的名称不能用于农业植物品种的命名。主要有两类表现形式。

一类是容易对植物品种的特征、特性引起误解，包括下面几种情形：

(1)易使公众误认为该品种具有某种特性或特征，但该品种不具备该特性或特征的。

(2)易使公众误认为只有该品种具有某种特性或特征，但同属或者同种内的其他品种同样具有该特性或特征的。

(3)易使公众误认为该品种来源于另一品种或者与另一品种有关，实际并不具有联系的。

(4)其他容易对植物品种的特征、特性引起误解的情形。

另一类是容易对育种者身份引起误解，包括以下几种情形：

(1)品种名称中含有另一知名育种者名称的。

(2)品种名称与已经使用的知名系列品种名称近似的。

(3)其他容易对育种者身份引起误解的情形。

## 45.什么是新品种保护？

新品种保护是植物新品种保护制度的简称。《种子法》规定，国家实行植物新品种保护制度。新品种保护的植物新品种是指在国家植物品种保护名录内的植物，经过人工选育或者对发现的野生种加以改良，获得具备新颖性、特异性、一致性、稳定性和适当命名的植物品种，由国务院农业、林业主管部门授予植物新品种权，保护植物新品种权所有人的合法权益。取得植物新品种权的品种得到推广应用的，育种者依法获得相应的经济利益。

一个植物新品种只能授予一项植物新品种权。

对违反法律，危害社会公共利益、生态环境的植物新品种，不授予植物新品种权。

## 46.什么是农业植物新品种权？

农业植物新品种权是对农业保护植物名录内的植物，经过人工培育或者对发现的野生种加以开发，获得具备新颖性、特异性、一致性和稳定性并有适当命名的农业植物新品种，由国家农业农村主管部门授予农业植物新品种权，使完成育种的单位或个人对其授权品种依法享有排他的独占权、署名权、许可权、转让权等权利。

植物新品种权具有唯一性，一个农业植物新品种只能被授予一项品种权。任何单位或者个人未经品种权所有人许可，不得为商业目的生产或者销售该授权品种的繁殖材料，不得为商业目的将该授权品种的繁殖材料重复使用于生产另一品种的繁殖材料；法律法规另有规定的除外。

## 47.农业植物新品种权的认定是由哪个机构负责？

按照《种子法》的规定，农业农村部为农业植物新品种权的审批机关，负责农业植物新品种权申请的受理和审查并对符合法律规定的农业植物新品种授予农业植物新品种权。农业农村部设立植物新品种保护办公室，承担品种权申请的受理、审查等事务，负责植物新品种测试和繁殖材料保藏的组织工作。

## 48.怎样确定同一个农业植物新品种的申请权归属？

同一个农业植物新品种有两个以上申请人申请的，首先按照先申请原则确定，其次按照完成育种时间先后的原则对申请权归属进行处理。最先申请的人具有农业植物新品种的申请权。一个农业植物新品种由两个以上申请人分别于同一日内提出品种权申请的，由申请人自行协商确定申请权的归属；协商不能达成一致意见的，品种保护办公室可以要求申请人在指定期限内提供证据，证明自己是最先完成该新品种育种的人。逾期未提供证据的，视为撤回申请；所提供证据不足以作为判定依据的，品种保护办公室驳回申请。

## 49.农业植物新品种权的申请方式有哪些？

申请农业植物新品种权时，根据申请人和申请事项的实际情况，选择以下申请方式进行：

(1)申请人为中国单位和个人。中国的单位和个人申请品种权的，可以直接或者委托代理机构向品种保护办公室提出申请。

(2)申请人为外国机构和外国人。在中国没有经常居所的外国人、外国企业或其他外国组织，向品种保护办公室提出品种权申请的，应当委托代理机构办理。

(3)委托代理机构的申请。申请人委托代理机构办理品种权申请等相关事务时，应当与代理机构签订委托书，明确委托办理事项与权责。代理机构在向品种保护办公室提交申请时，应当同时提交申请人委托书。品种保护办公室在上述申请的受理与审查程序中，直接与代理机构联系。

(4)向国外转让申请权或者品种权。中国的单位或者个人就其在国内培育的新品种向外国人转让申请权或者品种权的，应当向农业农村部申请审批。

(5)国内转让申请权或者品种权。转让申请权或者品种权的，当事人应当订立书面合同，向农业农村部登记，由农业农村部予以公告，并自公告之日起生效。

## 50.农业植物新品种权的归属是怎样认定的？

获得农业植物新品种权的主体可以是单位也可以是个人。按照《中华人民共和国植物新品种保护条例》的规定，农业植物新品种权的归属按照职务育种与非职务育种以及是否有合同约定等进行确定。执行本单位的任务或者主要是利用本单位的资金、仪器设备、试验场地，以及单位所有的尚未允许公开的育种材料和技术资料等所完成的职务育种，农业植物新品种的申请权属于该单位。非职务育种，农业植物新品种的申请权属于完成育种的个人。申请被批准后，品种权属于申请人。

委托育种或者合作育种，品种权的归属由当事人在合同中约定；没有合同约定的，品种权属于受委托完成或者共同完成育种的单位或者个人。

## 51.什么是职务育种？

职务育种是指执行本单位的任务或者主要是利用本单位的物质条件所完成的育种。其中，本单位的物质条件主要指：单位的资金、仪器设备、试验场地，以及单位所有的尚未允许公开的育种材料和技术资料等。职务育种育成的植物新品种申请权属于该单位。执行本单位任务所完成的职务育种主要有以下几种情形：

(1)在本职工作中完成的育种。

(2)履行本单位交付的本职工作之外的任务所完成的育种。

(3)退职、退休或者调动工作后，3 年内完成的与其在原单位承担的工作或者原单位分配的任务有关的育种。

## 52.什么是非职务育种?

非职务育种是指完成的育种不属于本职工作范围，也不是单位交付的任务，也没有利用单位的资金、仪器设备、试验场地，以及单位所有的尚未允许公开的育种材料和技术资料等完成的育种。

非职务育种，农业植物新品种的申请权属于完成育种的个人。对于共同完成的非职务育种，新品种的申请权和品种权归共同育种人所有。属于共同非职务育种的，必须由所有完成育种的人共同提出品种权申请，所有共同育种人作为共同申请人均需签名。属于共同非职务育种的，其中任何一个人单独提出品种权申请甚至获得了品种权是无效的。

## 53.申请品种权的农业植物新品种应当具备什么条件?

申请品种权的农业植物新品种，必须同时具备以下几个条件：

(1)应当属于国家农业植物品种保护名录中列举的植物的属或者种，并经过人工选育或者对发现的野生植物加以改良的植物新品种。

(2)应当是不违反法律，不危害社会公共利益、生态环境的植物新品种。

(3)应当具备新颖性、特异性、一致性和稳定性。

(4)应当具备适当的名称，即具有符合《农业植物品种命名规定》的品种名称，并与相同或者相近的植物属或者种中已知品种的名称相区别。该名称经注册登记后即为该植物新品种的通用名称。

## 54.什么是农业植物新品种权的强制许可?

为了国家利益或者社会公共利益，国务院农业农村主管部门可以依照《种子法》的相关规定，作出实施农业植物新品种权强制许可的决定。《中华人民共和国植物新品种保护条例实施细则》(农业部分)明确规定了有以下三种情形之一的，农业农村部可以作出实施品种权的强制许可决定：

(1)为了国家利益或者公共利益的需要。

(2)品种权人无正当理由自己不实施，又不许可他人以合理条件实施的。

(3)对重要农作物品种，品种权人虽已实施，但明显不能满足国内市场需求，又不许可他人以合理条件实施的。

申请强制许可的，应当向农业农村部提交强制许可请求书，说明理由并附具有关证明文件各一式两份。

农业农村部自收到请求书之日起20个工作日内作出决定。需要组织专家调查论证的，调查论证时间不得超过 3 个月。同意强制许可请求的，由农业农村部通知品种权人和强制许可请求人，并予以公告；不同意强制许可请求的，通知请求人并说明理由。

取得实施强制许可的单位或者个人不享有独占的实施权，并且无权允许他人实施。

## 55.什么是农业植物新品种权的合理使用?

农业植物新品种权的合理使用是指以非商业目的，需要利用授权品种进行育种及其他科研活动和农民自繁自用授权品种繁殖材料的行为，不构成侵犯农业植物新品种权行为，可以不经植物新品种权所有人许可，不向其支付使用费，但不得侵犯植物新品种权所有人依法享有的署名权、许可权、转让权等权利。

## 56.不受理农业植物新品种权申请的情形有哪些?

按照《中华人民共和国植物新品种保护条例实施细则》(农业部分)的规定，申请人提交农业植物新品种权申请文件中有下列情形之一的，品种保护办公室不予受理：

(1)未使用中文的。

(2)缺少请求书、说明书或者照片之一的。

(3)请求书、说明书和照片不符合本细则规定格式的。

(4)文件未打印的。

(5)字迹不清或者有涂改的。

(6)缺少申请人和联系人姓名(名称)、地址、邮政编码的或者不详的。

(7)委托代理但缺少代理委托书的。

## 57.什么是农业植物新品种权的复审?

复审是指品种权申请人对审批机关驳回其品种权申请的决定不服，在收到通知之日起 3 个月内，向植物新品种复审委员会请求再次审查的程序。植物新品种复审委员会应当自收到复审请求书之日起 6 个月内作出决定，并通知申请人。

品种权申请被驳回，可能是申请品种不符合授权条件造成的，也可能是由于申请文件材料中存在缺陷或错误。我国植物新品种保护法律制度设置复审程序，给品种权申请人提供申诉的机会，可以避免因审批机关审查失误或者申请材料错误而造成申请人不能获得品种权，有利于维护品种权申请人的合法权益。

申请人对植物新品种复审委员会的决定不服的，可以自接到通知之日起 15 日内向人民法院提起诉讼。

## 58.什么是农业植物新品种权的无效宣告?

农业植物新品种权无效宣告是指自审批机关公告授予品种权之日起，农业植物新品种复审委员会可以依据职权或者依据任何单位或者个人的书面请求，对不符合法律法规规定的，宣告品种权无效；对不符合农业植物品种命名规定的，予以更名。宣告品种权无效或者更名的决定，由审批机关登记和公告，并通知当事人。

被宣告无效的品种权视为自始不存在。宣告品种权无效的决定，对在宣告前作出并已执行的植物新品种侵权的判决、裁定或者处理决定，以及已经履行的植物新品种实施许可合同和植物新品种权转让合同，不具有追溯力；但是，因品种权人的恶意给他人造成损失的，应当给予合理赔偿。

根据《中华人民共和国植物新品种保护条例》和《中华人民共和国植物新品种保护条例实施细则》(农业部分)等法律法规规定，对被授予品种权的农业植物新品种请求宣告品种权无效的理由有以下 7 种：

(1)不属于国家农业植物新品种保护名录范围内的植物。

(2)可能是危害公共利益、生态环境的品种。

(3)属于重复授权的。

(4)不符合新颖性的要求。

(5)不符合特异性的要求。

(6)不符合一致性的要求。

(7)不符合稳定性的要求。

除上述 7 项理由外，以其他任何理由提出无效宣告请求的，农业植物新品种复审委员会将不予受理。对农业植物新品种复审委员会作出宣告品种权无效或者更名的决定不服的，可以自收到通知之日起 3 个月内向人民法院提起诉讼。

## 59.国家对植物新品种权的保护期限有多长?

《中华人民共和国植物新品种保护条例》规定，植物新品种权的保护期限，自授权之日起，藤本植物、林木、果树和观赏树木为 20 年，其他植物为 15 年。

## 60.什么是农业植物新品种权的终止?

品种权终止是指品种权保护期届满或者因某些原因导致品种权终止。品种权终止后，品种权人不再享有排他的独占权，任何单位或者个人都能以商业目的生产或者销售该品种的繁殖材料，可以为商业目的将该品种的繁殖材料重复使用于生产另一品种的繁殖材料。品种权终止的原因主要有以下几种：

(1)因农业植物新品种权保护期届满而终止。

(2)品种权人以书面声明放弃品种权。

(3)品种权人未按照审批机关要求提供检测所需的该授权品种的繁殖材料。

(4)经检测该授权品种不再符合被授予品种权时的特征和特性的。

农业植物新品种权的终止，由审批机关登记和公告。

## 61.什么是侵犯农业植物新品种权的行为?

农业植物新品种权所有人享有排他的独占权，未经品种权人许可，以商业目的生产、繁殖或者销售授权品种繁殖材料的行为，都属于侵犯农业植物新品种权的行为。

按照侵权方式不同，侵犯农业植物新品种权的行为可分为侵犯植物新品种权和假冒授权品种两种类型。侵犯植物新品种权的行为主要是未经品种权人许可，以商业目的生产、繁殖或者销售该授权品种的繁殖材料，或者为商业目的将该授权品种的繁殖材料重复使用于生产另一品种的繁殖材料；这类侵犯植物新品种权的行为，可由当事人协商解决，不愿协商或者协商不成的，植物新品种权所有人或者利害关系人可以请求县级以上人民政府农业农村主管部门进行处理，也可以直接向人民法院提起诉讼。假冒授权品种的侵权行为，是冒充获得品种权的品种，以欺骗方式获取利益的侵权行为；这类侵权行为，品种权人或当事人可以向当地县级以上人民政府农业农村主管部门请求处理，获得保护。

## 62.什么是假冒授权品种行为?

根据《中华人民共和国植物新品种保护条例实施细则》(农业部分)的规定，假冒授权品种行为是指下列情形之一：

(1)印制或者使用伪造的品种权证书、品种权申请号、品种权号或者其他品种权申请标记、品种权标记。

(2)印制或者使用已经被驳回、视为撤回或者撤回的品种权申请的申请号或者其他品种权申请标记。

(3)印制或者使用已经被终止或者被宣告无效的品种权的品种权证书、品种权号或者其他品种权标记。

(4)生产或者销售伪造的品种权证书、品种权申请号、品种权号或者其他品种权申请标记、品种权标记的品种。

(5)生产或者销售已经被驳回、视为撤回或者撤回的品种权申请的申请号或者其他品种权申请标记的品种。

(6)生产或者销售已经被终止或者被宣告无效的品种权的品种权证书、品种权号或者其他品种权标记的品种。

(7)生产或销售冒充品种权申请或者授权品种名称的品种。

(8)其他足以使他人将非品种权申请或者非授权品种误认为品种权申请或者授权品种的行为。

## 63.怎样进行农业植物新品种权的侵权认定?

侵权行为的存在是承担侵权责任的依据。为保护农业植物新品种权人的合法权益，必须准确认定侵犯农业植物新品种权的行为，才能依法让侵权者承担侵权责任。根据《种子法》和《最高人民法院关于审理侵犯植物新品种权纠纷案件具体应用法律问题的若干规定》等法律法规，侵犯农业植物新品种权行为应同时具备以下四个条件：

(1)农业植物新品种权已获得授权保护，并且在品种权保护期限内。如果某种农业植物新品种未获得授权保护，或者是已超过品种权保护期限的品种，则该品种所有人就不享有排他的独占权，其他人使用该品种也不构成侵犯农业植物新品种权行为。

(2)未经农业植物新品种权人许可。未经品种权人许可，为商业目的生产或销售授权品种的繁殖材料，或者为商业目的将授权品种的繁殖材料重复使用于生产另一品种的繁殖材料的，属于侵犯农业植物新品种权行为。

(3)为商业目的而使用授权品种。以商业目的使用授权品种的繁殖材料是认定侵犯农业植物新品种权行为的关键。以商业目的使用授权品种包括生产、销售授权品种的繁殖材料，以及将授权品种的繁殖材料重复使用于生产另一品种的繁殖材料等三种行为，与利用授权品种进行育种科研活动和农民自繁自用授权品种繁殖材料的非商业目的合理使用行为明显不同。

(4)非强制许可使用授权品种。农业植物新品种权的强制许可只能由国家农业农村主管部门作出，取得实施强制许可的单位或者个人依法使用授权品种不构成侵权行为。在国家农业农村主管部门没有对农业植物新品种权实施强制许可的情况下，品种权人依法享有排他的独占权，任何单位或者个人未经品种权人许可，以商业目的使用授权品种的行为侵犯了品种权人的合法权益。

## 64.侵犯农业植物新品种权的法律责任有哪些?

农业植物新品种权的保护体现在国家依法追究侵权者的法律责任。侵犯农业植物新品种权的法律责任包括民事责任、行政责任和刑事责任三种。

(1)民事责任。侵犯农业植物新品种权是侵权者实施侵权行为，因此应当承担民事法律后果。侵权者承担民事责任的方式主要有：停止侵害、赔偿损失、赔礼道歉等。赔偿损失是侵犯农业植物新品种权案件中常用的一种责任方式。按照《种子法》和《最高人民法院关于审理侵犯植物新品种权纠纷案件具体应用法律问题的若干规定》规定，损失赔偿金额的确定有五种方法；一是侵犯植物新品种权的赔偿数额按照权利人因被侵权所受到的实际损失确定。二是实际损失难以确定的，可以按照侵权人因侵权所获得的利益确定。三是权利人的损失或者侵权人获得的利益难以确定的，可以参照该植物新品种权许可使用费的倍数合理确定。赔偿数额应当包括权利人为制止侵权行为所支付的合理开支。侵犯植物新品种权，情节严重的，可以在按照上述三种方法确定数额的 1 倍以上 5 倍以下确定赔偿数额。四是权利人的损失、侵权人获得的利益和植物新品种权许可使用费均难以确定的，人民法院可以根据植物新品种权的类型、侵权行为的性质和情节等因素，确定给予五百万元以下的赔偿。五是被侵权人和侵权人均同意将侵权物折价抵扣被侵权人所受损失的，人民法院应当准许。被侵权人或者侵权人不同意折价抵扣的，人民法院依照当事人的请求，责令侵权人对侵权物作消灭活性等使其不能再被用作繁殖材料的处理。

(2)行政责任。侵犯农业植物新品种权的行为除承担民事侵权责任外，因同时违反《种子法》的规定，侵权者还需要承担相应的行政责任。按照《种子法》规定，县级以上人民政府农业农村主管部门处理侵犯植物新品种权案件时，为了维护社会公共利益，责令侵权人停止侵权行为，没收违法所得和种子；货值金额不足五万元的，并处一万元以上二十五万元以下罚款；货值金额五万元以上的，并处货值金额 5 倍以上 10 倍以下罚款。假冒授权品种的，由县级以上人民政府农业农村主管部门责令停止假冒行为，没收违法所得和种子；货值金额不足五万元的，并处一万元以上二十五万元以下罚款；货值金额五万元以上的，并处货值金额 5 倍以上 10 倍以下罚款。

(3)刑事责任。刑事责任是侵犯农业植物新品种权所要承担的最为严厉的法律责任。按照我国现行植物新品种保护法律制度，刑事责任存在于假冒授权品种的侵权案件中。按照《种子法》规定，“以非种子冒充种子或者以此种品种种子冒充其他品种种子的”属于假种子。在生产经营以其他品种假冒他人授权品种的行为中，不仅侵犯了品种权人的合法权益，而且这类假冒性侵权实质是生产经营假种子的行为，属于严重违法行为，构成犯罪的，依法追究刑事责任。《中华人民共和国刑法》第一百四十七条规定：“生产假农药、假兽药、假化肥，销售明知是假的或者失去使用效能的农药、兽药、化肥、种子，或者生产者、销售者以不合格的农药、兽药、化肥、种子冒充合格的农药、兽药、化肥、种子，使生产遭受较大损失的，处三年以下有期徒刑或者拘役，并处或者单处销售金额百分之五十以上二倍以下罚金；使生产遭受重大损失的，处三年以上七年以下有期徒刑，并处销售金额百分之五十以上二倍以下罚金；使生产遭受特别重大损失的，处七年以上有期徒刑或者无期徒刑，并处销售金额百分之五十以上二倍以下罚金或者没收财产。”

侵权人被依法追究行政责任和刑事责任的，并不妨碍被侵权人依法追究侵权人的民事赔偿责任。

# 第三章　种子生产经营篇

## 1.什么是农作物种子生产经营?

按照《农作物种子生产经营许可管理办法》的规定，种子生产经营是指种植、采收、干燥、清选、分级、包衣、包装、标识、贮藏、销售及进出口种子的活动；种子生产是指繁(制)种的种植、采收的田间活动。

## 2.什么是农作物种子生产经营管理制度?

农作物种子是基础性的农业生产资料，种子质量直接关系到农业生产安全、社会稳定和经济持续发展。种子在生产加工贮藏等各环节需要特定的环境、生产技术和加工贮藏条件，并且要求工作人员具有相应的专业技术能力。同时，种子是一种具有活力的商品，具有特定的使用范围和条件。因此，为保证种子质量，维护种子生产经营者、使用者的合法权益，国家对种子生产经营活动的所有环节进行监督管理，并施行一系列的管理制度。

农作物种子生产经营管理制度由农作物种子生产经营许可、生产经营品种、生产经营档案、生产经营有效区域、种子加工包装、种子标签和使用说明、种子生产经营备案等管理制度组成。

## 3.什么是农作物种子生产经营许可管理?

按照《种子法》规定，国家对农作物种子生产经营实行许可管理。因此，种子生产经营属于国家的一般禁止性活动，需要经过县级以上农业农村主管部门审查批准，发给种子生产经营许可证解除这种禁止后才能进行种子生产经营活动。

农作物种子生产经营许可管理本质上是对种子市场准入资格进行认定。申请取得种子生产经营许可证，应当具有与种子生产经营相适应的隔离和培育条件、生产经营设施、设备及专业技术人员等资质条件，并根据生产经营种子类别和经营方式由具备审批资格的农业农村主管部门核发，确保进入市场的种子生产经营者合法合格，同时也确保进入市场的种子合法，并能进行有效监管和追溯。

种子生产经营许可证中载明生产经营者名称、地址、法定代表人、生产种子的品种、地点和种子经营的范围、有效期限、有效区域等事项。发生变更的，应当自变更之日起30日内，向原核发许可证机关申请变更登记。种子生产经营许可证期满后继续从事种子生产经营的，生产经营者应当在期满6个月前重新提出申请。

申请者取得种子生产经营许可证后，方能开展种子生产、加工、包装、贮藏、销售等种子生产经营活动。禁止任何单位和个人无种子生产经营许可证或者违反种子生产经营许可证的规定生产经营种子。禁止伪造、变造、买卖、租借种子生产经营许可证。

## 4.什么是生产经营品种管理?

生产经营品种管理对生产经营品种涉及的审定、登记、植物新品种权事项，以及申请者应具有的育成品种数量作出了规定。

(1)审定规定。主要农作物品种必须通过国家级或者省级审定，才能进行推广、销售和发布广告。

(2)品种登记规定。列入非主要农作物登记目录的品种，在推广前应当登记。应当登记的农作物品种未经登记的，不得发布广告、推广，不得以登记品种的名义销售。

(3)品种权规定。生产经营授权品种种子的，应当征得品种权人的书面同意。

(4)种子生产经营申请者自有品种数量规定。

申请领取主要农作物常规种子生产经营许可证的，申请者具有1个以上与申请作物类别相应的审定品种。

申请领取非主要农作物种子生产经营许可证的，生产经营品种为登记作物的，申请者应当具有1个以上与申请登记作物类别相应的登记品种。

申请领取主要农作物杂交种子及其亲本种子生产经营许可证的，申请者具有自育品种或作为第一选育人的审定品种1个以上，或者合作选育的审定品种2个以上，或者受让品种权的品种3个以上。

申请领取实行选育生产经营相结合、有效区域为全国的种子生产经营许可证，生产经营主要农作物种子的，申请者具有相应作物的作为第一育种者的国家级审定品种3个以上，或者省级审定品种6个以上(至少包含3个省份审定通过)，或者国家级审定品种2个和省级审定品种3个以上，或者国家级审定品种1个和省级审定品种5个以上。生产经营杂交稻种子同时生产经营常规稻种子的，申请者除具有杂交稻要求的品种条件外，还应当具有常规稻的作为第一育种者的国家级审定品种1个以上或者省级审定品种3个以上。生产经营非主要农作物种子的，申请者应当具有相应作物的以本企业名义单独申请获得植物新品种权的品种5个以上。

## 5.什么是种子生产经营档案管理？

种子生产经营档案是对种子生产、加工、贮藏、经营等环节活动的真实记录和完整规范保存，建立健全种子生产经营档案管理制度是提升种子生产经营者管理水平和提高种子质量的重要内容，也是种业市场监督管理的重要依据。种子生产经营档案管理包括档案的建立、持续完整和可追溯，以及档案、样品保存等方面内容。

(1)建立健全和保存生产经营档案。种子生产经营者要建立健全和保存包括种子来源、产地、数量、质量、销售去向、销售日期和有关责任人员等内容的生产经营档案；包装种子经营者要建立包括销售种子的品种名称、种子数量、种子来源和种子去向等内容的种子销售台账。

(2)档案保存。种子生产经营档案应完整规范保存，且至少保存 5 年。

(3)可追溯。确保档案记载信息连续、完整、真实，保证可追溯。

(4)样品保存。种子生产经营者应当按批次保存所生产经营的种子样品，样品至少保存该类作物 2 个生产周期。

规范种子生产经营档案管理，一方面有利于规范种子生产经营者自身的生产经营行为，提升管理水平，切实保障种子质量；另一方面，完整翔实连续的生产经营档案便于实现种子追溯，对种子生产经营许可事后监管工作提供了重要的信息支持。

## 6.什么是种子生产经营有效区域？

种子生产经营许可证上载明的有效区域由发证机关在其管辖范围内确定，是指设立分支机构的区域，而不是生产经营的区域。也就是说，种子生产经营者在种子生产经营许可证载明的有效区域内设立分支机构，不需要再办理种子生产经营许可证，只需向当地农业农村主管部门备案即可。种子生产地点不受种子生产经营许可证载明的有效区域限制，由发证机关根据申请人提交的种子生产合同复印件及无检疫性有害生物证明确定。种子经营活动不受种子生产经营许可证载明的有效区域限制，但种子的终端销售地应当在品种审定、品种登记或标签标注的适宜区域内。

## 7.什么是种子生产经营加工包装管理？

种子生产经营加工包装管理包括以下内容：

(1)种子应当经过加工、分级、包装后方能进行销售，不能加工包装的除外。有性繁殖作物的籽粒、果实，包括颖果、荚果、蒴果、核果等，以及马铃薯微型脱毒种薯应当包装；无性繁殖的器官和组织、种苗、苗木，以及不宜包装的非籽粒种子可以不包装。

（2）种子生产经营者是种子加工包装的责任人。取得种子生产经营许可证的种子生产经营者对其生产经营的种子进行加工包装；对于大包装或者进口种子可以分装，实行分装的，应当标注分装单位，并对种子质量负责。

（3）包装种子应附有标签和使用说明，并且种子质量必须合格。销售的种子应当符合国家或者行业标准，附有标签和使用说明。标签和使用说明标注的内容应当与销售的种子相符。种子生产经营者对标注内容的真实性和种子质量负责。

## 8.什么是种子生产经营备案管理？

种子生产经营备案管理是指在生产经营活动中，委托生产种子、委托代销种子、经营不再分装的包装种子和设立分支机构四类情形不需要办理种子生产经营许可证，通过向当地农业农村主管部门备案后，即可开展备案事项中的种子生产经营活动。

（1）设立分支机构备案。种子生产经营者在种子生产经营许可证载明有效区域内设立分支机构，在取得或变更分支机构营业执照后十五个工作日内向当地县级农业农村主管部门备案。备案时应当提交分支机构的营业执照复印件、设立企业的种子生产经营许可证复印件，以及分支机构名称、住所、负责人、联系方式等材料。

（2）经营不再分装的包装种子和委托代销种子备案。不再分装的包装种子，是指按照法律法规规定和标准包装、不再分拆的最小包装种子。专门经营不再分装的包装种子或者受具有种子生产经营许可证的企业书面委托代销其种子，在种子销售前向当地县级农业农村主管部门备案，并建立种子销售台账。备案时提交种子销售者的营业执照复印件、种子购销凭证或委托代销合同复印件，以及种子销售者名称、住所、经营方式、负责人、联系方式、销售地点、品种名称、种子数量、该批次包装种子袋正反面照片等材料。种子销售台账应当如实记录销售种子的品种名称、种子数量、种子来源和种子去向。

（3）委托生产种子备案。受具有种子生产经营许可证的企业书面委托生产其种子的，应当在种子播种前向当地县级农业农村主管部门备案。备案时应当提交委托企业的种子生产经营许可证复印件、委托生产合同，以及种子生产者名称、住所、负责人、联系方式、品种名称、生产地点、生产面积等材料。受托生产杂交玉米、杂交稻种子的,还应当提交与生产所在地农户、农民合作组织或村委会的生产协议。

## 9.农作物种子生产经营许可证类型有哪些？

按照申请生产经营作物的种类和生产经营方式的不同，农作物种子生产经营许可证的类型有 7 种：

（1）实行选育生产经营相结合的农作物种子生产经营许可证，代号“A”。由企业所在地县级农业农村主管部门审核，省(自治区、直辖市)农业农村主管部门核发，有效区域为全国。也称为育繁推一体化种子生产经营许可证。

(2)主要农作物杂交种子及其亲本种子的农作物种子生产经营许可证，代号“B”。由企业所在地县级农业农村主管部门审核，省(自治区、直辖市)农业农村主管部门核发，有效区域一般为省级。

(3)其他主要农作物种子(主要农作物常规种子)的农作物种子生产经营许可证，代号“C”。由企业所在地县级以上地方农业农村主管部门核发，有效区域由发证机关在其管辖范围内确定。

(4)非主要农作物种子的农作物种子生产经营许可证，代号“D”。由企业所在地县级以上地方农业农村主管部门核发，有效区域由发证机关在其管辖范围内确定。

(5)种子进出口的农作物种子生产经营许可证，代号“E”。由企业所在地省(自治区、直辖市)农业农村主管部门审核，农业农村部核发，有效区域由发证机关在其管辖范围内确定。

(6)外商投资企业的农作物种子生产经营许可证，代号“F”。由企业所在地省(自治区、直辖市)农业农村主管部门审核，农业农村部核发，有效区域由发证机关在其管辖范围内确定。

(7)转基因种子生产经营许可证，代号“G”。由企业所在地省(自治区、直辖市)农业农村主管部门审核，农业农村部核发。

## 10.农作物种子生产经营档案应包含哪些内容?

种子生产经营者应当建立包括种子田间生产、加工包装、销售流通等环节形成的原始记载或凭证的种子生产经营档案，包括以下内容：

(1)田间生产方面：技术负责人，作物类别、品种名称、亲本(原种)名称、亲本(原种)来源，生产地点、生产面积、播种日期、隔离措施、产地检疫、收获日期、种子产量等。委托种子生产的，还应当包括种子委托生产合同。

(2)加工包装方面：技术负责人，品种名称、生产地点，加工时间、加工地点、包装规格、种子批次、标签标注，入库时间、种子数量、质量检验报告等。

(3)流通销售方面：经办人，种子销售对象姓名及地址、品种名称、包装规格、销售数量、销售时间、销售票据。批量购销的，还应包括种子购销合同。

种子生产经营者应当至少保存种子生产经营档案五年，确保档案记载信息连续、完整、真实，保证可追溯。档案材料含有复印件的，应当注明复印时间并经相关责任人签章。

## 11.什么是种子加工？

种子加工是指种子从收获后到播种前所进行的加工处理全过程。主要包括：干燥、预加工、清选、分级、选后处理、定量包装、贮存等工序。

## 12.为什么要进行种子加工？

通过种子加工，可以降低种子水分，去除杂质，提高种子质量和种子商品特性，有利于种子包装和安全储运，对提高种子质量，保证农业生产具有重要意义。经过加工的种子，具有以下优点和作用：

(1)提供符合不同级别质量标准的种子。通过种子加工，能生产出符合不同级别质量标准的种子，满足不同的种子使用目的。

(2)保证种子安全储藏。通过对种子进行干燥处理，将种子水分降到安全范围，既保持种子活力和发芽力，又有利于种子安全储藏。

(3)减少用种量，节约种子。经过加工的种子，能去除杂质和混在种子中的未成熟、破碎、病虫害籽粒等，使加工后的种子饱满健壮质量好，减少农业生产上的用种量。加工去除的瘦粒、碎粒等还可用作饲料，提高种子使用效率。

(4)减少病虫害的发生，降低农业生产成本。经过包衣的种子可有效预防苗期病虫害，促进苗齐苗壮，有利于后期栽培管理，降低农业生产成本，为增产增效奠定基础。

(5)有利于机械化作业，提高生产效率。加工后的种子籽粒饱满，大小均匀，有利于实施机械化精量播种，减轻劳动强度，提高生产效率。

## 13.什么是种子干燥？

种子干燥是指使用各种方法把种子含水量降到安全贮藏水分以下，使种子达到可以安全贮存要求的过程。新收获种子的水分通常在25%～45%之间，种子水分越高，种子呼吸强度越大，新陈代谢旺盛，适宜微生物活动，易发热霉变或在遭受低温时产生冻害导致种子活性下降或死亡。因此，新收获的种子要及时进行干燥处理，把种子水分降到安全范围，抑制病原微生物的生长繁殖，提高种子贮藏性能，保持种子活性，有利于后续加工和确保安全储藏。

## 14.种子干燥方法有哪些？

种子干燥方法有自然干燥、机械通风干燥、加热干燥、干燥剂干燥和冷冻干燥等方法。

(1)自然干燥。利用太阳辐射热、风等自然条件，在晒场将种子摊平晾晒，降低种子水分。自然干燥法干燥速度慢，时间长，受气候条件限制。一般情况下，水稻、小麦、高粱、大豆等作物种子采取自然干燥可以达到安全水分；玉米种子需要机械通风烘干辅助，才能达到安全水分。

(2)机械通风干燥。使用鼓风机将外界冷凉干燥空气吹入种子堆中，带走种子中的水汽和热量，以达到使种子降温和降低水分的目的。机械通风干燥是利用外界空气作为干燥介质，受外界气候条件限制。外界空气相对湿度高于70%时，不适宜采用机械通风干燥法。

(3)加热干燥。使用加热空气作为干燥介质对种子进行干燥的方法，加热干燥法不受气候条件限制，干燥时间短，效率高，适于大规模种子干燥。

(4)干燥剂干燥。将种子与干燥剂按照一定比例封入密闭容器内，利用干燥剂的吸湿能力，不断吸收种子扩散出来的水分，使种子变干，适于少量种子干燥。

(5)冷冻干燥。冷冻干燥也称冰冻干燥，使种子在冰点以下温度产生冻结，再进行升华作用除去种子中的水分。冷冻干燥方法通过将种子的自由水和部分束缚水以冻结升华的方式除去，将种子水分降到很低，对种子基本不造成干燥损伤，能保持种子良好品质，但设备要求和成本较高，适于种子或种质资源长期保存时采用。

## 15.种子干燥时应注意哪些事项？

种子干燥前应进行清选，去除影响种子流动性的杂质，保证均匀和减少气流阻力。在种子干燥过程中，干燥介质的温度应根据干燥种子的生理和化学特性来确定，热气流温度、速度、气流量等要结合干燥种子的含水量来确定，减少因干燥损伤种子，确保不影响种子活力，保持种子品质。种子干燥过程中，不能一次降水太多，应采用多次间歇干燥，避免种子受热时间过长，温度过高而降低种子活力。经加热干燥的种子必须冷却后入仓，防止长期受热或发生局部结露现象，降低种子活力。

## 16.什么是种子预加工？

种子预加工是指为种子清选预先进行的脱粒、取籽、脱壳、脱绒、除芒、除翅、除刺毛、清洗、磨光与破皮等各种作业。

## 17.什么是种子清选？

种子清选是将种子与杂质、废种子分离的过程。主要分为初清选(预清选)、基本清选、精选等作业环节。初清选是为了改善种子物料的流动性、贮藏性和减轻后续清选工序的负荷而进行初步清除杂质的作业，是种子清选的预处理工序，常使用风选机、空气筛等清选机械进行筛选作业；基本清选是利用风选和筛选清除种子中茎、叶、穗、芯、芒和泥沙等杂质，提高种子净度，便于对种子进行后续加工和储藏，是种子清选加工的主要工序；精选是基本清选之后进行的各种分选清选作业，主要使用比重清选机、窝眼筒清选机、色选机等设备，清除种子中含有的异品种和其他作物种子以及不饱满、密度低、活力低、虫蛀和霉变的种子，以提高种子的净度指标。

## 18.什么是种子尺寸分级？

种子尺寸分级是将清选后的种子按籽粒大小(长宽厚薄)差异分选为若干个等级，常简称为种子分级，目前国内主要应用于玉米种子。通过种子分级，将种子分为大小形状有差异的数个等级，各级别种子大小基本一致。分级后的种子，大小均匀，有利于实施机械化精量播种，使作物行距、株距、覆土深度趋于一致，出苗均匀，苗期生长一致性好，节约种子，减少间苗成本，有利于田间管理。

## 19.什么是种子选后处理？

种子选后处理是指为防治病虫害和提高种子发芽能力，促进作物的生长、发育，以及满足某些科研、试验的条件，在种子清选加工后对种子进行各种化学、生物、物理等方面的处理。如对种子进行药剂、肥料、微量元素以及春化、吸胀、干湿、光、热、电场、磁场、超声波、电离辐射处理等。种子选后处理最常用的方式是种子包衣。

在临近播种时进行的处理又称播前处理，如晒种、温汤浸种等方式处理种子，具有促进种子萌发、杀虫灭菌的作用。

## 20.什么是种子包衣？

种子包衣是指在种子外包敷一层种衣剂的过程。种子包衣后形状不变而尺寸有所增加，适用于大粒和中粒种子，如玉米、大豆、小麦等农作物种子。种衣剂中含有成膜剂、杀菌剂、杀虫剂、微肥、植物生长调节剂、着色剂等多种活性成分和非活性成分，按其组成成分和性能的不同，分为农药型、复合型、生物型和特异型等类型，生产中可根据不同需要选择适合的种衣剂。种衣剂对种子安全，包裹在种子外面后很快形成一层薄膜，具有良好的缓释性和贮藏稳定性。播种后种衣剂吸水膨胀，但不会马上溶解，有效成分逐渐缓释，增强种子抗逆性和抗病虫能力，促进种子萌发和幼苗生长。种子包衣和种子丸化技术是种子、植保、土肥和农业机械化等多学科技术的集成，是提高种子质量和商品性的重要技术措施。

## 21.什么是种子丸化?

种子丸化也称种子制丸，是将制丸材料黏裹在种子外表面制成具有一定尺寸的丸状颗粒的过程。制丸材料可包括杀虫剂、杀菌剂、营养物质、染料、黏合剂及其他添加剂等。丸化后的种子，其尺寸形状、体积重量与原种子有明显变化。丸化种子通常做成在大小和形状上没有明显差异的球形单粒种子单位，适用于小粒农作物、蔬菜种子，如油菜、白菜、甘蓝、葱类等农作物种子，以利于机械化精量播种。

## 22.什么是种子加工性能指标?

种子加工性能指标是用于衡量种子加工效率和加工质量，由一系列指标组成。常用性能指标有标准生产率、生产率折算系数、种子脱净率、获选率、破损率、干燥不均匀度、包衣合格率、种衣牢固度、净度、除杂率等。

标准生产率指以加工一定状态的作物种子(通常情况指小麦种子)，按喂入量标定机器生产率；生产率折算系数指加工不同作物种子时，以加工小麦种子为标准折算各自的生产率系数；种子脱净率指从果、荚果或其他果实上脱取的种子量占原有种子总质量的百分率；获选率指实际选出的好种子占原始种子物料中好种子含量的百分率；破损率指加工过程中好种子的破碎损伤量占好种子总质量的百分率；干燥不均匀度指干燥后的同一批种子物料中，最大含水率与最小含水率的差值；包衣合格率指种衣剂膜衣覆盖面积不小于 80%的包衣种子占全部包衣种子的百分率；种衣牢固度指种衣剂包裹在种子上的牢固程度；净度指符合要求的本作物种子(好种子)质量占种子物料(好种子、废种子和杂质)总质量的百分率；除杂率指种子物料中已清除的杂质占原有杂质含量的百分率。

## 23.怎样确定种子加工工艺流程?

种子加工工艺流程是指种子加工采用的方法、步骤和技术路线。种子加工工艺流程的确定与种子类别、杂质种类，以及要求达到的质量标准密切相关。种子加工不仅要求获得符合质量标准的种子，还要求加工过程中具有较高的获选率，达到控制成本和提高效益的目的。因此，确定种子加工工艺流程应该遵循以下原则：

(1)整体规划。种子加工厂的设备布置形式决定了种子加工过程中的工序流程，应在整体规划时，从加工厂总体投资、设备监测、方便检查维护等方面综合考虑加工工艺流程、加工设备及配套设施类型等事项。

(2)简洁高效原则。根据加工种子种类和使用设备制定合理必要的加工工序，各工序生产设备与生产效率要匹配。原则是选用最少量的机械设备和最简单的工艺流程达到最理想的加工效果。

(3)灵活性原则。设计种子加工工艺流程时，要预先考虑不同品种、组成、含水量等情况变化，预留备用设备和备选流程，适应不同加工对象的状态。

(4)稳定性原则。整个工艺流程应达到运行稳定和加工质量稳定的要求，使加工后种子达到预定的质量指标。

(5)安全性原则。合理确定设备的位置，确保各设备的安全生产空间，重视除尘系统除尘效率、安全排放与成套设备工作过程中的噪声控制，保证安全卫生的作业环境。

## 24.什么是种子加工设备工艺布置方式?

种子加工设备工艺布置决定了种子加工线的形式，即按照加工工艺流程顺序连续执行所要求的各项加工作业的机具设备的组合方式。按照种子加工厂总体布局形式的不同，种子加工设备工艺布置方式有立体布置、平面布置和混合布置三种方式。立体布置是根据种子加工工艺流程的先后顺序，设备自上而下布置，这种布置方式占地面积小，一次将种子提升到一定高度，种子在重力作用下流动，可减少提升设备数量，降低种子加工中种子的破损率；但是厂房高度高，一般要达到20m以上，建设成本高。平面布置是根据种子加工工艺流程的先后顺序在平面布置设备，靠提升机和皮带机输送为设备供料，因提升设备较多，种子破损率较高；厂房高度一般6～8m，建设成本低，但厂房占地面积较大。混合布置是立体布置和平面布置相结合的布置方式，兼有二者的优点。实际应用中大多采用混合布置方式，既可以降低厂房高度，又可以节省占地面积，减少输送设备数量，降低设备成本和种子破损率。

## 25.种子加工设备选择应遵循什么原则?

种子加工工序环节多，每个工序都需要使用不同的设备及配套设备，种子加工设备选择对整个工艺流程的顺利实施至关重要。选择加工设备时，应遵循以下原则：

(1)设备性能优异，具有可靠的稳定性。

(2)每台主机和配套设备的加工生产率要匹配。

(3)种子破损率要低。

(4)设备便于清理，防止种子混杂。

## 26.常用种子加工设备及附属装置有哪些?

常用种子加工设备有带式扬场机、风筛式初清机、脱粒机、除芒机、干燥室、干燥床、干燥机(圆仓式、连续式、通风带式)、塔式烘干机、平面筛分级机、圆筒筛分级机、风筛清选机、窝眼筒清选机、重力(比重)式清选机、分级机、种子包衣机、种子制丸机和包装机、电子自动计量包装秤、电脑定量秤、全自动包装机生产线等。配套附属装置主要有输送系统、除尘系统、排杂系统、贮存系统和电控系统等。

## 27.什么是种子加工成套设备?

种子加工成套设备是完成种子全部加工要求的各类加工机械、定包装机械及辅助设备的总称，一般是指主机和配套系统相互匹配并固定安装在加工厂房内，实现种子精选、包衣、计量和包装基本功能的加工系统。主机主要包括风筛清选机（风选部分应具有前后吸风道，双沉降室；筛选部分应具有三层以上筛片）、比重式清选机和电脑计量包装设备；配套系统主要包括输送系统、储存系统、除尘系统、除杂系统和电控系统。

## 28.种子加工成套设备的技术要求包括哪些内容?

种子加工成套设备的技术要求包括一般技术要求、工艺流程和设备配置、性能指标、使用有效度、除尘设备、电气控制设备、外观质量、环境保护和工作场所安全卫生要求、环境条件适应性、安全技术要求、使用方便性和使用说明书等内容。

(1)一般技术要求。种子加工成套设备所选用的主要加工机械均应是鉴定定型的合格产品，其加工机械配置和作业性能要符合相应作物种子加工生产的标准规定；从原料种子接收到成品种子包装全过程作业应连续完成；杂质应能被机械清理或人工辅助清理；加工工序齐全，工艺流程可灵活选择，能适应不同原料种子质量及成品种子等级变化需要；按工艺流程配置的设备和辅助设备提升机、输送机应是符合相关标准的合格产品；各工序加工量应平衡，保证成套设备生产稳定；设备布置合理，使用维修方便，便于清理。

(2)工艺流程和设备配置。主要农作物、蔬菜、油菜等作物种子加工成套设备加工工艺流程和设备配置应符合表 3-1 规定。

表 3-1　工艺流程和设备配置

| 序号 | 型式 | 一般加工工艺流程 | 设备配置 |
|---|---|---|---|
| 1 | 小麦种子加工成套设备 | 进料→基本清选→重力分选→长度分选→包衣→包装 | 风筛式清选机、重力式分选机、窝眼筒分选机、包衣机、定量包装机 |
| 2 | 水稻种子加工成套设备 | 进料→基本清选→重力分选→长度分选或重力分选→包衣→包装 | 风筛式清选机、重力式分选机、窝眼筒分选机或谷糙分离机、包衣机、定量包装机 |
| 3 | 玉米种子加工成套设备 | 进料→基本清选→重力分选→尺寸分级→包衣→包装 | 风筛式清选机、重力式分选机、平面分级机或圆筒筛分级机、包衣机、定量包装机 |

续表 3-1

| 序号 | 型式 | 一般加工工艺流程 | 设备配置 |
| --- | --- | --- | --- |
| 4 | 大豆种子加工成套设备 | 进料→基本清选→重力分选→形状分选→包衣→包装 | 风筛式清选机、重力式分选机、带式分选机或螺旋分选机、包衣机、定量包装机 |
| 5 | 蔬菜种子加工成套设备 | 进料→基本清选→重力分选→重力分选(去石)→包衣→包装 | 风筛式清选机、重力式分选机、去石机、包衣机、定量包装机 |
| 6 | 棉花种子加工成套设备 | 进料→基本清选→重力分选→包衣→包装 | 风筛式清选机、重力式分选机、包衣机、定量包装机 |
| 7 | 油菜种子加工成套设备 | 进料→基本清选→重力分选→包衣→包装 | 风筛式清选机、重力式分选机、包衣机、定量包装机 |
| 8 | 甜菜种子加工成套设备 | 进料→基本清选→重力分选→包衣或丸化→包装 | 风筛式清选机、重力式分选机、包衣机或制丸机、定量包装机 |
| 注：水稻种子加工成套设备生产率＞3t/h，除短杂宜采用重力分选及重力谷糙分离机 | | | |

(3)性能指标。性能指标包括种子加工性能和设备性能指标。种子加工机械主要性能指标有生产率、净度、获选率、除长杂率、除短杂率、发芽粒清除率、健籽料、异形杂质清除率、去石率、分级合格率、包衣种子合格率、提升机(单机)破损率、吨种子耗电量等。定量包装机应是鉴定定型的合格产品，作业性能指标主要有称量允许误差、称量偏载误差、包装成品合格率、包装速度等。包装成品合格率应≥98%，其他性能指标应符合相关作物种子的标准规定和设备设计值或设计要求。

(4)使用有效度。使用有效度是评价成套设备稳定性的技术指标。小麦、水稻种子加工成套设备使用有效度应≥92%；玉米、大豆、棉花、油菜、甜菜、白菜、甘蓝种子加工成套设备使用有效度应≥93%；番茄、辣椒、茄子、芹菜、菠菜等蔬菜种子加工成套设备使用有效度应≥90%。

(5)除尘设备。卸料坑进料口、提升机和输送机出料口、缓冲仓和分级仓及成膜仓进料口均应设置除尘吸风口和吸风截止阀；除尘管道连接应密封，无粉尘泄漏；旋风除尘器除尘效率应≥85%；布袋除尘器除尘效率应≥95%；除尘设备排放气体中颗粒物浓度及速率应符合大气污染物综合排放标准规定。

(6)电气控制设备。电气控制设备所装用的元器件、印制板、控制单元及操作件应是符合相关标准的合格产品；电气控制设备应具有短路、过载、零电压、欠压、过压及断相等保护功能；总控制台及必要位置应设有紧急停止装置；具备顺序启动和顺序停机、单机启动和停机及各设备自动连锁启、停功能，主要加工设备的动力运行应设有双控操作按钮；电控设备中应设有功率总表、电压表、电流表、电源指示灯；控制按钮应有工作状态指示信号；每台设备运行和停止均应有指示；原料仓、缓冲仓(暂贮仓)、分级仓、成品仓、成膜仓内应设有上下料位控制装置及超限报警功能，能自动停止或启动的仓前设备也应设置报警功能；控制柜(台)设计、安装及布线应符合电气控制设备标准中的相关规定。

(7)外观质量。成套设备的清选机械、包衣机、定量包装机及辅助设备涂漆颜色应相协调；提升机溜管和除尘管道空间布置应整齐排列有序；安装工艺允许的现场焊接应焊缝均匀，无烧穿及焊点外溢，焊接后应涂漆；成套设备的涂漆质量、焊后补漆应符合农林拖拉机及机具涂漆通用技术条件的规定。

(8)环境保护和工作场所安全卫生要求。种子加工成套设备应有除尘、集尘设备，粉尘等污染物不得直接排入大气。加工车间空气中含粉尘浓度不大于 8mg/m³，包装车间和控制室不大于 4mg/m³；加工车间工作地点噪声不大于 85dB(A)，包装车间和控制室不大于 65dB(A)；包衣车间空气中含有毒物质容许浓度应符合工作场所有害因素职业接触限值标准的规定。

(9)环境条件适应性。加工生产场所环境空气相对湿度不大于 80%，包衣车间温度不低于 10℃，成套设备应能正常工作；额定电源电压变化±10%，额定频率变化±2%，成套设备应能正常工作。

(10)安全技术要求。外露的传动件和风机进风口应安装防护装置，防护装置的结构、安全距离应符合农林拖拉机和机械安全技术要求总则标准的相关规定；对加防护装置仍不能消除或充分限制的危险部位，应装有指示危险用的安全标志，并符合农林拖拉机和机械、草坪和园艺动力机械安全标志和危险图形总则标准的规定；控制柜和所有电动机驱动的设备应装设安全接地保护，并应符合电气控制设备标准中的相关规定；电气控制设备中电压超过 50V 的带电件应具有防止意外触电保护措施，并符合电气控制设备标准中的规定；除尘系统的集尘室应保持常压，无电源、火源；集尘设备宜放置室外，需要放置室内时，应安装直接通往室外的泄爆管道。

(11)使用方便性。成套设备应便于清理，在加工过程流经线路内不能有无法清理残留种子的死角；各类加工机械、辅助设备都应便于拆装并留有更换零部件和维修的空间位置；缓冲仓、分级仓、喂料斗都应装有检视料位的观察窗。

(12)使用说明书。成套设备使用说明书应按农林拖拉机和机械、草坪和园艺动力机械使用说明书编写规则的规定编写；成套设备的清选机械、包衣机、定量包装机、提升机及输送机使用说明书应按农林拖拉机和机械、草坪和园艺动力机械使用说明书编写规则或者工业产品使用说明书总则标准的规定编写。

## 29.怎样进行种子贮藏管理?

种子贮藏是种子储备和种子生产经营过程的重要环节。种子是活的有机体，贮藏期间的环境条件直接影响种子的各项生理代谢活动，种子活力的保持和寿命的延长都取决于贮藏条件，其中最重要的是温度、水分及通气状况这三个因素。因此，种子贮藏期间的管理，是保证种子质量不降低的关键措施。种子贮藏管理的内容主要包括以下事项：

(1)种子入库要求。入库种子应通过干燥和精选处理，质量达到国家、行业或地方强制标准。薄膜包衣种子应符合包衣种子技术条件规定。未制定标准的农作物种子种类，应符合入库的质量要求。

(2)种子存放。按作物种类，品种不同分别存放。包衣种子应设立专库，与其他种子分开存放。仓库要有通风设施，保持仓内环境清洁干燥。库内种子堆放最高距库顶应不低于 0.5m，袋装堆放呈“非”字形、“半非”字形或垛。种子离墙壁距离应不低于 0.5m。种子存放后，应留有通道，通道宽度不低于 1m。放入低温种子仓库的种子温度与仓内的温差应小于 5℃，种子接触地面，墙壁处作隔热铺垫、架空、保证通气。

(3)堆垛标志。种子入库后标明堆号(囤号)、品种、种子批号、种子数量、产地、生产期、入库时间、种子水分、净度、发芽率、纯度。

(4)检查。种子入库后应定期进行检查，检查时应避免外界高温高湿的影响。低温种子仓库应每天记录库内的温度和湿度，常温种子仓库应定期记录库内的温度和湿度。进入包衣种子库应有安全防护措施。

种子温度检查：种子入库后半个月内，每 3d 检查 1 次(对含油量高的种子每 2d 检查 1 次)；半个月后，检查周期可延长。

种子质量检验：贮藏期间对种子水分和发芽率进行定期抽样检测，检验次数可根据当地的气候条件确定，冬季检验次数至少 3 次以上；在高温季节应每半个月抽样检测 1 次。

种子虫害检查：采用分上、中、下三层随机抽样，按 1kg 种子样品中的活虫头数计算虫害密度，库温高于 20℃，15d 检查 1 次，库温低于 20℃，2 个月检查 1 次。

(5)种子虫害的防治。仓库内外应保持清洁卫生，定期清仓消毒，采用风选、筛选种子和化学药剂防治仓虫。

(6)种子贮藏水分的控制。种子贮藏期间的水分应符合国家、行业或地方强制标准，水分超过质量标准和安全贮藏要求的种子应进行翻晒或机械除湿。未制定标准的农作物种子水分一般保持在 7%～12%为宜。

(7)种子贮藏期。根据农作物种子贮藏期间发芽率变化规律，及时改善和调整贮藏条件，并对该批贮藏种子提出适宜的贮藏期限。

## 30.为什么要进行种子包装？

种子包装是指为保护经过加工处理，质量达到标准规定的种子，达到安全储藏，方便运输、销售和使用等目的，采用适宜包装材料、容器和相应包装技术及标志、标签等辅助物对种子进行包裹和装饰的工序。对种子进行包装，一方面可以提高种子商品特性和标准化水平，提升企业竞争能力；另一方面能有效防止种子混杂、病虫害感染、吸湿回潮、种子劣变等不利因素的发生，确保种子质量，保持种子活力，保证种子安全储藏运输以及便于销售、识别和使用。

## 31.种子包装要注意哪些事项？

种子包装前必须经过加工精选处理，并经检测种子水分降到安全储藏水分以下，其他质量指标达到标准要求。若对加工精选后种子进行包衣处理，在包衣前和包衣处理后，都要对该批种子进行质量检验，种子净度、水分、发芽率等质量指标符合标准规定，再进行包装。

## 32.什么是种子定量包装？

种子定量包装是指在一定量限范围内，具有统一的计量单位标注，能满足一定计量要求的预包装。预包装种子是指销售前预先用包装材料或者包装容器将种子包装好，并有预先确定的量值(或者数量)的包装种子。种子定量包装上的计量标注是指种子的净含量，是指除去包装容器和其他包装材料后净种子的实际重量或粒数。标注净含量是指由种子生产经营者在定量包装种子的包装上明示该种子的净含量，标注净含量与其实际含量之差应在最大允许量值范围内或者净含量与其标注的质量之差不得超过相应规格的负偏差值。净含量以粒数或株数等计量的，其实际粒数或株数等应与标注数量相符。同种定量包装种子是指由同一生产经营者生产，品种、标注净含量、包装规格及包装材料均相同的定量包装种子。

## 33.什么是种子标签和使用说明？

种子标签是指印制、粘贴、固定或者附着在种子、种子包装物表面的特定图案及文字说明。文字说明是指对标注内容的具体描述，特定图案是指警示标志、认证标志等。应当包装的种子，标签应当直接印制在种子包装物表面。可以不包装销售的种子，如块根、块茎和苗木等繁殖材料，标签可印制成印刷品粘贴、固定或者附着在放置这类种子的容器或外包装上，也可以制成印刷品，在销售这类种子时提供给种子使用者。

使用说明是指对种子的主要性状、主要栽培措施、适应性等使用条件的说明以及风险提示、技术服务等信息。

销售的农作物种子必须附有种子标签和使用说明，标注的内容应当与销售的种子相符。种子生产经营者负责种子标签和使用说明的制作，对其标注内容的真实性和种子质量负责。

## 34.为什么销售的种子必须要有标签和使用说明?

种子标签和使用说明是标明种子信息的集中体现，是种子生产经营者对种子商品特性进行说明以及对所有标注事项真实性的承诺，为使用者选择和使用种子提供参考和指导。种子作为具有活性的特殊商品，种子生产经营者通过标签展示和标明其种子产品的优越性、独特性和价值，种子使用者依据标签上的文字、图案等信息了解包装的种子品种类别、特性、质量指标、使用说明等情况，从而决定是否购买，并在使用说明的指导下正确使用种子。同时，种子标签和使用说明标注的信息既是对种子进行监督管理的依据，也是种子生产经营者维护自身合法权益的重要依据。因此，种子标签和使用说明是商品种子的构成成分之一，不能缺失。所有进行销售的农作物种子都必须附有种子标签和使用说明。

## 35.什么是种子标签和使用说明标注的原则?

我国实行种子标签和使用说明真实性制度，因此，种子标签和使用说明标注的原则是真实、合法和规范。

(1)真实。种子标签和使用说明标注内容应真实、有效，与销售的农作物商品种子相符。

(2)合法。种子标签和使用说明标注内容应符合国家法律法规的规定，满足相应技术规范的强制性要求。

(3)规范。标注内容与种子标签和使用说明的制作都要符合法律法规及技术规范。种子标签和使用说明标注内容表述应准确、科学、规范，规定标注内容必须完整描述；除注册商标外，标注必须使用国家语言文字工作委员会公布的规范汉字；可以同时使用有严密对应关系的汉语拼音或其他文字，但字体应小于相应的中文；除进口种子的生产商名称和地址外，不应标注与中文无对应关系的外文；种子标签和使用说明制作形式符合规定的要求，印刷清晰易辨，警示标志醒目。

## 36.种子标签上必须标注的内容有哪些?

种子标签必须标注的内容包括以下七类：

(1)作物种类、种子类别、品种名称。

(2)种子生产经营者信息，包括种子生产经营者名称、种子生产经营许可证编号、注册地地址和联系方式。

(3)质量指标、净含量。

(4)检测日期和质量保证期。

(5)品种适宜种植区域、种植季节。

(6)检疫证明编号。

(7)信息代码。

## 37.种子标签上需要另外注明的内容有哪些?

种子标签上除必须标注的内容外，属于下列情形之一的，应当分别加注以下内容：

(1)主要农作物品种，标注品种审定编号；通过两个以上省级审定的，至少标注种子销售所在地省级品种审定编号；引种的主要农作物品种，标注引种备案公告文号。

(2)授权品种，标注品种权号。

(3)已登记的农作物品种，标注品种登记编号。

(4)进口种子，标注进口审批文号及进口商名称、注册地址和联系方式。

(5)药剂处理种子，标注药剂名称、有效成分、含量及人畜误食后解决方案；依据药剂毒性大小，分别注明“高毒”并附骷髅标志、“中等毒”并附十字骨标志、“低毒”字样。

(6)转基因种子，标注“转基因”字样、农业转基因生物安全证书编号。

## 38.怎样标注作物种类和种子类别?

作物种类明确至植物分类学的种。

种子类别按照常规种和杂交种标注。类别为常规种的按照育种家种子、原种、大田用种标注。

## 39.怎样标注品种名称?

一个品种只能标注一个品种名称。

审定、登记的品种或授权保护的品种应标注经批准的品种名称；无须进行审定、登记的品种或不属于授权品种的，标注品种持有者或育种者确定的品种名称，品种名称应当符合《农业植物品种命名规定》。仅以数字、违反国家法律或社会公德或者歧视性的、以国家名称、地名、同组织机构名称相同或近似、与品种特征特性或者育种者身份或者来源等易引起误解的、与已知属或种有相同或近似名称的、夸大宣传并带有欺骗性的命名，都不能用于标注品种名称。

## 40.怎样标注种子生产经营者信息?

种子标签上必须标注的种子生产经营者信息，包括种子生产经营者名称、种子生产经营许可证编号、注册地地址和联系方式。种子生产经营者名称、种子生产经营许可证编号、注册地地址应当与农作物种子生产经营许可证载明内容一致；联系方式为电话、传真，可以加注网络联系方式。

## 41.怎样标注质量指标?

质量指标是指生产经营者承诺的质量标准，不得低于国家或者行业标准规定；未制定国家标准或行业标准的，按企业标准或者种子生产经营者承诺的质量标准进行标注。

质量指标按照质量特性和特性值进行标注。

质量特性按照下列规定进行标注：

(1)标注品种纯度、净度、发芽率和水分，但不宜标注水分、发芽率、净度等指标的无性繁殖材料、种苗等除外。

(2)脱毒繁殖材料按品种纯度、病毒状况和脱毒扩繁代数进行标注。

(3)国家标准、行业标准或农业农村部对某些农作物种子有其他质量特性要求的，应当加注。

特性值应当标明具体数值，品种纯度、净度、水分百分率保留一位小数，发芽率保留整数。

## 42.怎样标注净含量?

净含量是指除去包装物后的种子实际重量或者数量，标注内容由“净含量”字样、数字、法定计量单位(kg 或者 g)或者数量单位(粒或者株)三部分组成。

## 43.怎样标注检测日期和质量保证期?

检测日期是指生产经营者检测质量特性值的年月，年月分别用四位、两位数字完整标示，采用下列示例：检测日期：2021 年 05 月。

质量保证期是指在规定贮存条件下种子生产经营者对种子质量特性值予以保证的承诺时间。标注以月为单位，自检测日期起最长时间不得超过 12 个月，采用下列示例：质量保证期 6 个月。

检测日期、质量保证期，可以采用喷印、压印等印制方式标注在种子标签上。

## 44.怎样标注品种适宜种植区域和种植季节?

品种适宜种植区域不得超过审定、登记公告及省级农业农村主管部门引种备案公告公布的区域。审定、登记以外作物的适宜区域由生产经营者根据试验确定。

种植季节是指适宜播种的时间段，由生产经营者根据试验确定，应当具体到日，采用下列示例：5 月 1 日至 5 月 20 日。

## 45.怎样标注检疫证明编号？

检疫证明编号标注产地检疫合格证编号或者植物检疫证书编号。

进口种子检疫证明编号标注引进种子、苗木检疫审批单编号。

检疫证明编号可以采用喷印、压印等印制方式标注在种子标签上。

## 46.怎样标注信息代码？

信息代码以二维码标注，包括品种名称、生产经营者名称或进口商名称、单元识别代码、追溯网址四项信息，并按以上顺序排列，每项信息单独成行。农作物种子标签二维码具有唯一性，一个二维码对应唯一一个最小销售单元种子。二维码信息内容不得缺失，所含内容应与标签标注内容一致。

## 47.怎样标注二维码？

二维码以图片形式印制在种子包装袋上，图片大小可根据包装大小而定，不得小于 2 ㎠，印制要清晰完整，确保可识读。二维码模块为黑色，二维码背景色为白色，背景区域应大于图形边缘至少 2mm。

二维码设计采用 QR 码标准。不得在二维码图像或识读信息中添加引人误解或误导消费者的内容以及宣传信息。

## 48.怎样标注二维码中的信息内容？

二维码中的信息包括按顺序排列的品种名称、生产经营者名称或进口商名称、单元识别代码、追溯网址四项内容。

二维码所含的品种名称、生产经营者名称或进口商名称应与行政许可核发信息一致。

单元识别代码是指每一个最小销售单元种子区别于其他种子的唯一代码，由企业自行编制，代码由阿拉伯数字或数字与英文字母组合构成，代码长度不得超过 20 个字符。单元识别代码可与原产品条形码代码一致，也可另外设计。

产品追溯网由种子生产经营者负责建立和维护，产品追溯网址由种子生产经营者提供并保证有效，通过该网址可追溯到种子加工批次以及物流或销售信息。网页应具有较强的兼容性，可在 PC 端和手机端浏览。

## 49.什么是种子使用说明？

种子使用说明是指对种子的主要性状、主要栽培措施、适应性等使用条件的说明，以及风险提示、技术服务等信息。

种子使用说明包括下列内容：

(1)品种主要性状。

(2)主要栽培措施。

(3)适应性。

(4)风险提示。

(5)咨询服务信息。

此外，有下列情形之一的，还应当增加相应内容：

(1)属于转基因种子的，应当提示使用时的安全控制措施。

(2)使用说明与标签分别印制的，应当包括品种名称和种子生产经营者信息。

## 50.使用说明中对品种主要性状、栽培措施的标注有什么规定？

品种主要性状、主要栽培措施应当如实反映品种的真实状况，主要内容应当与审定或登记公告一致。通过两个以上省级审定的主要农作物品种，标注内容应当与销售地所在省级品种审定公告一致；引种标注内容应当与引种备案信息一致。审定、登记以外作物的品种主要性状、主要栽培措施标注内容，参照登记作物有关要求真实标注。

## 51.为什么要在种子使用说明中标注风险提示？

农业生产中，环境、气候条件的改变，病虫害发生的变化以及不当的栽培方式等因素都可能导致减产。为避免不必要的损失，在使用说明中必须标注风险提示。风险提示包括种子贮藏条件以及销售区域主要病虫害、高低温、倒伏等因素对品种引发风险的提示及注意事项。

## 52.使用说明中对适应性的标注有什么规定？

适应性是指品种在适宜种植地区内不同年度间产量的稳定性、丰产性、抗病性、抗逆性等特性。种子使用说明中，对品种适应性的标注不得高于品种审定、登记公告载明的内容。审定、登记以外作物适应性的说明，参照登记作物有关要求真实标注。

## 53.种子标签和使用说明的制作有什么要求?

种子标签可以与使用说明合并印制。种子标签包括使用说明全部内容的，可不另行印制使用说明。种子标签和使用说明的印刷品，应当为长方形，长和宽不得小于11cm×7cm。印刷品制作材料应当有足够的强度，确保不易损毁或字迹变得模糊、脱落。应当包装的种子，标签应当直接印制在种子包装物表面。可以不包装销售的种子，如块根、块茎和苗木等繁殖材料，标签可印制成印刷品粘贴、固定或者附着在放置这类种子的容器或外包装上，也可以制成印刷品，在销售这类种子时提供给种子使用者。

标注文字除注册商标外，应当使用国家语言工作委员会公布的现行规范化汉字。标注的文字、符号、数字的字体高度不得小于1.8mm。同时标注的汉语拼音或者外文的，字体应当小于或者等于相应的汉字字体。信息代码不得小于2㎠。品种名称应放在显著位置，字号不得小于标签标注的其他文字。

## 54.种子标签和使用说明的印刷内容有什么要求?

种子标签和使用说明的印刷内容应当清晰、醒目、持久，易于辨认和识读。标注字体、背景和底色应当与基底形成明显的反差，易于识别；警示标志和说明应当醒目，其中“高毒”以红色字体印制。

## 55.种子标签标注内容的排列有什么规定?

作物种类和种子类别、品种名称、品种审定或者登记编号、净含量、种子生产经营者名称、种子生产经营许可证编号、注册地地址和联系方式、“转基因”字样、警示标志等信息，应当在同一版面标注。

## 56.进口种子的标签有什么规定?

进口种子应当在原标签外附加符合规定的中文标签和使用说明，使用进(出)口审批表批准的品种中文名称和英文名称、生产经营者。

## 57.发布种子广告应遵守哪些规定？

第一，种子广告应真实，对种子品种的宣传应符合科学规律，不能做虚假和夸大宣传；第二，种子广告的内容应当符合《种子法》和有关广告的法律、法规的规定，主要性状描述等内容应当与审定、登记公告一致，审定、登记以外作物主要性状描述等内容应当与品种试验的结果相符；第三，种子广告应通俗易懂，有针对性，广告创意应在真实可信的基础上讲求艺术性，给大众以美的感受。

## 58.禁止生产经营哪些种子？

下列种子禁止生产经营：

(1)假、劣种子。

(2)应当审定而未经审定通过的。

(3)应当登记未经登记的。

(4)应当停止推广、销售的农作物品种。

(5)应当包装而未包装或者包装不合格的。

(6)没有标签、使用说明、涂改标签内容，或者标签内容不符合规定的。

(7)未经许可的进口种子、为境外制种的种子、境外农作物引种试验的收获物作为种子在境内销售的。

# 第四章　实务篇

## 1.种子生产经营者有何义务?

种子生产经营者应当自觉遵守国家法律法规的规定，诚实守信，生产经营质量合格的种子，向种子使用者提供种子生产者信息、种子的主要性状、主要栽培措施、适应性等使用条件的说明、风险提示与有关咨询服务，不得作虚假或者引人误解的宣传。按照《种子法》规定，种子生产经营者的义务主要包括以下几方面：

(1)保证种子质量。种子生产经营者对种子质量负责，保证生产经营的种子产品质量合格是法定义务。

(2)加工包装的义务。销售的种子应当加工、分级、包装，并符合有关国家标准或者行业标准，不能加工、包装的除外。

(3)真实标签和使用说明。种子生产经营者对标签和使用说明标注内容的真实性负责。销售的种子应当附有标签和使用说明，标签标注的内容与包装袋内的实际种子内容相符；使用说明应当真实准确，通俗易懂。

(4)建立和保存生产经营档案。种子生产经营者应当建立和保存包括种子来源、产地、数量、质量、销售去向、销售日期和有关责任人员等内容的生产经营档案，保证可追溯。

(5)及时完成种子生产经营备案。经营不再分装的包装种子、受委托代销种子、受委托生产种子，以及在有效区域内设立分支机构的，应及时向当地农业农村主管部门备案。

(6)合法广告。种子广告的内容应当符合本法和有关广告的法律、法规的规定，主要性状描述等应当与审定、登记公告一致。

(7)先行赔偿。因种子质量问题或者因种子的标签和使用说明标注的内容不真实，种子使用者遭受损失需要赔偿的，出售种子的经营者应当先行赔偿，再向种子生产经营者或者其他生产经营者追偿。

(8)防止有害生物的传播和蔓延。种子生产经营者应当遵守有关植物检疫法律、行政法规的规定，防止检疫性病、虫、杂草及其他有害生物的传播和蔓延。禁止任何单位和个人在种子生产基地从事检疫性有害生物接种试验。

(9)积极配合主管部门的监督和检查。农业农村主管部门依法履行种子监督检查职责时，种子生产经营者应当积极协助、配合，不得拒绝、阻挠。

## 2.种子使用者有哪些权益？

种子使用者的权益是指种子使用者在购买种子时依法享有的权利和正确使用种子能够获得预期的收益。具体包括以下几种权利：

(1)知情权。种子使用者享有其所购买种子真实情况的权利，种子经营者必须如实提供。

(2)自主选择权。种子使用者有权决定是否购买种子，自由选择购买单位、品种、品牌、购买数量等，有权进行比较、鉴别和挑选。

(3)公平交易权。种子使用者在购买种子时有权获得质量保障，以合理价格进行交易，有权拒绝种子生产经营者的强制交易行为。

(4)赔偿权。种子使用者因种子质量问题或因为经营者不履行义务等原因造成损失时，有权要求种子生产经营者给以赔偿。

## 3.购买种子时应注意哪些事项？

购买种子时应注意以下四个方面：

(1)到合法经营点购种。

(2)选择适宜品种。

(3)要购买标签和使用说明规范齐全的种子。

(4)保留相关购种凭证。

## 4.怎样通过标签和使用说明选择适宜品种？

首先仔细查看种子使用说明，了解品种的生长习性、生育期、抗病性、抗虫性、抗寒性、耐热性、产量、品质等特性，尤其要关注这些品种的遗传缺陷和适宜种植区域。在生长和收获季节，可到县乡农业技术推广机构的试验点、示范田，以及友邻田块的品种种植地块考察，了解哪些品种表现优异，比较这些品种的优缺点，再根据自己的具体条件(土质、地力、水肥条件、管理水平)及市场表现等因素来确定品种。如果种植面积较大，应选择2～3个抗逆性较强又有一定抗性差距的品种，以规避生产的风险。其次查看质量指标标注是否完整规范，是否标明所执行的标准文号；最后，查看标签和使用说明或者种子生产经营者对品种特征特性是否有夸大、有悖常理的描述和广告宣传，避免购买到不适宜或实际表现一般的品种。

## 5.怎样判断种子经营点(门市、公司)合法正规？

购买种子时要查看种子经营点(门市、公司)的证照，即是否具有营业执照和种子生产经营许可证。对专门经营不再分装的包装种子或委托代销种子的种子经营点，应具有相关的种子经营备案证明。没有种子生产经营许可证或种子经营备案证明的种子经营点(门市、公司)不具备种子经营的合法性，不要向其购买种子。具体选择时，可从合法的种子经营点(门市、公司)中选择经营时间长、经营规模大、经济实力强、经营信誉好的经营点，这样可以最大限度地避免因种子问题造成的生产损失和经济损失。

## 6.如何通过标签和使用说明判断种子质量?

标签和使用说明是鉴别种子质量最简单直接的方法，通过查看标签和使用说明标注的信息，可以对种子质量状况和品种特性进行初步判断。可重点查看以下项目的标注内容是否符合法律法规要求：

(1)标签和使用说明标注内容是否完整，文字、符号、数字等是否清晰。作物种类、种子类别、品种名称、种子生产经营许可证号、种子生产经营企业名称、注册地址和联系方式、质量指标、净含量、检测日期、质量保证期、品种适宜种植区域、种植季节、检疫证明编号、信息代码，以及使用说明等是必须标注的事项，不应缺失。

(2)种子性状描述、种植区域等内容是否与审定、登记以及引种备案公告等的内容一致，是否有夸大夸张的描述。

(3)纯度、净度、发芽率和水分四项质量指标标注是否完整，标注值是否符合国家、行业或地方强制性标准要求。

(4)通过查看种子生产经营许可证编号是否符合法定形式，到农业农村部种业司官网查询许可证是否真实有效来判断种子企业的合法性。

(5)主要农作物种子是否标注品种审定编号，登记作物种子是否标注品种登记编号。

(6)使用说明的标注内容是否包含种子性状、栽培措施、适应性等信息，是否有风险提示、技术服务，以及注意事项等内容。

(7)对标签上的二维码(信息代码)进行扫码识别，是否显示品种名称、生产经营者名称或进口商名称、单元识别代码、追溯网址等信息，且相应项目内容是否和标签标注的内容一致；此外，二维码识读信息中是否有使人误解或误导以及其他信息。

(8)标签上是否标注种子生产经营者、进口商名称以外的其他单位名称，是否有夸大宣传、虚假文字、图案、未经认证的认证标识，以及在品种名称前后添加修饰性文字等内容。

(9)进口种子是否附有符合法律规定的中文标签和使用说明。

对上述所列各项标注内容进行查看核实的过程中，如果其中任何一项不符合法律法规的规定，说明该种子的标签和使用说明不符合法律规定，可向当地农业农村主管部门举报，由执法部门进行取样调查。

## 7.购买进口种子时要注意什么问题?

购买进口种子时，除原标签外，还应当查看是否附有符合规定的中文标签和使用说明，同时在中文标签中应当加注进口审批文号及进口商名称、注册地址，以及联系方式等内容。

## 8.怎样通过种子生产经营许可证编号判断种子是否合法?

种子生产经营许可证编号的格式为“____(××××)农种许字(××××)第××××号”。“____”上标注生产经营类型，格式为英文字母，其中，A 为实行选育生产经营相结合，B 为主要农作物杂交种子及其亲本种子，C 为其他主要农作物种子，D 为非主要农作物种子，E 为种子进出口，F 为外商投资企业，G 为转基因农作物种子；第一个括号内为发证机关所在地简称，格式为“省地县”；第二个括号内为首次发证时的年号；“第××××号”为四位顺序号。种子生产经营许可证编号应当符合法律规定，并与生产经营的种子类型相符。例如标注“C”的许可证编号，说明只能生产经营主要农作物常规种子，当种子标签上标注的作物种类、品种名称等项目内容为主要农作物杂交种子时，该包装种子标签不符合规定。

种子使用者还可以通过农业农村部种业司官网中的种业数据查询系统，输入种子生产经营许可证编号，查询与之对应的种子生产经营者信息、允许生产经营品种是否与种子标签标注的内容相一致，该许可证是否在有效期内。若其中任何一项内容不相符，说明该包装种子标签不符合规定。

## 9.如何识别品种是否经过审定?

第一，主要农作物品种需要审定。因此，主要农作物种子必须在标签上标明品种审定编号。第二，品种审定编号的格式应符合规定。审定编号由审定委员会简称、作物种类简称、年号、序号组成，其中序号为四位数。第三，引种的主要农作物品种，查看引种备案公告文号是否符合规定。引种备案公告内容包括品种名称、引种者、育种者、审定编号、引种适宜种植区域等内容。公告号格式为：(×)引种(×)第×号，其中，第一个“×”为省(自治区、直辖市)简称，第二个“×”为年号，第三个“×”为序号。非主要农作物不需要进行审定，因此没有品种审定编号。

## 10.如何获取审定品种的有关信息?

审定通过的品种，与农作物品种审定委员会同级的农业农村主管部门以公告形式在其官方网站上发布。品种使用单位或个人可以向各级品种审定委员会(或其办公室)索取有关资料，或者直接在同级农业农村主管部门官方网站上查询或下载。

## 11.生产中如何选择主要农作物品种?

在选择主要农作物品种时，一般优先选择本省审定的品种。本省审定的品种在本地经过多年、多点试验和示范筛选，它们对当地气候、土壤条件、耕作模式和栽培方法具有较强的适应性。也可以选择国家审定的、适宜生态区覆盖当地行政区域的品种。此外，可以选择同一适宜生态区通过引种备案的主要农作物审定品种。在初次种植某个新品种时，应查询该品种的适应范围、栽培技术要点、生产中应注意的事项，遵循小面积试种、示范、大面积推广的程序，在试种、示范过程中探索其配套的栽培技术，形成良种良法配套的种植模式。

## 12.种子使用者怎样要求损失赔偿?

种子使用者因种子质量问题或者因种子的标签和使用说明标注的内容不真实，遭受损失的，种子使用者可以向出售种子的经营者要求赔偿，也可以向种子生产者或者其他经营者要求赔偿。赔偿额包括购种价款、可得利益损失和其他损失。属于种子生产经营者或者其他经营者责任的，出售种子的经营者赔偿后，有权向种子生产经营者或者其他经营者追偿；属于出售种子的经营者责任的，种子生产经营者或者其他经营者赔偿后，有权向出售种子的经营者追偿。

## 13.什么是可得利益损失?

可得利益损失是指正常种植没有质量问题的该品种种子预计可以获得的收入减去种植质量有问题的该品种种子实际所获得的收入之差，即预期收益的损失部分。

## 14.损失赔偿中的其他损失包括哪些方面?

因种子质量问题遭受损失的赔偿中，其他损失是指为获得赔偿而发生的费用，如交通费、住宿费、种子保管费、误工费、鉴定费、诉讼费等。这些费用必须是为了获得损失赔偿而支出的，必须合理。如交通费以公共交通费计算而不能以出租车费计算，误工费按当地通行标准计算等。

## 15.损失赔偿中的可得利益损失怎样计算？

可得利益损失，双方有合同约定的，从其约定；没有约定的，按照同种类农作物在本乡（镇）前 3 年的平均产量减去当年实际产量，再乘以相同品种当年的产地收购价计算。无法确定前 3 年平均产量的，按照当年该类农作物在本乡（镇）正常种植收获的平均产量和该类品种当年产地收购价计算；无同类农作物的，按照资金投入和劳动力投入的 1 倍以上 3 倍以下计算。

## 16.什么是种子纠纷？

种子纠纷是当事人之间因种子问题而发生的争议，包括种子生产经营者之间的纠纷、种子经营者与种子生产经营者之间的纠纷、育种者与种子生产经营者之间的纠纷、种子经营者与种子使用者之间的纠纷等类型。常见的种子纠纷是发生种植事故，种子使用者和种子生产经营者对造成事故的原因和损失程度存在争议。

## 17.产生种子纠纷的原因有哪些？

产生种子纠纷的原因主要有：

（1）种子质量不合格。

（2）种子使用者未按照该品种使用说明操作。

（3）种子保管不当。

（4）采用不当栽培技术。

（5）农药肥料问题以及使用农药或施肥不当造成的减产。

（6）病虫害导致减产。

（7）因异常气候因素造成产量下降。

（8）盲目引种。

（9）减产的原因无法明确确定。

（10）赔偿数额达不成一致。

## 18.种子纠纷的解决途径有哪些？

种子纠纷的解决途径主要有以下几种方式：

(1)由产生种子纠纷的双方当事人协商解决。种子使用者应持有购种发票或凭证，所提要求要合理、切实可行。

(2)种子使用者可向供种者所在地的消费者协会申请调解。

(3)种子使用者可直接向农业农村主管部门申诉。

(4)根据双方达成的仲裁协议，申请仲裁机构仲裁。

(5)种子使用者与经营者协商、调解不成的，可向经营者所在地或侵权行为发生地人民法院提起诉讼。

## 19.怎样通过协商解决种子纠纷?

协商是指争议发生后，双方在平等自愿的基础上，自愿接触磋商，互相交换意见、相互谅解，通过友好协商，自行解决争议。协商和解成功首先要求纠纷双方必须有解决纠纷的愿望和诚意；其次当事人要做一定的妥协和让步。协商和解结果应当以书面形式确定，当事人应当积极执行。协商解决纠纷具有灵活、简单、快速、高效等特点，并有利于双方保持进一步的合作关系。缺点是没有强制力，容易发生推诿拖延现象。

## 20.怎样通过调解处理种子纠纷?

调解是指经双方当事人同意，在第三者参与下，通过说明疏导工作，促使双方互相谅解，解决争议的一种方式。调解需要中立的第三方参与，担任种子纠纷调解的第三方主要是各级种子管理部门和消费者协会等，当事人根据实际情况合理选择，一个部门已经受理的，其他部门一般不再受理。调解应当以双方自愿为基础，不能强制进行调解。调解达成协议的应当制作调解协议书。调解程序便利，处理灵活，有利于维系双方的关系。

## 21.如何通过行政机构解决种子纠纷?

种子使用者因购买种子后发生争议，在与经营者协商得不到解决时，向农业行政主管部门投诉，请求对种子经营单位的不当行为进行处理，对造成的损失给以赔偿。行政机关受理种子使用者的投诉后，可把行政处理和纠纷处理有机地结合起来解决争议，具有一定的行政强制力，能够很好地保护种子使用者的权益。

## 22.种子管理部门如何处理种子纠纷?

种子管理部门处理种子纠纷时，应在充分调查掌握事实的基础上对产生纠纷的当事人进行调解和相应处理。一般从以下几方面进行种子纠纷处理：

(1)对投诉审查合格后受理，不符合的退回，并说明理由。

(2)受理后，通知被诉人，要求被诉人提供答辩状。

(3)对纠纷进行调查并获取证据。如果需要进行现场实地调查，种子管理部门应通知双方当事人到现场，进行实地调查和取证，做好现场笔录。

(4)当事人一方或双方提出申请进行现场鉴定，种子管理部门对申请审查后，符合条件的，组织种子、栽培、植保、土壤肥料等专家组成专家鉴定组，进行田间现场技术鉴定。鉴定结束后，专家鉴定组及时制作《现场鉴定书》。

(5)在充分调查，掌握事实的基础上提出调解意见，制作调解协议书。

(6)不同意调解的，种子管理部门就纠纷事实提出处理报告，上报农业农村主管部门。农业农村主管部门受理后，可根据实际情况组织调解；属于种子问题的，按照农业行政执法程序的规定进行立案调查和处理。

## 23.怎样通过仲裁解决种子纠纷？

仲裁是指争议双方当事人根据已达成的协议，将案件提交有关仲裁机构进行裁决的活动。采用仲裁方式解决种子纠纷，应当双方自愿，并达成仲裁协议。没有仲裁协议，一方申请仲裁的，仲裁机构不受理。仲裁决定对当事人有约束力，当事人不执行的，可以向人民法院申请强制执行。对仲裁结论不服的，应当自收到裁决书之日起 6 个月内向仲裁委员会所在地的中级人民法院申请撤销裁决，并提供仲裁无效的证明。

## 24.怎样通过司法途径解决种子纠纷？

诉讼是通过司法程序解决种子纠纷的方式，即争议的当事人可直接向人民法院起诉，由人民法院按照法律程序对争议进行审理，作出有法律效力的判决。人民法院的判决具有法律强制力，当事人必须执行。司法程序具有耗时长、费用高、程序复杂、举证要求高等特点，种子使用者、种子生产经营者可以在协商不成、对调解或行政部门作出的赔偿决定不满意、生产经营者拒不执行赔偿决定的情况下，选择向人民法院起诉。

## 25.发生疑似种子质量问题时应怎样处理？

田间种植产生疑似种子质量问题时，几方当事人都应及时保留相关证据，积极寻找解决方案，必要时进行田间现场鉴定。具体处理时，应注意以下几方面：

(1)发现问题，证据尚存就及时申请有关部门处理，及时向种子质量监督检验机构申请进行质量鉴定。

(2)权衡利弊，正确选择争议处理方式，以当事人之间友好协商解决为最优方式。

(3)在申诉和诉讼时正确选择有管辖权的单位。

(4)证据齐全、要求合理，实事求是。

## 26.什么是种子质量纠纷田间现场鉴定？

种子质量纠纷田间现场鉴定是指农作物种子在大田种植后，因种子质量或者栽培、气候等原因，导致田间出苗、植株生长、作物产量、产品品质等受到影响，双方当事人对造成事故的原因或损失程度存在分歧，为确定事故原因或(和)损失程度而进行的田间现场技术鉴定活动。

## 27.种子质量纠纷田间现场鉴定由谁组织实施？

种子质量纠纷田间现场鉴定由田间现场所在地县级以上农业农村主管部门所属的种子管理机构组织实施。种子管理机构对申请人的申请进行审查，符合条件的，及时组织田间现场鉴定。

## 28.怎样提出种子质量纠纷田间现场鉴定？

种子质量纠纷处理机构根据需要可以申请现场鉴定；种子质量纠纷当事人可以共同申请现场鉴定，也可以单独申请现场鉴定。

鉴定申请一般以书面形式提出，说明鉴定的内容和理由，并提供相关材料。口头提出鉴定申请的，种子管理机构应当制作笔录，并请申请人签字确认。

## 29.哪些条件下申请田间现场鉴定不予受理？

有下列情形之一的，种子管理机构对现场鉴定申请不予受理：

(1)针对所反映的质量问题，申请人提出鉴定申请时，需鉴定地块的作物生长期已错过该作物典型性状表现期，从技术上已无法鉴别所涉及质量纠纷起因的。

(2)司法机构、仲裁机构、行政主管部门已对质量纠纷作出生效判决和处理决定的。

(3)受当前技术水平的限制，无法通过田间现场鉴定的方式来判定所提及质量问题起因的。

(4)纠纷涉及的种子没有质量判定标准、规定或者合同约定要求的。

(5)有确凿的理由判定纠纷不是由种子质量所引起的。

(6)不按规定缴纳鉴定费的。

## 30.参加种子质量纠纷田间现场鉴定的专家应当具备什么条件?

现场鉴定由种子管理机构组织专家鉴定组进行。专家鉴定组人数应为3人以上的单数，由一名组长和若干成员组成。专家鉴定组由鉴定所涉及作物的育种、栽培、种子管理等方面的专家组成，必要时可邀请植保、气象、土肥等方面的专家参加。专家鉴定组名单应当征求申请人和当事人的意见，可以不受行政区域限制。参加鉴定的专家应具有高级专业技术职称、具有相应的专门知识和实际工作经验，相关专业领域5年以上工作经验。纠纷所涉品种的选育人为鉴定组成员的，其资格不受职称、专业知识和经验、工作年限等条件限制。

## 31.哪些专家不能参加种子质量纠纷田间现场鉴定?

专家鉴定组成员是种子质量纠纷当事人或者当事人的近亲属，与种子质量纠纷有利害关系，与种子质量纠纷当事人有其他关系，可能影响公正鉴定的，应当回避，不能参加鉴定工作。同时，申请人具有要求与种子质量纠纷有关系的专家回避的权利，可以口头或者书面申请向组织田间现场鉴定的种子管理机构提出。

## 32.现场鉴定时专家鉴定组和争议双方有何责任和义务?

专家鉴定组进行现场鉴定时，可以向当事人了解有关情况，可以要求申请人提供与现场鉴定有关的材料。申请人及当事人应当予以必要的配合，并提供真实资料和证明。不配合或提供虚假资料和证明，对鉴定工作造成影响的，应承担由此造成的相应后果。专家鉴定组进行现场鉴定时，应当通知申请人及有关当事人到场。专家鉴定组根据现场情况确定取样方法和鉴定步骤，并独立进行现场鉴定。

任何单位或者个人不得干扰现场鉴定工作，不得威胁、利诱、辱骂、殴打专家鉴定组成员。专家鉴定组成员不得接受当事人的财物或者其他利益。

## 33.实施田间现场鉴定应考虑哪些因素?

专家鉴定组对鉴定地块中种植作物的生长情况进行鉴定时，应当充分考虑以下因素:

(1)作物生长期间的气候环境状况。

(2)当事人对种子处理及田间管理情况。

(3)该批种子室内鉴定结果。
(4)同批次种子在其他地块生长情况。
(5)同品种其他批次种子生长情况。
(6)同类作物其他品种种子生长情况。
(7)鉴定地块地力水平。
(8)影响作物生长的其他因素。

## 34.专家鉴定组怎样得出现场鉴定结论?

专家鉴定组应当在事实清楚、证据确凿的基础上，根据有关种子法规、标准，依据相关的专业知识，本着科学、公正、公平的原则，及时作出鉴定结论。专家鉴定组现场鉴定实行合议制。鉴定结论以专家鉴定组成员半数以上通过有效。专家鉴定组成员在鉴定结论上签名。专家鉴定组成员对鉴定结论的不同意见，应当予以注明。

## 35.现场鉴定书应当包括哪些内容?

鉴定结束后，专家鉴定组应当制作现场鉴定书。现场鉴定书应当包括：鉴定申请人名称、地址、受理鉴定日期等基本情况；鉴定的目的、要求；有关的调查材料；对鉴定方法、依据、过程的说明；鉴定结论；鉴定组成员名单；其他需要说明的问题等内容。

## 36.对现场鉴定书有异议的当事人有什么权利?

对现场鉴定书有异议的，应当在收到现场鉴定书15日内向原受理单位上一级种子管理机构提出再次鉴定申请，并说明理由。上一级种子管理机构对原鉴定的依据、方法、过程等进行审查，认为有必要和可能重新鉴定的，应当按本办法规定重新组织专家鉴定。

再次鉴定申请只能提起一次。

当事人双方共同提出鉴定申请的，再次鉴定申请由双方共同提出。当事人一方单独提出鉴定申请的，另一方当事人不得提出再次鉴定申请。

# 第五章　种子检验篇

## 1.什么是种子检验？

种子检验是指对种子质量进行检测评估，是对真实性、纯度、净度、发芽率、生活力、活力、种子健康、水分和千粒重等项目进行检验和测定。

通过检测种子质量信息，指导农业生产、种子经济贸易活动，为高质量的播种提供可靠依据，杜绝或减少因种子质量造成缺苗减产的危险，减少盲目性和冒险性，有效地控制有害杂草的蔓延和危害，充分发挥栽培品种的稳定性和丰产性，确保农业生产安全。

## 2.种子检验的重要意义是什么？

(1)种子检验可以对种子生产、加工及流通环节进行把关和防控

通过种子检验活动，把好收货时的入库关及销售时的出库关，防止不合格种子入库及出库。严格的检验，可以对种子的整个流通环节进行有效防控。种子检验的报告或标签是种子贸易必备的文件，可以促进种子贸易的健康发展。

(2)种子检验作为行政监督的手段，有效保障农业生产安全

种子检验是种子质量宏观控制的主要形式，通过对种子进行监督抽查、质量评价等实现行政监督的目的，监督种子生产、流通领域的种子质量状况，以便达到及时打击假劣种子的生产经营行为，把假劣种子给农业生产带来的损失降到最低程度。监督检验机构出具的种子检验报告可以作为种子贸易活动中判定质量优劣的依据，能够及时调解种子纠纷。

(3)种子检验能为种子贸易活动提供依据

通过种子检验可以对种子生产、加工、贮藏等过程的技术和管理措施的有效性进行评估，从而发现问题并加以改进，使管理更加有效、质量不断提高。

## 3.种子检验的内容包括哪些？

种子检验内容从过程看，可分为扦样、检测和结果报告 3 部分。扦样是种子检验的第一步，是从整个种子批中随机抽取一小部分规定数量的具有代表性的样品。检测就是

从具有代表性的供检样品中分取试验样品，按照规定的程序对试验样品进行种子水分、净度、发芽率、品种纯度等种子质量特性进行测定。结果报告是将已检测质量特性的测定结果汇总、填报和签发。

种子检验内容从测定项目看，有净度分析(包括其他植物种子测定)、发芽试验、纯度鉴定、水分测定、生活力测定、种子健康测定、重量测定、种子活力测定等。净度分析、发芽试验、纯度鉴定、水分测定是我国目前种子质量标准的判断依据。

## 4.种子检验是按照哪些步骤进行的?

种子检验作为对种子质量进行检测评估的手段，其整个操作环节必须根据种子检验规定的程序按步骤进行操作，不能随意改变。我国种子检验程序详见图 5-1：

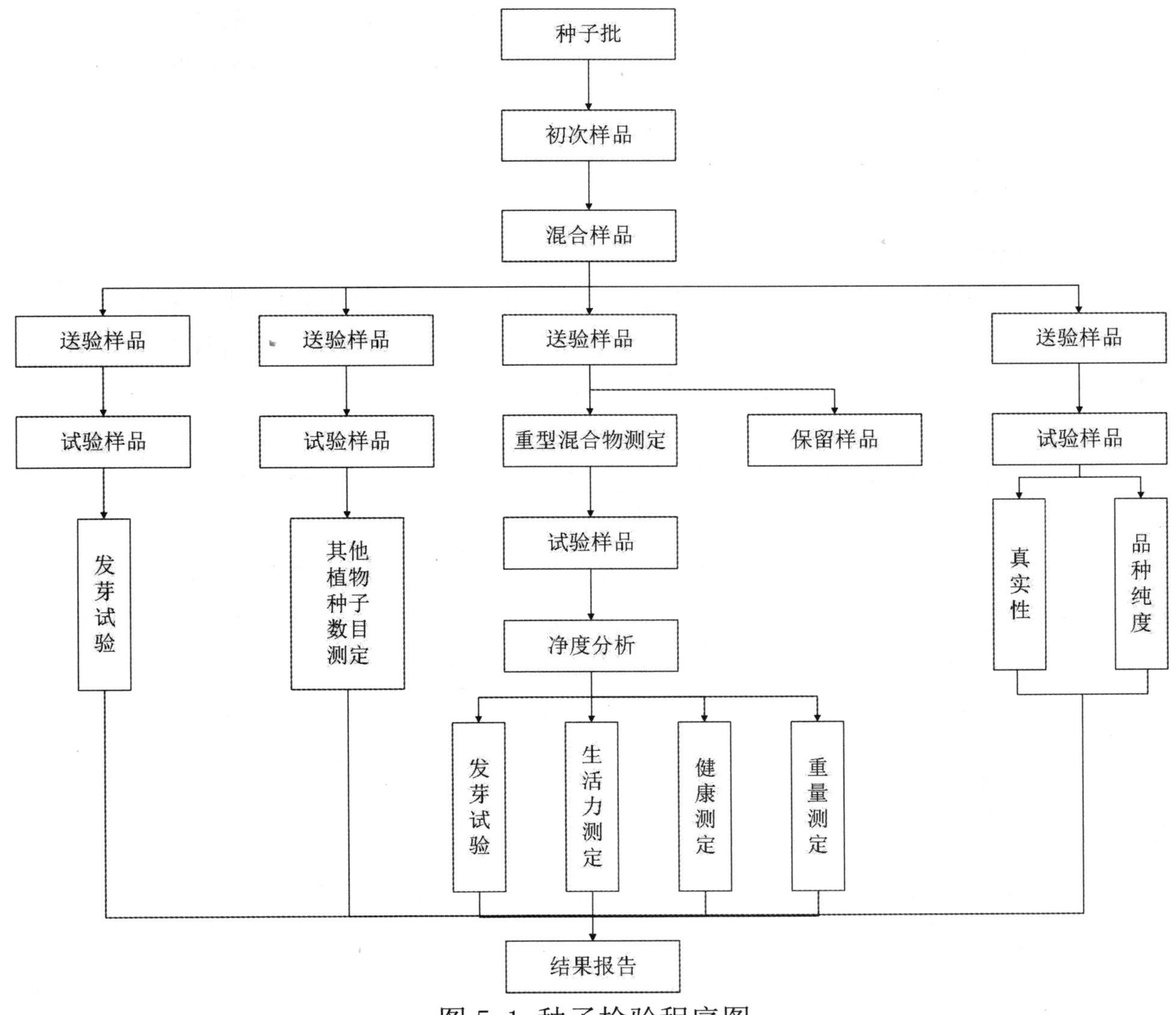


图 5-1 种子检验程序图

## 5.什么是种子质量委托检验?

种子质量委托检验是指获得计量认证并在有效期内的种子检验机构接受单位或个人委托，对种子质量各项指标进行的检验，并出具检验报告。委托检验一般由委托人送样，也可委托质检机构现场抽样。委托检验依据国家标准、行业标准、地方标准和备案的企业标准，也可以依据委托人与质检机构约定的方法进行检验，但应是学术刊物上公开发表的技术和方法。委托检验结果一般只对样品负责，并按相关规定收取检验费用。

## 6.什么是种子质量监督检验?

种子质量监督检验是指经过省级以上有关主管部门考核合格和取得计量认证证书并在有效期内的种子检验机构接受农业行政主管部门委托对种子质量进行的检验。监督抽查由检验机构的技术人员现场抽样，检验依据现行的国家标准、行业标准、地方标准和备案的企业标准进行检验。农作物种子质量监督检验不得向企业收取检验费用。

## 7.什么是种子质量仲裁检验?

种子质量仲裁检验是指经过省级以上相关主管部门考核合格和取得计量认证证书并在有效期内的种子检验机构接受司法机关、仲裁机构、质量技术监督部门或者其他行政管理部门、处理产品质量纠纷的有关社会团体，种子质量争议的双方当事人申请进行的质量检验。仲裁检验可按相关规定收取检验费用。

## 8.种子质量仲裁检验以何为依据?

双方合同中对种子质量依据的质量标准和栽培技术条件有明确规定的，以其规定为仲裁检验的依据；在合同中无明确规定者，则以现行的该作物的种子质量标准为依据：有国家标准的按国家标准执行，没有国家标准而有行业标准的按行业标准执行。凡合同对种子质量没有明确规定，又无种子质量标准的，一般不予受理。

## 9.什么是种子批?

种子批是指同一来源、同一品种、同一年度、同一时期收获和质量基本一致，在规定数量之内的种子。

## 10.什么是初次样品、混合样品、送检样品、试验样品？

初次样品是指从种子批的一个扦样点上所扦取的一小部分种子。

混合样品是指由种子批内扦取的全部初次样品混合而成。

送验样品是指送到种子检验机构检验，规定数量的样品。

试验样品(简称试样)是指在实验室中从送验样品中分出的部分样品，供测定某一检验项目之用。

## 11.什么是扦样？

扦样是利用一种专用的扦样器具从袋装或散装种子批取样的程序。扦样的目的是从一批大量的包装或散装种子中，随机取得一个重量适当、有代表性的供检样品。扦样是否正确和样品是否有代表性直接影响到种子检验结果的准确性。

## 12.扦样需要遵循什么原则？

扦样的基本原则是获得一个能代表整批种子质量状况、具有代表性的送验样品。扦样应遵循以下主要原则：

(1)重视扦样前的调查

扦样前扦样员要对种子的基本情况和种子储藏管理情况进行全面的调查，以便在划分检验单位和确定取样点时参考。调查的内容包括种子堆装混合、储藏过程中有关种子质量的情况、种子来源、产地、品种和种子保管期间是否经过翻晒、熏蒸等。

(2)被扦种子批均匀一致

供扦样的种子批要均匀一致，不能存在异质性。因实际扦样的种子数量很少，只有种子批的万分之一，甚至几万分之一，所以只有种子质量均匀的种子批，才有可能扦取代表样品。对种子质量不均匀或存在异质性的种子批应拒绝扦样，如对种子批的均匀度产生怀疑，可测定其异质性。

(3)按预定的扦样方案选用适宜的扦样器具，由合格的扦样员扦取样品

为了扦取有代表性的样品，检验规程对扦样方案涉及的三要素，即扦样频率、扦样点分布及各个扦样点扦取相等种子数量做了明确的规定。扦样时必须符合这些规定的要求，并选用适宜的扦样器进行扦取。考虑到种子批不同部位的种子质量可能存在差异，扦样点应均匀分布在种子批的各个部位，能扦到各个部位的样品种子。各个扦样点扦取的初次样品的种子数量应基本相等。由合格的扦样员扦样，合格的扦样员必须受过专门的扦样训练，具有实践经验。

(4)保证样品的可溯性和原始性

样品必须按规程规定的要求进行封缄和标识，能溯源到种子批，并在包装、运输、贮藏等过程中采取措施，尽量保持样品的原有特性。

## 13.种子检验的扦样程序包括哪些内容？

(1)扦样员查看了解该批种子堆放、贮藏过程中有关种子质量的情况，检查种子批的标签、标记及封口。种子批的被扦包装物(如袋、容器)都必须封口，贮藏、运输包装必须符合坚固耐久的要求和重复使用的价值，贮藏、运输包装材料主要选用黄、红麻为原料的机制麻袋作为包装材料；销售包装材料主要选用纸张、聚乙烯、聚丙烯等为主要原料的制成品。

(2)划分种子批，一批种子批的大小不得超过《农作物种子检验规程 扦样》(GB/T 3543.2—1995)中所规定的种子批最大重量，其容许差距为5%。若超过规定重量时，须分成几批，分别给予批号。

(3)扦取初次样品：若种子包装物或种子批没有标记或能明显地看出该批种子在形态或文件记录上有异质性的证据时，应拒绝扦样。如对种子批的均匀度产生怀疑，按多容器种子批异质性测定中所述方法测定异质性。

(4)配制混合样品：如初次样品基本均匀一致，则可将其合并混合成混合样品。

(5)根据检验项目，分取规定数量的送验样品。

水分测定：需磨碎的种类为100g，不需要磨碎种类为50g。

品种纯度鉴定：品种纯度测定的送验样品重量应符合《农作物种子检验规程 真实性和品种纯度鉴定》(GB/T 3543.5—1995)中所规定的送验样品最小重量。

所有其他项目检测：按《农作物种子检验规程 扦样》(GB/T 3543.2—1995)中所规定的送验样品最小重量。但大田作物和蔬菜种子的特殊品种、杂交种等的种子批可以例外，较小的送验样品数量是允许的。如果不进行其他植物种子的数目测定，送验样品至少达到该作物种类净度分析所规定的样品最小重量，并在结果报告单上加以说明。

(6)送验样品的处理：样品必须包装好，以防在运输过程中损坏。供水分测定用的送验样品及种子批水分较低时，需将样品放入防湿容器内。经化学处理过的种子，须将处理药剂的名称送交种子检验机构，每个送验样品须有编号，并附有扦样单。

## 14.如何对袋装样品进行扦样？

根据种子批袋装(或容量相似而大小一致的其他容器)的数量确定扦样袋数，扦样袋数的最低要求参照《农作物种子检验规程 扦样》(GB/T 3543.2—1995)中所规定的袋装扦样袋数。如果种子装在如金属罐、纸盒、小包装等的小容器中时，则 100kg 种子作为扦样的基本单位。以小容器合并组成的一个“容器”，基本单位总重量不超过 100kg。如小容器为 20kg，则 5 个小容器组成一个“容器”。袋装(或容器)种子堆垛存放时，应随机选定取样的袋，从上、中、下各部位设立扦样点，否则应把规定数量的容器打开或穿孔取得初次样品。选用合适的扦样器，单管扦样器适用于扦取中小粒种子样品，双管扦样器适用于较大粒种子。

## 15.如何对散装种子进行扦样?

对散装种子进行扦样时按照散装的扦样点数从各部位及深度扦取初次样品，每个部位扦取的数量应大体相等。扦样点的位置和层次应逐点逐层进行，先扦上层，次扦中层，后扦下层。扦样时顶层 10～15cm、底层 10～15cm 不扦，扦样点距离墙壁应 30～50cm。

种子在加工过程中或在机械化仓库进出时，可从种子输送流中截取样品。根据种子的数量和输送速度用取样勺或取样铲定时、定量在种子输送流中截取，每次可在种子流的纵横方向迅速截取，取样时应包括种子流底部的灰尘杂质，保证样品的代表性。

根据种子批散装的数量确定扦样点数，扦样点数参见《农作物种子检验规程 扦样》(GB/T 3543.2—1995)中所规定的散装种子扦样点数。

## 16.如何对带壳种子进行扦样?

袋装带壳种子一般采用徒手扦样，拆开袋缝线，提起袋底 2 个角，使袋身倾斜 45°，后退 1m，将种子全部倒在塑料布或者帆布上，使种子保持原袋中的层次，然后在上、中、下三点徒手扦取初次样品。

## 17.常用的分样方法有哪些?

常用的分样方法有机械分样和徒手分样两种。徒手分样法又分为减半法和四分法两种。一般在仓库或者现场配制混合样品后，称其重量。如果混合样品重量与送验样品的重量相符合，就可直接作为送验样品；如果数量较多时，则可用分样器或分样板分出足够数量的送验样品。

机械分样：采用钟鼎式、横格式、离心式分样器通过反复递减将初次样品分成与送验样品的重量相符合的送验样品。

徒手减半分样法：有稃壳的种子不适宜用机械分样器分样，只能用徒手分样法进行分样。将种子均匀地倒在一个光滑清洁的平面上；用平边刮板将种子充分混匀形成一堆；

将整堆种子分成两半，每半再对分一次，这样得到四个部分，然后把其中每一部分再减半共分成八部分，排成两行，每行四个部分；合并和保留交错部分，如第一行的第 1、第 3 部分与第二行的第 2、第 4 部分合并，把留下的四部分拿开，就把样品分成了两部分；再把分成的两部分样品重复以上操作，直至分到所需要的试验样品重量。

徒手四分法：采用对角线的两个对顶的三角形样品合并。将样品倒在光滑的桌面或玻璃板上，用分样板将样品先纵向混合，再横向混合，重复混合 4～5 次，然后将种子摊平成四方形，用分样板划两条对角线，使样品分成 4 个三角形，再取两个对角三角形的样品合并继续按照上述方法分样，直至分到所需要的试验样品重量。

## 18.什么是种子批异质性？

种子批异质性是指种子批内各成分分布极不均匀一致，未达到随机分布的程度，也就是种子未充分混合好。

对于存在异质性的种子批，即使按检验规程取得送验样品，也不会有代表性。在实际工作中，如果种子批的异质性明显到扦样时能看出袋间或初次样品的差异时，则应拒绝扦样。若通过种子批异质性测定后，存在异质性，需要对该批种子进行重新充分混合后，再扦取有代表性的样品。

## 19.如何对种子批进行异质性测定？

种子批异质性测定的目的是衡量种子批各成分的均匀一致性，以表示所测定的项目用混合方法是否达到随机分布的程度。种子批异质性测定是将从种子批中抽出规定数量的若干个样品所得的实际方差与随机分布的理论方差相比较，得出前者超过后者的差数。该测定适用于检查种子批是否存在显著的异质性。

(1)对种子批进行扦样，随机扦取具有代表性、均匀一致的样品，扦样的容器数应不少于《农作物种子检验规程 扦样》(GB/T 3543.2—1995)中所规定的扦样容器数。扦取的重量应不少于送验样品规定最小重量的一半。

(2)异质性测定方法

净度任一成分的重量百分率：在净度分析时，如能把某种成分分离出来(如净种子、其他植物种子或禾本科的秕粒)，则可用该成分的重量百分率表示。试样的重量应估计其中含有 1000 粒种子，将每个试验样品分成两部分，即分析对象部分和其余部分。

种子粒数：能计数的成分可以用种子计数来表示，如某一植物种，每份试样的重量估计约含有 10000 粒种子，并计算其中所挑出的那种植物种子数。

发芽试验任一记载项目的百分率：在标准发芽试验中，任何可测定的种子或幼苗都可采用，如正常幼苗、不正常幼苗或硬实等。从每一袋样中同时取 100 粒种子按《农作物种子检验规程 发芽试验》(GB/T 3543.4—1995)的条件进行发芽试验。

计算异质性值($H$值)。若求得的$H$值超过样品异质性规定的临界$H$值时，则该种子批存在显著的异质性；若求得的$H$值小于或等于临界$H$值时，则该种子批无异质现象；若求得的$H$值为负值时，则填报为零。

## 20.什么是种子净度？

种子净度是指种子的清洁干净程度，表明了种子批或样品中净种子、其他植物种子和杂质 3 种成分的比例及特性。

净度分析的目的是通过测定供检种子样品中 3 种不同成分的重量百分率和种子样品混合物特性，了解种子批中可利用种子的真实重量，以及其他植物种子、杂质的种类和含量，为评价种子质量提供依据。

## 21.净度分析在农业生产中有什么意义？

(1)通过净度分析，测定各成分的重量百分率，根据结果可判断该样品所代表种子批的组成情况，从而为计算种子利用价值即种子用价提供依据，以便准确地计算播种量。

(2)通过对其他植物种子、杂质的种类和含量进行分析，可以为种子加工与贮藏提供依据。杂质会影响种子的安全贮藏，使种子堆易吸湿发热，降低种子活力。

(3)通过测定其他植物种子的种类和数量可决定种子批的取舍并了解其危害程度，避免有害、有毒、检疫性杂草危害农业生产安全。杂草及其他植物种子在播种后与本作物形成竞争，降低产量，增加成本；杂草还是许多病虫的中间寄主，可使病虫蔓延，影响作物正常生长发育；有些有毒杂草种子及植株含有毒物质，人畜食后会中毒。

## 22.什么是净种子？

净种子是指送验者所叙述的种，包括该种的全部植物学变种和栽培品种以及未成熟的、瘦小的、皱缩的、带病的或发过芽的种子单位。

## 23.如何区分净种子？

凡能明确地鉴别出它们是属于所分析的种(已变成菌核、黑穗病孢子团或线虫瘿除外)，即使是未成熟的、瘦小的、皱缩的、带病的或发过芽的种子单位都应作为净种子。

完整的种子单位：包括真种子、瘦果、颖果。禾本科中，种子单位如是小花，则需带有 1 个明显含有胚乳的颖果或裸粒颖果(缺乏内外稃)。

大于原来大小一半的破损种子单位：大于原来大小一半的破损种子单位，即使无胚也是净种子，小于原来大小一半，即使有胚也是杂质。

甜菜属副胚种子超过一定大小的种子单位，但单胚品种除外。

燕麦属、早熟禾属和高粱属中，附着的不育小花不需除去而列为净种子。

即使有胚芽和胚根的胚中轴，并超过原来大小一半的附属种皮，豆科种子单位的分离子叶也列为杂质。

## 24.什么是其他植物种子?

其他植物种子是除净种子以外的任何植物种子单位，包括杂草种子和异作物种子。

## 25.怎样鉴定其他植物种子?

其他植物种子的鉴定原则与净种子的鉴定原则基本相同，但有以下例外。

(1)甜菜属的种子单位作为其他种子时不必筛选，可用遗传单胚的净种子定义。

(2)鸭茅、草地早熟禾、粗茎早熟禾不必经过吹风程序。

(3)复粒种子单位应先分离，然后将单粒种子单位分为净种子和无生命杂质。

## 26.什么是杂质?

杂质是除净种子和其他植物种子外的种子单位和所有其他物质和构造。

## 27.如何区分杂质?

杂质包括以下类型：

(1)明显不含真种子的种子单位。

(2)甜菜属复胚种子单位大小未达到净种子规定的最低大小的。

(3)破裂或受损伤种子单位的碎片为原来大小一半或不及一半的。

(4)种皮完全脱落的豆科、十字花科的种子。

(5)即使有胚芽和胚根的胚中轴，并超过原来大小一半的附属种皮，豆科种子的分离子叶。

(6)脱下的不育小花、空的颖片、内外稃、稃壳、茎叶、球果、鳞片、果翅、树皮碎片、花、病原体、泥土、沙粒及所有其他非种子物质。

(7)按该种的净种子定义，不将这些附属物作为净种子部分或定义中尚未提及的附属物。

(8)脆而易碎、呈灰白色、乳白色的菟丝子种子。

## 28.如何对送验样品进行净度分析?

首先对送验样品进行检查，挑出重型混杂物(与供检种子在大小或重量上明显不同且严重影响结果的混杂物，如土块、小石块或小粒种子中混有大粒种子等)，并将挑出的重型混杂物分离归类到其他植物种子和杂质。

按照试验样品应至少含有2500个种子单位的重量或不少于《农作物种子检验规程 扦样》(GB/T 3543.2—1995)中规定的相应作物的实验样品重量。净度分析可用全试样或两份半试样进行分析。

净度分析前，需对试验样品进行称重，以克表示，小数精确至《农作物种子检验规程 净度分析》(GB/T 3543.3—1995)中所规定的位数。

从试验样品中分离出净种子、其他植物种子和杂质三种成分。分离时必须根据种子的明显特征，对样品中的各个种子单位进行仔细检查分析，并依据形态学特征、种子标本等加以鉴定。当不同植物种之间区别困难或不可能区别时，则填报属名，该属的全部种子均为净种子，并附加说明。

对分离出的各成分进行称重并计算百分率。将3种成分重量之和与原试样重量进行比较，分析其中的重量有无增失。增失若超过5%，必须重做，填报重做的结果；增失不超过5%，进行下步计算。若分析的是全试样，各成分重量百分率计算到1位小数；若分析的是半试样，各成分重量百分率应计算到2位小数。分析两份半试样，分析后任一成分的相差不得超过《农作物种子检验规程 扦样》(GB/T 3543.2—1995)中所规定的同一实验室内同一送验样品净度分析的容许差距。若所有成分的容许误差都在容许范围内，则计算每一成分的平均值。若不在容许范围内，则采取以下的几个步骤进行：

一是再重新分析成对样品，直到一对数值在容许范围内为止。

二是凡一对间的相差超过容许差距两倍时，均略去不计。

三是各种成分百分率的最后记录，应从全部保留的几对加权平均数计算。

净度分析的结果应保留1位小数，各种成分的百分率总和必须为100%，成分小于0.05%的填报为“微量”，如果一种成分的结果为零，须填“-0.0-”。

当测定某一类杂质或某一种其他植物种子的重量百分率达到或超过1%时，该种类应在结果报告单上注明。

## 29.丸化种子如何进行净度分析?

首先将送检试样分为净丸化种子、未丸化种子和杂质。

净丸化种子包括含有或不含有种子的完整丸化粒;丸化物质覆盖占种子表面一半以上的破损丸化粒,但明显不是送验者所述的植物种子或不含有种子的除外。

未丸化种子包括任何植物种的未丸化种子;可以看出其中含有一粒非送验者所述种的破损丸化种子;可以看出其中含有送验者所述种,而它又未归于净丸化种子中的破损丸化种子。

杂质包括脱下的丸化物质;明显没有种子的丸化碎块;按常规种子检验净度分析规定作为杂质的任何其他物质。

净度分析后需要核实丸化种子属于送验者所述的种,将净度分析后的净丸化部分中取出 100 粒丸化粒,用洗涤法或其他方法去除丸化物质,然后测定每粒种子所属的植物种。最后测定各成分的重量百分率,按照常规净度分析的格式填报结果。

## 30.如何对桑树种子进行净度分析?

桑树种子分为实生种(经自然授粉而产生的种子)和杂交种(优良杂交组合而产生的种子),实生种的种子净度质量标准为≥95.0%,杂交种的种子净度质量标准为≥98.0%。桑木种子净度分析过程,从送验样品中分取三份分别为 10g 的试验样品,将试验样品中的好种子与坏种子、杂质分开,分别称量,计算各成分的百分率。

## 31.如何对花卉丸化种子进行净度分析?

进行净度分析时,送检样品不应少于 7500 粒丸化粒,试验样品不应少于 2500 粒丸化种子。对于种子带上的样品,净度分析送验样品不应少于 2500 粒,试验样品不应少于 2500 粒丸化种子。

首先将送检样品分成净丸粒、未丸化种子及杂质三种成分,从净丸粒部分中取出 100 粒丸粒,除去丸化物质,测定每粒种子所属的植物种。对于种子带同样要取出 100 粒种子,先进行种子真实性的鉴定,再对各成分的重量进行称重,计算百分率。样品中所有植物种子和各种夹杂物,都应加以鉴定。

## 32.如何对其他种子数目进行测定?

根据送验者的不同要求,其他植物种子数目的测定可采用完全检验、有限检验和简化检验。

完全检验：试验样品不得小于 25000 个种子单位的重量或送验样品所规定的最小重量。取出试样中所有的其他植物种子，逐粒进行分析鉴定，并数出每个种的种子数。当发现有的种子不能准确确定所属种时，允许鉴定到属。

有限检验：有限检验的检验方法同完全检验，但只限于从整个试验样品中找出送验者指定的其他植物种的种子。如果送验者只要求检验是否存在指定的某些种，则发现 1 粒或数粒种子即可。

简化检验：如果送验者所指定的种难以鉴定时，可采用简化检验。简化检验是用规定试验样品重量的 1/5(最少量)对该种进行鉴定。简化检验的检验方法同完全检验。

## 33.种子水分测定的重要性是什么？

种子水分测定为农作物种子储存提供了重要依据，从种子的田间收获到销售环节，为保证种子质量，种子水分测定是不可缺少的部分，收获前的水分测定可以准确推算出最佳的收获时间；人工干燥种子前的水分测定可以确定干燥种子所需的温度、时间及采取的方法；种子加工过程及储运过程中的水分测定可以用来判断加工过程是否规范，加工质量是否符合国家标准，储运过程中的水分测定可以判断种子的储存措施是否合理，确定种子能否入库及适宜的堆放方式。

## 34.种子水分测定的方法有哪些？

种子水分是指按规定程序把种子样品烘干所失去的重量，用失去重量占供检样品原始重量的百分率表示。

种子水分测定方法很多，标准法主要有烘干减重法，可细分为低恒温烘干法、高温烘干法和高水分种子预先烘干法 3 种。在种子产业化生产过程中，电子水分快速测定法也广泛地被应用，种子水分快速测定法主要采用电子仪器进行，可分为电阻式、电容式、红外、近红外和微波式。目前，我国应用最广泛的电子水分测定仪为电阻式和电容式两种。

## 35.怎样用低恒温烘干法测定种子水分？

低恒温烘干法适用于葱属、花生、芸薹属、辣椒属、大豆、棉属、向日葵、亚麻、萝卜、蓖麻、芝麻和茄子，但茄科里的番茄用高恒温烘干法。

该方法必须在相对湿度 70%以下的室内进行。

样品处理前需对经扦样取得的规定重量的送验样品进行充分混合。烘干前各类须磨碎的种子种类及磨碎细度要求见《农作物种子检验规程 水分测定》(GB/T 3543.6—1995)中的规定。

水分测定需取 2 个重复的独立试验样品，必须将试验样品在样品盒的分布为每平方厘米不超过 0.3g。

测定前先要对样品盒进行烘干、冷却、称重。将铝盒放入 130℃电热烘箱中恒温烘 1h，在干燥器中冷却后称重，再继续烘干 30min，放入干燥器中冷却后称重，若 2 次烘干结果相差≤0.002g，取 2 次的平均值为铝盒的重量。

将烘箱预热至 110～115℃。从磨口瓶中取出处理好的待测样品，称取 4.5g～5.0g 两份，放入预先处理并称重做好标记的样品盒中。将放入样品并摊平的样品盒放入已经恒温的烘箱内的上层，样品盒距温度计的水银球约 2.5cm 处，迅速关闭烘箱门。在 103℃(上下 2℃视为正常)的温度下烘 8h，8h 后用坩埚钳或戴上手套盖好盒盖(在烘箱内加盖)取出放入干燥器内冷却至室温，30～45min 后称重。

## 36.怎样用高恒温烘干法测定种子水分？

高恒温烘干法适用于：芹菜、石刁柏、燕麦属、甜菜、西瓜、甜瓜属、南瓜属、胡萝卜、大麦、甜荞、苦荞、莴苣、番茄、苜蓿属、烟草、水稻、菜豆属、豌豆、黑麦、高粱属、菠菜、小麦属、玉米、巢菜属、鸦葱、狗尾草属等，主要用于粉质种子。

其程序与低恒温烘干法相同。不同之处在于烘干的温度和时间，高温烘干法需要将烘箱预热至 140～145℃，打开箱门 5～10min 后，烘箱温度须保持 130～133℃，样品烘干时间为 1h。

高温烘干法需要严格控制烘干温度和时间，防止温度过高或时间过长引起种子干物质氧化，挥发物质损失等因素造成的结果偏差。

## 37.高水分种子如何进行水分测定？

高水分预先烘干法适用于需磨碎的高水分种子，当禾谷类种子水分超过 18.0%，豆类和油料作物种子水分超过 16.0%时，必须采用预先烘干法。对于不需要磨碎的小粒种子含水量高时可直接烘干。

称取两份样品各(25.00±0.02)g，置于直径＞8cm 的样品盒中，粮食作物种子在(103±2)℃烘箱中预先烘 30min，油料作物种子在 70℃预先烘干 1h，取出后放在室温冷却和称重，再将两份半干样品进行磨碎，并将磨碎物各取一份样品按低恒温或高恒温烘干法进行测定。

## 38.种子水分快速测定方法有哪些?

种子水分快速测定主要采用电子仪器，可分为电阻式、电容式、近红外和微波式。

(1)电阻式水分测定仪

现在我国常用的电阻式水分测定仪有KLS-1型粮食水分测定仪和TL-4型钳式粮食水分测定仪及Kett L型数字显示谷物水分仪。种子中水分含量越高，导电性越大。

Kett L型数字显示谷物水分仪内部装有微型计算器，可对样品和仪器温度进行自动补偿和感应调节，不需换算就可测水稻、小麦、大麦等5种谷物的水分。测定精确度为±0.1%。水稻、大小麦测量范围分别为11%～30%和10%～30%。

(2)电容式水分测定仪

电容式水分测定仪种类较多，如DSR-3A型电脑水分仪、PM-8188凯特水分仪、帝强GAC2100Blue型水分仪等。

电容量受温度影响，电容式水分仪一般都有热敏电阻补偿，所以测定值不需要再校正。为减少温度传感器的测定误差，应保证样品和仪器在相同温度下，从冰箱中取出的样品至少需要放置16h才能达到热平衡。

(3)红外、近红外水分测定仪

近年来，红外、近红外技术应用广泛，不少的种子水分测定仪应运而生。这些仪器测定时速度快且准确率高。例如，DHS20-1多功能红外水分仪应用远红外辐射加热技术、单片机技术与电子天平联机组成水分测定系统，代替以往传统的用烘箱和机械天平测试的繁复工作。只需将样品放在天平秤盘上，设定加热温度和时间参数，即可在30min内测出样品含水量。

## 39.什么是种子重量测定?

种子重量测定是指测定一定数量种子的重量，通常用种子千粒重来表示，也就是测定1000粒种子的重量。

种子千粒重是指国家标准规定水分的1000粒种子的重量，以克(g)为单位。

## 40.种子千粒重在农业生产中有什么意义?

千粒重是指自然干燥状态下1000粒种子的平均重量，实际数值与环境、气候、季节和种子干燥程度等密切相关。为统一标准，《农作物种子检验规程 其他项目检验》(GB/T 3543.7—1995)中规定，千粒重是指国家(行业)标准规定水分的1000粒种子的重量，以

“克(g)”为单位表示。千粒重是种子物理质量的一个重要指标，在种子加工贮藏及农业生产中具有重要意义。

(1)千粒重是种子活力的重要体现

同一作物品种在相同的水分条件下，种子的千粒重越高表明种子的充实度越好，内部储藏的营养物质越丰富，种子质量就越好。

(2)千粒重是计算田间播种量的依据

同一作物不同品种的千粒重不同，其田间播种量也应有差异。

(3)千粒重是产量的构成因素之一

在预测作物产量时，要做好千粒重的测定。

(4)千粒重是种子多项品质的综合体现

千粒重与种子的饱满度、充实度、均匀度、籽粒大小 4 项品质指标呈正相关。如果要单个测量以上的指标，程序烦琐，测量千粒重一个指标则相对简单、方便。

## 41.种子千粒重有哪些测定方法?

种子千粒重的测定方法有百粒法、千粒法和全量法。

百粒法：用手或数种器从试验样品中随机数取 8 个重复，每个重复 100 粒，分别对 8 个重复进行称重(g)，小数位数与净度分析中规定的位数相同。计算 8 个重复的平均重量、标准差及变异系数。带有稃壳的禾本科种子的变异系数不超过 6.0，其他种类种子的变异系数不超过 4.0。如变异系数超过上述限度，则应再测定 8 个重复，并计算 16 个重复的标准差。凡与平均数之差超过两倍标准差的重复略去不计。

千粒法：用手或数粒仪从试验样品中随机数取 2 个重复，大粒种每个重复 500 粒，中小粒种每个重复 1000 粒，分别对 2 个重复进行称重(g)，小数位数与《农作物种子检验规程 净度分析》(GB/T 3543.3—1995)中规定的相同。两份重复的差数与平均数之比不应超过 5%，若超过应再分析第三份重复，直至达到要求，取差距小的两份计算测定结果。

全量法：将整个试验样品通过数粒仪，记下计数器上所示的种子数。计数后把试验样品称重(g)，小数位数与《农作物种子检验规程 净度分析》(GB/T 3543.3—1995)中规定的相同。

## 42.什么是种子发芽?

种子发芽是指在实验室内幼苗出现和生长达到一定阶段，幼苗的主要构造表明在田间适宜的条件下能否进一步生长成为正常的植株。

发芽试验是测定种子的最大发芽潜力，以判断不同种子批的质量及田间播种价值。种子批的种用价值取决于种子批的净度和发芽率，净度高、发芽率低的种子批不适合作为种用；发芽率高、净度低的种子批可将种子精选处理，检验合格后作为种用。

## 43.种子发芽试验在农业生产中的意义有哪些？

发芽试验除能准确评价种子批的种用价值外，对农业生产、种子经营和质量管理也具有十分重要的作用，主要表现在以下几个方面：

(1)种子加工处理中，调整处理工艺，避免加工处理不当对种子质量造成影响。

(2)种子经营过程中，根据发芽率的高低决定经营行为，避免因销售发芽率低的种子而造成的经营损失。

(3)在生产和管理上，根据发芽率的高低确定播种量，保证农业生产安全用种。

(4)种子贮藏期间，及时了解种子批的质量变化，改进贮藏条件，利于种子的安全贮藏。

## 44.怎样对玉米种子进行发芽试验？

从经充分混合的试验样品中，随机数取 400 粒种子(4 个重复，每个重复 100 粒)。按照《农作物种子检验规程 发芽试验》(GB/T 3543.4—1995)中农作物种子发芽技术规定的要求，玉米种子发芽可采用砂床或者纸床，在实际工作中，常采用砂床，砂床的优点是透气性好，持水力强。砂床在使用前必须进行洗涤和高温消毒。

将数取的种子放入预先置好砂床的种子发芽盒中，发芽盒外贴好标签，注明置床日期、品种编号、重复次数等。放入恒温 25℃下发芽 7d 后，进行幼苗鉴定。统计各重复中正常幼苗、不正常幼苗、硬实、新鲜不发芽种子、死种子的数据。

计算结果，以百分率表示。当一个试验的四次重复中的正常幼苗百分率都在《农作物种子检验规程 发芽试验》(GB/T 3543.4—1995)中所规定的最大容许差距内，则其平均数表示发芽百分率。不正常幼苗、硬实、新鲜不发芽种子和死种子的百分率按四次重复平均数计算。所有数值百分率的总和必须为 100，平均数百分率修约到最近似的整数，修约 0.5 进入最大值中。

填报发芽结果时，须填报正常幼苗、不正常幼苗、硬实、新鲜不发芽种子和死种子的百分率。假如其中任何一项结果为零，则将符号“-0-”填入该格中。同时还须填报采用的发芽床和温度、试验持续时间，以及为促进发芽所采用的处理方法。

## 45.怎样对水稻种子进行发芽试验？

从经充分混合的试验样品中，随机数取 4 个重复，每个重复 100 粒。根据《农作物种子检验规程 发芽试验》(GB/T 3543.4—1995)中农作物种子发芽技术规定的要求，水稻种子发芽可以用砂床或者纸上、纸间，在实际工作中，常采用纸上，便于观察。

将数好的每个重复种子放入预先置好滤纸的种子发芽盒中，发芽盒外贴好标签，注明置床日期、品种编号、重复次数等。放入20～30℃变温下发芽14d后，进行幼苗鉴定。统计各重复中正常幼苗、不正常幼苗、硬实、新鲜不发芽种子、死种子的数据。

计算数据结果，用百分率表示。结果计算方法同玉米发芽试验。填报发芽结果时，结果填报方法同玉米发芽试验。

## 46.怎么对桑树种子进行发芽试验?

桑树种子的发芽试验采用催芽法。从净度检验后的好种子中随机取试验样品3份，每份100粒。

培养皿中平铺浸透水的滤纸两层，作为芽床。将取好的三份试验样品，分别整齐地排列在3个培养皿中的滤纸上。培养皿外贴好标签，注明置床日期、样品号、品种名、重复次数、产地等。

将置好床的培养皿置于28～30℃的温箱中，保持芽床湿润。试验第7d调查发芽种子数。最后计算种子的发芽率，将三份样品的发芽率计算平均数。

## 47.丸化种子的发芽试验如何进行?

从净度分析后的净丸粒部分中取出丸粒来进行发芽试验。将丸粒置于发芽床上，丸粒不需要经过冲洗或浸泡等预处理。1粒丸粒如果至少能产生送验者所述种的一株正常幼苗，即作为具有发芽力的丸化种子。1粒丸粒中存在1粒以上的种子应视为单粒种子进行试验，试验结果用至少产生一株正常幼苗的丸粒的百分率表示。

丸化种子的结果以产生正常幼苗丸粒数的百分率表示。结果报告上将丸化种子产生的正常幼苗、不正常幼苗和无幼苗的百分率填报在检验报告上，并说明发芽试验所用的方法及试验持续时间。

## 48.破除种子休眠的方法有哪些?

引起种子休眠的原因有多种，如胚尚未发育成熟或种子尚未完全成熟，种皮不透水、不透气、机械约束作用，或种子内存在抑制物质，不良环境条件影响等。种子休眠的状态可能是由单一原因造成，也可能是由多种原因共同作用的结果。种子休眠对于植物本身是有利的，但是给农业生产却造成了一定的困难。在测定种子发芽率之前，需要对存在休眠的种子进行预处理，常见的有以下几种方法：

(1)破除生理性休眠

低温法(预先冷冻处理)：大麦、小麦、油菜等种子需要在5～10℃预先冷冻处理3d，再放入规定条件下发芽。

硝酸处理：硝酸等含氮化合物对破除水稻休眠种子非常有效，可用0.1mol/L硝酸溶液浸种16～24h，冲洗后置床发芽。

硝酸钾处理：适用于禾谷类、茄科等许多休眠种子。在置发芽床时，用0.2%的硝酸钾溶液浸润。

赤霉素处理：燕麦、大麦、黑麦和小麦种子用0.05%赤霉素溶液湿润发芽床，当休眠较浅时用0.02%溶液，休眠较深用0.1%溶液，芸薹属种子用0.01%或0.02%的溶液。

去稃壳处理：此方法适用于水稻、有稃壳大麦、菠菜、瓜类。

高温法(加热干燥处理)：在发芽试验前，将种子摊平放在通风良好的条件下，于30～40℃干燥处理数天。

(2)去除抑制物质

甜菜、菠菜等种子单位的果皮或种皮内有发芽抑制物质时，可把种子浸在温水或流水中预先洗涤，甜菜复胚种子洗涤2h，遗传单胚种子洗涤4h，菠菜种子洗涤1～2h。然后将种子干燥，干燥时最高温度不能超过25℃。

(3)破除硬实

硬实是指种皮不透水、不透气，种子不能吸胀发芽并保持原来大小状态的种子，是种子休眠的常见形式。

硬实属于一种特殊的休眠形式，一般通过24h浸种，检查其中不能吸胀的种子数对硬实进行确认。其破除的方法主要是改变种皮的透水性，主要是采用机械损伤(将种皮刺穿、削破、锉伤或用砂纸摩擦)以及温度处理(高温、冷冻、变温处理)。

## 49.如何对发芽出的幼苗进行鉴定?

发芽时间结束后，要对幼苗进行鉴定。但是有的种子还需要继续持续发芽，延长发芽时间。每个种的试验持续时间详见《农作物种子检验规程 发芽试验》(GB/T 3543.4—1995)中的农作物种子发芽技术规定。试验前或试验间用于破除休眠处理所需时间不作为发芽试验时间的一部分。如果样品在规定试验时间内只有几粒种子开始发芽，则试验时间可延长7d，或延长规定时间的一半。反之，如果在规定试验时间结束前，样品已达到最高发芽率，则该试验可提前结束。

每株幼苗都必须按《农作物种子检验规程 发芽试验》(GB/T 3543.4—1995)中正常幼苗与不正常幼苗的划分规定标准进行鉴定。鉴定要在主要构造已发育到一定时期进行。根据种的不同，试验中绝大部分幼苗应达到：子叶从种皮中伸出(如莴苣属)、初生叶展开(如菜豆属)、叶片从胚芽鞘中伸出(如小麦属)。尽管一些种如胡萝卜属在试验末期，并非所有幼苗的子叶都从种皮中伸出，但至少在末次计数时，可以清楚地看到子叶基部的“颈”。在计数过程中，发育良好的正常幼苗应从发芽床中挑出，对可疑的或损伤、畸形或不均衡的幼苗，通常到末次计数。严重腐烂的幼苗或发霉的种子应从发芽床中除去，并随时增加计数。复胚种子单位作为单粒种子计数，实验结果用至少产生一个正常幼苗的种子单位的百分率表示。

## 50.在什么情况下需要进行重新发芽试验?

(1)怀疑种子有休眠时，需按照标准发芽试验进行重新试验，将得到的最佳结果填报，应注明所用的方法。

(2)由于真菌或细菌的蔓延而使试验结果不一定可靠时，可采用砂床或土壤进行试验。如有必要，应增加种子之间的距离。

(3)当正确鉴定幼苗数有困难时，可采用《农作物种子检验规程 发芽试验》(GB/T 3543.4--1995)中农作物种子发芽技术规定的一种或几种方法在砂床或土壤上进行重新试验。

(4)当发现试验条件、幼苗鉴定或计数有差错时，应采用同样方法进行重新试验。

(5)当各重复间的差距超过《农作物种子检验规程 发芽试验》(GB/T 3543.4—1995)中规定的同一发芽试验四次重复间的最大容许差距时，应采用同样的方法进行重新试验。如果第二次结果与第一次结果的差异不超过规定的容许差距，则将两次试验的平均数填报在结果单上。如果第二次结果与第一次结果的差异超过规定的容许差距，则采用同样的方法进行第三次试验，有第三次的试验结果分别与第一次和第二次的试验结果进行比较，填报符合要求的两次结果平均数。

## 51.什么是种子真实性和品种纯度?

品种鉴定包括种子真实性和品种纯度两方面的检验。这两个指标与品种的遗传有关，属于品种的遗传品质。

种子真实性是指供检品种与文件记录(如标签等)是否相符。品种真实性就是鉴定种子样品的真假，如果真实性有问题，再鉴定品种纯度就毫无意义了。在农业生产中，如果种子失去真实性，说明该种子不是文件描述的品种，不具备应有的遗传品质质量，对农业生产的产量和品质都有不利影响，严重时可能会造成绝产。

品种纯度是指品种在特征特性方面典型一致的程度，用本品种的种子数占供检本作物样品种子数的百分率表示。品种纯度是鉴定品种一致性程度的高低。

品种真实性和品种纯度是保证良种优良遗传特性得以充分发挥的前提，是正确评定种子等级的重要指标。品种真实性和品种纯度鉴定在种子生产、加工、贮藏及经营贸易中具有重要的意义和应用价值。

## 52.品种真实性和纯度鉴定有哪些方法?

品种真实性和纯度鉴定方法根据其所依据的鉴定原理不同可分为以下 5 大类方法:

(1)形态鉴定

形态鉴定又可分为籽粒形态鉴定、种苗形态鉴定和植株形态鉴定。籽粒形态鉴定简单快速，适合籽粒较大、形态性状丰富的作物，如玉米、水稻。但籽粒形态鉴定的结果受主观影响较大。十字花科、豆科等双子叶植物由于幼苗形态性状丰富，应用种苗形态鉴定法进行鉴定，种苗鉴定需要的时间为 7～30d，但因苗期所依据的性状有限，所以鉴定结果不太准确。植株形态鉴定依据的性状较多，测定结果较准确，如田间纯度检验和田间小区种植鉴定都属于植株形态鉴定，但植株形态鉴定需要时间较长，难以满足在调种过程中快速鉴定的需要。

(2)物理化学法鉴定

该鉴定方法主要分为物理方法和化学方法。物理方法如荧光鉴定法等，化学方法主要依据化学反应所产生的颜色差异区分不同品种，如苯酚染色法、碘化钾染色法等。这两类方法的优点是鉴定速度快，但该类方法区分的品种种类较少，难以满足品种纯度准确鉴定的要求。

(3)生理生化法鉴定

该方法是利用生理生化反应和生理生化技术对试验样品进行品种纯度鉴定，这类方法包括的技术较多，以生理生化反应为基础的有愈创木酚染色法、光周期反应鉴定法、除草剂敏感性鉴定法等。这些方法鉴别品种的能力较低，鉴定结果不太准确。以生理生化技术为基础的方法有电泳法鉴定、色谱法鉴定、免疫技术鉴定等。色谱法技术含量较高，免疫技术需要大量技术开发研究，目前两种方法无法在生产实际中广泛应用。电泳法技术相对简单，依据蛋白质或同工酶电泳可以相对准确地鉴定品种纯度，是目前品种纯度鉴定方法中较为快速准确的方法。

(4)细胞学方法鉴定

细胞学方法主要依据染色体数量和结构变异、染色体带型差异及细胞形态学差异区分种及品种，在品种纯度鉴定中应用价值不大。

(5)分子生物学方法鉴定

该类方法是在 DNA 和 RNA 等分子水平上鉴别不同品种。目前，在品种检测中最常用的分子技术主要有 RAPD 技术、SSR 技术和 RPLF 技术、ISSR 技术和近年来发展较快的 SNP 技术。该类方法能够快速准确地对品种纯度进行鉴定。

## 53.SSR 分子标记技术中如何对玉米和水稻种子进行引物筛选?

SSR 是简单重复序列标记的英文缩写简称，又称微卫星序列标记(MS)，是一类以几个核苷酸(一般为 1～6 个)为重复单位组成长达几十个核苷酸的串联重复序列。不同遗传材料中的简单序列重复次数和重复长度具有高度变异性，且分布于基因组的不同位置，但每个 SSR 两侧的序列一般是相对保守的单拷贝序列。根据这两侧的序列设计一对特异引物，通过聚合酶链式反应(PCR)技术将其间的核心微卫星 DNA 序列扩增出来，再利用电泳分析技术获得其长度多态性，和标准对照分析，用于鉴别不同品种之间的遗传差异。SSR 标记是目前最常用的分子标记之一。

玉米种子：《主要农作物品种真实性和纯度 SSR 分子标记检测 玉米》(GB/T 39914—2021)中遴选了 40 对(分为 2 组 PM01～PM20 为Ⅰ组，PM21～PM40 为Ⅱ组)作为品种真实性鉴定的检测引物。在对品种真实性进行检测时，可先采用Ⅰ组引物进行检测，若未检测到或检测到可以判定不符结果的差异位点数的，可终止检测。反之，则继续选用Ⅱ组引物进行检测。对于纯度测定，需要预先进行预试验，筛选出能够准确识别该样品品种的引物。可选用 GB/T 39914—2021 推荐的 8 对品种纯度测定引物，作为优先筛选的候选引物。如推荐的 8 对引物仍未达到筛选效果的，可选择另外 32 对引物或其他引物进行筛选。

水稻种子：水稻种子已遴选出的已知引物有 48 对，真实性检测具体引物选择同玉米种子。对于常规种和杂交亲本种子纯度测定，鉴定异交个体、混杂个体的，各需筛选 2 对以上的引物。对于同时鉴定自交、异交、混杂个体或者其中两者的，应综合考虑筛选 3 对以上的引物。可选用《主要农作物品种真实性和纯度 SSR 分子标记检测 水稻》(GB/T 39917—2021)推荐的 8 对品种纯度测定引物，作为优先筛选的候选引物。推荐的 8 对引物仍未达到筛选效果的，可以选用另外 40 对引物或其他引物进行筛选。

## 54.如何利用 SSR 分子标记技术测定玉米种子真实性?

玉米可以通过从抽取有代表性的检测样品中提取 DNA，用 SSR 引物进行扩增和电泳，从而通过其扩增产物片段大小不同而加以区分品种。

可采用变性 PAGE 电泳、毛细管电泳作为检测平台，但应注意变性 PAGE 电泳检测数据与 SSR 指纹数据比对平台比对困难，难以进行真实性身份鉴定。选用种子作为检测对象，质量应不低于 200g 或不少于 500 粒。但在种子生产基地取样，送验样品可为果穗，数量应不低于 5 个(总粒数不少于 500 粒)。检测中，采用混合样或单个个体进行检测。混合样试样来源应至少含有 20 个个体，单个个体试样应至少含有 5 个个体。

DNA 提取：常用到的提取方法有 CTAB 法、试剂盒法、SDS 法、碱煮法。其中，CTAB 法和试剂盒法提取量大，质量好，可以长期保存；SDS 法快速简单，提取量小，质量较好；

碱煮法简单快速，提取量小，质量一般，不易保存。

对提取出的DNA进行PCR扩增，扩增产物选用荧光毛细管电泳或变性聚丙烯酰胺凝胶电泳。采用变性聚丙烯酰胺凝胶电泳，需要预先制好胶，然后要在扩增产物中加入缓冲液，在PCR扩增仪上进行变性。最后进行电泳、染色。

数据分析：毛细管电泳，需要通过规定程序进行数据分析，在引物等位基因片段大小范围内，特异峰呈现为稳定的尖锐峰型，纯合位点显示为单峰，杂合位点显示为双峰；对于PAGE电泳，特异谱带呈现明显，纯合位点显示为单条，杂合位点显示为双条。若采用混合样检测，结果无法识别特异谱带或特异峰的，应采用单个个体独立检测，试样至少含有20个个体的数量。样品在一半以上的引物位点中呈现明显的异质性，可终止真实性鉴定。

结果计算：统计位点差异记录的结果，计算差异位点数，检测结果用检测样品和标准样品比较的位点差异数目表示，检测结果的容许误差不能大于2个等位位点。

## 55.如何利用SSR分子标记技术测定玉米种子品种纯度？

采用PAGE电泳、毛细管电泳作为检测平台，在选择等位基因扩增片段差异较大的引物前提下也可采用琼脂糖电泳。

选用种子作为检测对象，杂交种质量应不低于200g或不少于500粒；自交系质量应不低于400g或不少于1000粒。从送验样品中分取规定数量的试样，试样采用单个个体进行独立检测。对于杂交种，试样数量应至少含有96粒×2粒种子；对于自交系，应至少含有96粒×4粒种子。

DNA提取：提取方法同真实性鉴定，但对于品种纯度检测，因需要提取的DNA数量较多(一般为100个样品)，优先推荐碱煮法，提取程序简单快捷。

PCR扩增同真实性鉴定程序。电泳选用琼脂糖凝胶电泳，电泳后呈现的特异谱带，准确识别该品种正常个体、异常个体指纹图谱或数据，记录每个检测引物位点的信息。检测结果根据检测目的，选择使用检测样品的自交个体、其他异常个体数目表示，也可使用正常个体数目(检测试样总数减去异常个体数目)占检测试样总数的百分率表示。统计与检测样品正常表现不一样的异常个体数，计数个体数目或计算百分率。

## 56.水稻种子真实性和纯度测定中种子样品的要求是什么？

水稻真实性鉴定：送验样品为种子，质量应不低于30g或不少于1000粒。在种子生产基地取样，送验样品可为稻穗，数量应不低于10个(总粒数不少于1000粒)。从送验样品中分取有代表性的试样，采用混合样或单个个体进行检测。混合样试样来源应至少含有 20 个个体，单个个体试样应至少含有 5 个个体。

水稻纯度测定：送验样品为种子，对于常规种、杂交种和亲本种子质量应不低于 30g 或不少于 1000 粒。与真实性鉴定同时开展检测的，可以为同一送验样品。从送验样品中分取规定数量的试样，试样采用单个个体进行独立检测。试样的数量，对于常规种、杂交种，应至少含有 96 粒×2 粒种子；对于杂交亲本种子，应至少含有 96 粒×4 粒种子。

## 57.什么是田间检验？

田间检验是指在种子生产过程中，在田间对品种真实性进行验证，对品种纯度进行评估，同时对作物的生长状况、异作物、杂草等进行调查，并确定其与特定要求是否符合的活动。

## 58.什么是异作物和变异株？

异作物是指不同于本作物的其他作物，如小麦种子田中的大麦，玉米种子田中的燕麦等。变异株是指作物植株的一个或多个性状与原品种的性状明显不同的植株。

## 59.田间小区种植鉴定的目的及作用是什么？

田间小区种植鉴定的目的：一是鉴定种子样品的真实性与品种描述是否相符，即通过对田间小区内种植的被检样品植株与标准样品植株进行比较，并根据品种描述判断其品种真实性；二是鉴定种子样品纯度是否符合国家规定标准或种子标签标注值的要求。

田间小区种植鉴定的作用有：①为种子生产过程中的田间检验提供重要信息，是种子认证过程中不可缺少的环节；②可以判别品种特征、特性在繁殖过程中是否保持不变；③可以鉴定品种真实性；④可以长期观察，观察时期从幼苗出土到成熟期，随时观察小区内的所有植株；⑤小区内所有品种和种类的植株特征、特性能够充分表现，可以使鉴定记录和检测方法标准化；⑥能够确定小区内有没有自生植物生长和播种设备是否清洁，明确小区内非典型植株是否来自种子样品；⑦可以比较相同品种不同种子批的种子遗传质量；⑧可以根据小区种植鉴定的结果淘汰质量低劣的种子批或种子田，使农民用上高质量的种子；⑨可以采取小区种植鉴定的方法解决种子生产者和使用者的争议。

## 60.什么是田间小区种植鉴定的程序？

(1)试验地选择。必须选取前茬无同类作物和杂草的田块作为小区鉴定的试验地。同时还要选择土壤肥沃、肥力均匀、良好的田块，并有适宜的栽培管理措施。

(2)小区设计。种植前，对田块进行规划设计，注意以下几个方面：一是在同一田块，将同一品种、类似品种的所有样品连同提供对照的标准样品相邻种植，以突出它们之间的任何细微差异。二是在同一品种内，把同一生产单位生产、同期收获的有相同生产历史的相关种子批的样品相邻种植，以便记录。三是当要对数量性状进行量化时，小区设计要采用符合田间统计要求的随机小区设计。四是如果资源充分允许，小区种植鉴定可设重复。

(3)设置标准样品作为对照，标准样品尽可能代表品种原有的特征、特性。在鉴定品种真实性时，应在鉴定的各个阶段与标准样品进行比较。

(4)要根据检测的目的确定小区种植株数。对于鉴定品种纯度，并与发布的质量标准进行比较，必须种植较多的株数。

(5)要求按照大田生产粮食的管理对小区种植进行管理。不同的是，不管什么时候都要保持品种的特征、特性和品种的差异，做到在整个生长阶段都能允许检查小区的植株状况。小区种植鉴定只要求观察品种的特征、特性，不要求高产，因此土壤肥力要中等。但如果影响观察品种特征、特性的问题出现时，就要使用一些植物生长调节剂或生物药剂。

(6)鉴定和记录。小区种植鉴定在整个生长季节都可观察。有些种在幼苗期就有可能鉴别出品种真实性和纯度，但成熟期(常规种)、花期(杂交种)和食用器官成熟期(蔬菜种)是品种特征、特性表现最明显的时期，必须进行鉴定。小区种植鉴定除记录本品种、异品种、变异株株数外，还需要记录种传病害的存在情况。

(7)结果计算和填报。品种纯度结果以变异株数和百分率表示。品种纯度保留一位小数，田间小区种植鉴定结果除填报品种纯度外，可能有时还填报所发现的异作物、杂草和其他栽培品种的百分率。

## 61.什么是种子生活力?

种子生活力是指种子发芽的潜在能力或种胚具有的生命力。在种子植物中，许多植物种子是具有休眠特性的，尤其是新收获的种子，休眠性强，此类种子处于休眠状态暂时不能全部发芽，但具有生活力。因此，在一个种子样品中全部有生命力的种子，应包括能发芽的种子和暂时不能发芽而具有生命力的休眠种子两个部分。

## 62.种子生活力测定对于农业生产的意义?

(1)可测定休眠种子的生活力

新收的或在低温储藏处于休眠状态的种子，采用标准发芽试验，即使给予最适宜的发芽条件下仍不能良好发芽或发芽率很低，在这种情况下，进一步测定其生活力，了解种子的潜在发芽能力，以便合理使用种子。对于发芽率低但生活力高的种子，在播种前可以进行适当的预处理，提高种子的出苗率。对于发芽率和生活力都低的种子，就不能作为种用种子。在发芽试验末期有大量新鲜不发芽种子或硬实存在，就应该测定种子的生活力，从而判断种子生活力的高低。

(2)快速测定种子的发芽能力

休眠种子可借助各种预处理打破休眠，进行发芽试验，但是整个发芽试验过程的周期较长。在种子贸易中，因时间紧迫，不能进行标准发芽试验来测定发芽力，尤其是在收获和播种间隔时间短的情况下，发芽试验会耽搁农时。这时可用生物化学速测法测定种子生活力作为参考。

## 63.种子生活力测定方法有哪些？

种子生活力测定方法有四唑染色法、甲烯蓝法、溴麝香草酚蓝法、红墨水染色法、软 X 射线造影法等。但正式列入《国际种子检验规程》和我国《农作物种子检验规程》的生活力检测方法是生物化学(四唑)染色法。

## 64.什么是种子生活力四唑染色测定？

四唑测定是一种世界公认、实用方便、结果可靠、得到广泛应用的种子生活力测定方法，有原理可靠、结果准确、不受休眠限制、方法简便省时快速、成本低廉的特点。可以用于测定休眠种子的发芽潜力、收获后要马上播种种子的发芽潜力、发芽缓慢种子的发芽潜力、发芽末期未发芽种子的生活力；测定种子收获期间或加工损伤(如热伤、机械损伤、虫蛀、化学伤害等因素)的种子的生活力，并通过染色局部解剖图形查明损伤原因；可以解决发芽试验中遇到的问题，查明不正常幼苗产生的原因和杀菌剂处理或种子包衣等的伤害；查明种子储藏期间劣变、衰老程度，按染色图形分级，评定种子活力水平；在时间紧迫、调种时快速测定种子生活力。

## 65.如何用四唑染色法测定种子生活力？

首先需要配制四唑试剂，不切开胚的种子染色用 1.0%溶液，已经切开胚的种子染色用 0.1%～0.5%溶液。如果用蒸馏水配制溶液的 pH 值不在 6.5～7.5 范围内，则采用磷酸缓冲液来配制。

每次至少测定 200 粒种子，测定前需要充分吸湿、软化种皮，通常种子在染色前要进行预湿，有些种子还需要预措[预措是指有些种子在预湿前须先除去种子的外部附属物(包括剥去果壳)和在种子非要害部位弄破种皮，如水稻种子脱去内外稃，刺破硬实等。]

根据种的不同，预湿的方法有所不同。一种是缓慢润湿，即将种子放在纸上或纸间吸湿，它适用于直接浸在水中容易破裂的种子(如豆科大粒种子)，以及许多陈种子和过分干燥种子；另一种是水中浸渍，即将种子完全浸在水中，让其达到充分吸胀，它适用于直接浸入水中而不会造成组织破裂损伤的种子，不同种类种子的具体预湿温度和时间参见《农作物种子检验规程 其他项目检验》(GB/T 3543.7—1995)中的规定。

染色前准备需对软化的种子进行样品准备，准备方法因种子构造和胚的位置不同而异。

按照具体作物配制适宜浓度的四唑溶液，将已准备好的种子放入染色盘中，倒入溶液完全浸没种子，移置一定温度的黑暗控温设备内或弱光下进行染色反应，所用染色时间因四唑溶液浓度、温度、种子种类、样品准备方法等因素的不同而有差异。一般来说，四唑溶液浓度高，染色快；温度高，染色时间短，但最高不超过45℃，达到规定时间或染色已很明显时，倒去四唑溶液，用清水冲洗。将已染色的种子样品，加以适当处理使胚主要构造和活的营养组织明显暴露出来。根据胚的主要构造和有关活营养组织的染色情况来判定种子是否具有生活力。凡胚的主要构造或有关活营养组织(如葱属、伞形科和茄科等种子的胚乳)全部染成有光泽的鲜红色或染色最大面积大于标准规定，且组织状态正常的为有生活力的种子，否则为无生活力的种子。根据种类的不同，具体鉴定标准详见《农作物种子检验规程 其他项目检验》(GB/T 3543.7—1995)中的农作物种子四唑染色技术规定。

计算各个重复中有生活力的种子数，检查核对重复间最大容许误差，平均百分率计算到最近似的整数。对豆类、棉籽和蕹菜等需增填“试验中发现的硬实百分率”，硬实百分率应包括在所填报有生活力种子的百分率中。

## 66.什么是种子活力？

种子活力是指种子或种子批在广泛的田间条件下迅速整齐萌发、出苗且幼苗能正常生长的潜在能力总称，包括贮藏期间的种子在田间发芽、出苗、幼苗正常生长的速度和整齐度等综合性状表现和指标。种子活力是种子重要的品质，与种子发育、成熟、萌发、贮藏、劣变及寿命等有密切联系。

种子活力是一种能表达单粒种子或种子批多种特性的综合概念：

(1)种子发芽和幼苗生长速率及整齐度。

(2)种子在不利环境条件下的出苗能力。

(3)贮藏后的表现，特别是发芽能力的保持。

高活力种子批即使在不适宜的环境条件下仍具有良好的生产潜力。

通常在生理成熟时，种子活力达到最高水平，随后会逐渐降低。种子活力受遗传、母株营养、成熟田间环境、收获、脱粒、干燥、清洗、处理、包装、贮藏等各个环节的影响。

## 67.种子活力在农业生产中有什么重要作用?

提高田间出苗率：高活力的种子播种后在田间表现好、出苗快、生长一致、整齐度好。

节约播种费用：高活力的种子田间出苗率高，因此比低活力种子的播种量少。低活力的种子在田间出苗率低，出现大量的缺苗，需要重新补种，需要的种子量多，费时费工费财费人力。

抵御不良环境条件：高活力种子由于生命力较强，对田间逆境具有较强的抵抗能力。

增强与病虫杂草的竞争能力：高活力种子由于发芽迅速、出苗整齐，可以逃避和抵抗病虫害。同时由于幼苗健壮、生长旺盛，具有与杂草竞争的能力。

增加作物产量：高活力种子不仅可以全苗壮苗，还可以提早和增加分蘖及分枝，增加有效穗数和果枝，增产明显。

提高种子耐藏性：高活力种子可以抵抗各种储藏逆境，如高温、高湿环境。

## 68.在农业生产中对种子进行活力测定有什么必要性?

保证田间出苗率和生产潜力的必要手段：种子生产者和种子使用者越来越关注种子活力在农业生产中的必要性。老化、劣变、活力低的种子田间出苗率低，高活力的种子田间出苗率高。因此，在播种前对种子进行活力测定，选用高活力的种子进行播种。

种子产业中必不可少的环节：种子收获后，要进行干燥、清洗、加工、贮藏等处理过程。如果在某个环节处理不当，就会使种子变质造成活力低。及时进行活力测定可改善加工、处理条件，保持和提高种子活力。

育种工作者必须采用的方法：育种工作者在选择抗寒、抗病、抗逆、早熟、丰产的新品种时，都应进行活力测定。这些特性与活力密切相关。除此之外，育种工作者还需要选择一些有利于出苗的形态特征，都离不开活力测定。

研究种子劣变机制的必要条件：种子在形成发育、成熟收获直至播种的过程中，持续进行着变化，通过对种子活力的测定，可研究种子劣变机制及改善和提高活力的方法。

## 69.目前常用的种子活力测定方法有哪些?

种子活力的测定方法分为直接法和间接法两大类。直接法是模拟田间不良环境，观察种子直接表现出来的特性，如出苗能力、幼苗生长速度、整齐度、健壮度、种子大小、重量、外观。间接法是测定某些与种子活力有关的生理生化指标。ISTA 种子检验规程将电导率测定和加速老化试验方法列为推荐的两种种子活力测定方法。

(1)发芽与幼苗生长测定方法

标准发芽试验法测定：该法是一种普遍采用的简单方法，适用于各种作物种子的活力测定。通过测定种子的发芽速度和幼苗生长势来判断种子活力高低，通常测定的指标有发芽势、发芽指数、芽长或根长、干重或鲜重、活力指数、简化活力指数、平均发芽日数、高峰值、日平均发芽率等。活力指数越高，种子的发芽速度越快，幼苗的生长势好。发芽法测定种子活力的具体方法是采用标准发芽试验，逐日记录正常发芽种子数(发芽缓慢的牧草、林木等种子，可隔一日或数日记录)，发芽试验结束时测定正常幼苗的长度或重量。计算各种活力指标，比较各样品种子活力的高低。

幼苗生长测定：该法适用于具有直立胚芽或胚根的禾谷类和蔬菜类种子。采用标准发芽试验，将种子试样放置在发芽纸上，胚根端朝向纸卷底部，将纸卷成圆筒状，用橡皮筋扎好，竖放置在容器中，在恒温箱中规定温度下暗培养7d后，统计苗长，计算幼苗平均长度，此法在测定前种子不要进行任何处理。直根作物(如莴苣)利用此法测定时，可将纸卷换成玻璃板。

(2)逆境试验测定方法

抗冷测定：主要适用于春播喜温作物，如玉米、棉花、大豆、豌豆等种子。该法是将种子置于低温潮湿的土壤中，处理一定时间后移至适宜温度下生长，模拟早春田间逆境环境，观察种子发芽成苗的能力。高活力种子经低温处理后仍能形成正常幼苗，而低活力种子不能形成正常幼苗。

玉米种子通常采用土壤盒法，将玉米种子放入装有土壤的发芽盒中，在10℃的低温下处理7d后移入适宜温度下培养，计算发芽率。

(3)生理生化测定方法

糊粉四唑测定：该法适用于玉米种子。禾谷类作物种子胚乳外围的糊粉层在发芽代谢中能分泌淀粉水解酶，所以糊粉层细胞活力直接影响种子的活力。

TTC定量法测定：TTC定量法测定种子活力的原理与种子生活力的原理相同。种子经TTC染色后，用丙酮或乙醇将红色的TTCH提取出来。然后用分光光度计测定提取液的光密度，或从标准曲线查出TTCH含量，以定量计算脱氢酶的活性。光密度值高或TTCH含量高，表明种子活力强。

## 70.什么是人工加速老化测定种子活力法？

加速老化试验是根据高温(40～45℃)和高湿(相对湿度95%)能导致种子快速劣变这一原理进行的测定。高活力种子能忍受逆境条件处理，劣变较慢；而低活力种子劣变较快，长成较多不正常的幼苗或完全死亡。

## 71.怎样用人工加速老化方法测定大豆种子活力？

进行加速老化测定前，需要进行水分测定。将试样种子水分调节至10%～14%。在塑料老化盒中放入40mL去离子水或蒸馏水，然后插入网架，确保水不渗到网架和后来置放的种子上。

从净种子中称取(42±0.5)g大豆种子(至少含有200粒种子)，放在网架上，排成一层以保证种子的吸湿。测定时，应包括一个对照样品。盖上盖子，但不密封。

内箱排成一排放在架上，同时放入外箱内。为了使温度均匀一致，外箱内的两个老化盒之间的间隔大约为2.5cm。记录内箱放入外箱的时间。

在老化结束前不能打开外箱的门。老化结束后进行标准发芽试验，从内箱中取出对照样品的一个小样品(10～20粒)，马上称重，用烘箱法测定种子水分，记录对照样品种子水分。如果种子水分低于或高于表5-1规定的值，则试验结果不准确，应重做试验。对于大豆种子可以应用称重法判断，老化后的种子低于52g或高于55g，表明测定结果不精准，应重做试验。最后对试样样品进行发芽试验，计算结果，以百分率表示。该结果与老化前同一种子批的发芽试验结果比较，如果老化测定结果类同于标准发芽试验结果为高活力，低于标准发芽试验结果为中至低活力。

表5-1　不同作物加速老化试验条件

| 属或种名 | 种子重量(g) | 箱数目 | 老化温度(℃) | 老化时间(h) | 老化后种子水分(%) |
|---|---|---|---|---|---|
| 大豆 | 42.0 | 1 | 41 | 72 | 27～30 |
| 油菜 | 1.0 | 1 | 41 | 72 | 39～44 |
| 玉米(大田) | 40.0 | 2 | 45 | 72 | 26～29 |
| 玉米(甜) | 24.0 | 1 | 41 | 72 | 31～35 |
| 高粱 | 15.0 | 1 | 43 | 72 | 28～30 |
| 小麦 | 20.0 | 1 | 41 | 72 | 28～30 |
| 莴苣 | 0.5 | 1 | 41 | 72 | 38～41 |
| 绿豆 | 40.0 | 1 | 45 | 96 | 27～32 |
| 洋葱 | 1.0 | 1 | 41 | 72 | 40～45 |
| 辣椒属 | 2.0 | 1 | 41 | 72 | 40～45 |
| 番茄 | 1.0 | 1 | 41 | 72 | 44～46 |
| 烟草 | 0.2 | 1 | 43 | 72 | 40～50 |
| 菜豆(干) | 42.0 | 1 | 41 | 72 | 28～30 |

## 72.利用电导率法测定种子活力的原理是什么？

种子吸胀初期，高活力种子能够更加快速地重建细胞膜，且最大程度地修复任何损伤，细胞渗出液少，而低活力种子该项能力则差，细胞渗出液多。因此，高活力种子浸泡液的电导率低于低活力种子浸泡液的电导率。电导率高的种子，活力低，田间出苗率低；电导率低的种子，活力高，田间出苗率高。电导率法测定适用于大粒豆科作物(特别是大豆、绿豆等)，棉花、玉米、番茄、洋葱等种子。

## 73.怎样用电导率法测定种子活力?

测定前要检查种子水分。将种子水分调至 10%～14%。准确量取 250mL 去离子水或蒸馏水放入 500mL 的烧杯中，每个种子批测定 4 个烧杯。装好水的烧杯需用锡箔或薄膜盖好，防止污染。在放入种子前，先在 20℃下平衡 24h。

称取备测样品放入盛有去离子水的烧杯中，轻轻摇晃容器，确保所有种子完全浸没，并用锡箔或薄膜盖好，放置在(20±1)℃下 24h。

电导仪在测定前需要用去离子水或蒸馏水冲洗电极。

浸种结束后，测定溶液的电导率。应多测几次直至获得一个稳定值。同时还要测定对照杯中去离子水或蒸馏水的电导率。将测定出来的溶液电导率减去对照杯中的测定值即为备测样品的电导率。

## 74.什么是种子健康测定?

种子健康测定是指检测种子是否携带有病原菌(如真菌、细菌及病毒)，有害动物(如线虫及害虫)等的健康状况。

## 75.种子健康测定的重要性有哪些方面?

种子健康测定可以防止种子携带的病原体引起田间病害并蔓延；阻止种子在流通环节(包括进口种子批)将病虫害带入新区；了解种子的种用价值，从而推知种子批的健康状况；可以查明室内发芽不良或田间出苗差的原因，从而弥补发芽试验的不足。

## 76.种子健康测定的方法有哪些?

种子健康测定分为田间检验和室内检验。种子健康测定的室内检验方法主要有未经培养检验和培养后检验。

(1)未经培养的检验

直接检验：适用于较大的病原体或杂质外表有明显症状的病毒，如麦角、线虫瘿、虫瘿、黑穗病孢子、螨类等。必要时，用双目显微镜对试验样品进行检查，取出病原体或病粒，称其重量或计算其粒数。

吸胀种子检查：为使子实体、病症或害虫更容易观察到或促进孢子释放，把试验样品浸入水中或其他液体中，种子吸胀后检查其表面或内部，最好用双目显微镜检查。

洗涤检查：用于检查附着在种子表面的病菌孢子或颖壳上的病原线虫。操作方法是用蒸馏水洗净样品后进行振荡离心，去除上清液，沉淀物稍加振荡后，在显微镜下检查，计算病菌孢子负荷量。

剖粒检查：取试样 5～10g(小麦等中粒种子 5g，玉米、豌豆大粒种子 10g)用刀剖开或切开种子的被害或可疑部分，检查虫害。

染色检查：(高锰酸钾染色法)适用于检查隐藏的米象、谷象。将试样放入 1%高锰酸钾溶液中染色、洗涤，用放大镜检查，挑出粒面上带有直径 0.5mm 的斑点即为害虫籽粒。计算害虫含量。

碘或碘化钾染色法，适用于检查豌豆象。将试样浸入 1%碘化钾或 2%碘酒溶液中染色、洗涤后检验，如豆粒表面有 1～2mm 直径的圆斑点，即为豆象感染，计算害虫含量。

比重检验法：将试样倒入食盐饱和溶液中(盐 35.9g 溶入 1000mL 水中)搅拌，取出悬浮在上层的种子，结合剖粒检验，计算害虫含量。

软 X 射线检验：用于检查种子内隐藏的虫害(如蚕豆象、玉米象、麦蛾等)，通过照片或直接从荧光屏上观察。

(2)培养后的检查

试验样品经过一定时间培养后，检查种子内外部和幼苗上是否存在病原菌或其症状，常用的培养基有三类：

吸水纸法：适用于许多类型种子的种传真菌病害的检验，尤其是对于许多半知菌。

稻瘟病

将试样种子放置在湿润的吸水纸上，在 22℃下用 12h 黑暗和 12h 近紫外光照的交替周期培养 7d，检查每粒种子上的稻瘟病分生孢子。一般这种真菌会在颖片上产生小而不明显、灰色至绿色的分生孢子，这种分生孢子成束地着生在短而纤细的分生孢子梗的顶端。

水稻胡麻叶斑病

同样采用吸水纸法进行试验操作。胡麻叶斑病会在种皮上形成分生孢子梗和淡灰色气生菌丝，有时病菌会蔓延到吸水纸上。

十字花科的黑胫病(甘蓝黑腐病)

将试样放入垫有三层滤纸的培养皿中，加入 5mL0.2%的 2,4-D 溶液，以抑制种子发芽。洗净种子后，采用吸水纸法进行操作。6d 后，在 25 倍放大镜下，检查长在种子和培养基上的甘蓝黑腐病松散生长的银白色菌丝和分生孢子器原基。11d 后，进行第二次检查感染种子及周围的分生孢子器，记录已长有该病菌的感染种子。

砂床法：适用于某些病原体的检验。将试样种子放置于砂床上进行培养，培养温度与纸床相同，将幼苗顶到培养皿盖时进行检查。

琼脂皿法：主要用于发育较慢的致病真菌潜伏在种子内部的病原菌，也可用于检验种子外表的病原菌。

小麦颖枯病

预先将规定数量的试样种子进行消毒、洗涤后，放置在含0.01%硫酸链霉素的麦芽或马铃薯左旋糖琼脂的培养基上黑暗条件下培养7d,用肉眼检查每粒种子上缓慢长成圆形菌落的情况，该病菌菌丝体为白色或乳白色，通常稠密地覆盖着感染的种子，菌落的背面呈黄色或褐色，并随其生长颜色变深。

豌豆褐斑病

预先将规定数量的试样种子进行消毒、洗涤后，采用琼脂皿法进行培养，肉眼检查每粒种子外部盖满的大量白色菌丝体，对有怀疑的菌落可放在25倍放大镜下观察，根据菌落边缘的波状菌丝来确定。

(3)其他方法

大麦的散黑穗病菌可用整胚检验。

大麦散黑穗病

将试验样品浸泡入5%氢氧化钠溶液中，使胚从软化的果皮里分离出来。用筛子将胚中的胚乳和稃壳分离出来并收集，胚放入乳酸苯酚和水的等量混合液里，使胚和稃壳能进一步分离。再将胚煮沸30s，去除乳酸苯酚，并将其洗净。然后将胚移到新配制的微温甘油中，放在16～25倍放大镜下，检查大麦散黑穗病所特有的金褐色菌丝体。

## 77.什么是转基因种子？

转基因种子是指利用分子生物学手段，将某些生物的基因转移到其他生物物种上，使其出现原来不具有的性状或产物，转基因作物生产的种子就是转基因种子。

## 78.转基因种子可以采用哪些方法测定？

目前，我国转基因种子检测检出的对象多是违规种植的转基因种子和转基因意外混入的种子。

常用大田作物(玉米、棉花、大豆等)转基因种子检测方法主要有PCR定性和定量分析、酶联免疫检测、生物测定(表现型性状生化检测等)。

(1)生物表现型检测法

生物表现型检测利用转基因的特定性状进行表型鉴定，如耐除草剂转基因种子检测，可以将种子播种在经特定药剂处理的固体发芽床上发芽，观察幼苗伤害情况。转基因幼苗能存活，而非转基因幼苗则受伤害或死亡。

(2)定性 PCR 检测法

以 PCR 技术为基础的转基因种子定性检测，根据其特异性的不同至少可以分为筛选法、基因特异性方法、构建特异性方法和转化事件特异性方法。

(3)实时荧光定量 PCR 检测法

定量 PCR 是在定性 PCR 技术基础上发展起来的核酸定量技术。它是一种在 PCR 反应体系中加入荧光基团，利用对荧光信号积累进行实时检测来监测整个 PCR 进程，最后通过标准曲线对未知模板进行定量分析的方法。

(4)特异蛋白质检测法

转基因植株外源基因表达的产物一般为蛋白质，该法可定性和定量测定种子样品所提取的转基因蛋白质，检测方法主要有酶联免疫检测法和试纸条技术。试纸条技术能够快速提供检测结果，同时可以进行即时分析，操作简便，是基层检测机构广泛使用的转基因检测法。

试纸条技术也就是试纸条侧向流动测定，是一种快速稳定的定性测定，能检查转基因蛋白质是否存在。检测结果为阳性，表示该样品检测出转基因成分；检测结果为阴性，表示该样品未检测出转基因成分。方法是利用试剂盒带有抗体的纸条直接浸一下样品提取液。如果样品提取液中存在转基因蛋白质，试纸上抗体与转基因蛋白质就会发生反应，引起侧向流试纸条颜色变化，确定转基因蛋白质的存在。

# 第六章　作物类型篇

## 1.白菜的品种类型有哪些？

白菜(*Brassica rapa* var. *glabra* Regel)是十字花科芸薹属二年生蔬菜，原产于我国，种植面积和上市量均居蔬菜之首。根据栽培类型，可以将大白菜分为散叶、半结球、花心和结球4种类型，不同类型可能是在长期的栽培和选育过程中，由顶芽不发达的低级类型进化到顶芽发达的高级类型，而形成的不同变种。

(1)散叶变种：是大白菜的原始类型。形态为叶片披张，顶芽不发达，不形成叶球，抗热性和耐寒性较强。生长期为30～60d。散叶变种目前主要作为种质资源和育种材料而保存和栽培。

(2)半结球变种：是散叶变种进化后形成的变种，顶芽较发达，外层顶生叶抱合成球，球顶完全开放，呈半结球状，植株高大直立。耐热性中等，耐寒性强，抗病毒病中等，抗霜霉病和软腐病性强。产量高，耐贮藏，但品质不高。生长期60～80d，目前局限在原产地少量栽培。

(3)花心变种：是半结球变种的顶生叶抱合进一步加强而成，球叶的顶端向外翻卷呈“花心”状。抗热性强，耐病毒病、霜霉病、软腐病。多分布于长江中下游，称为“黄芽菜”。北方多作秋季早熟栽培或春季栽培，生长期60～80d，一般都具早熟性，但不耐贮藏。

(4)结球变种：是花心变种的顶芽进一步加强抱合而形成的大白菜高级类型。顶芽发达，叶球坚实，顶生叶完全闭合，顶端不向外翻卷。这个类型栽培最普遍，因其起源地及栽培中心地区的气候条件不同而产生8个栽培类型。

①卵圆型：顶生叶褶抱成球，叶球卵圆形。不抗热，不耐旱，抗病性、耐贮藏性好，对肥水要求严格，叶球品质较好。云南温和湿润地区也有栽培。生长期100～110d，少数早熟品种70～80d。

②平头型：顶生叶叠抱，球顶平坦，完全闭合。栽培中心在河南中部。生长期100～120d，抗逆性较差，对肥水要求严格，耐贮藏，产量较高。

③直筒型：顶生叶拧抱(旋拧)成球，球顶近于闭合或尖。生长期60～90d。适应性强，气候和肥水条件较差也能生长。抗病毒病性中等，抗霜霉病及软腐病性强。极耐贮藏，全国各地均有栽培。

④平头直筒型：是平头型和直筒型的杂交后代。顶生叶上部叠抱，球顶钝圆，完全闭合。生长期70～90d，抗病及耐寒性强，需肥量大，耐贮藏。

⑤平头卵圆型：是平头型和卵圆型的杂交后代。顶生叶叠抱，球顶平坦，抱合严密。生长期100～110d，本品种适应性、抗病性、贮藏性均强，各地均有引种。

⑥圆筒型：是卵圆形和直筒形的杂交后代。顶生叶褶抱，叶球呈圆筒形，顶部钝圆，球顶近于闭合。生长期100～110d，适应性、抗病性、贮藏性中等，贮藏至春节后味道变淡。

⑦花心直筒型：是花心变种和直筒形的杂交后代。顶生叶叠抱，叶球呈细长直筒形，球顶闭合不严密，叶尖端向外翻卷，顶部呈花心状。生长期90～95d。适应性强，抗病性中等，耐贮藏。

⑧花心卵圆型：是花心变种和卵圆形的杂交后代。顶生叶褶抱，叶球卵圆形，球顶抱合不严密，顶部呈花心状。生长期100～110d。本品种适应性很强，抗病性中等，耐贮藏。

## 2.不结球白菜的品种类型有哪些?

不结球白菜叶片披张，不形成叶球，常见有小白菜、青菜、油菜等。原产于中国南方，是由芸薹属进化而来的，尤其南方栽培更为普遍。由于类型、品种繁多，适应性广、生长期短、省工易种、优质高产，一年四季都可以安排播种期，周年供应。根据不结球白菜在植物学分类中的地位，生物学特征及栽培特点，从栽培学分类上可以分为4种。

(1)普通白菜类：这一类株型直立或开展，一般产量高、品质好、适应性强，除北方寒冷地区外，适于周年栽培与供应。

(2)塌菜类：植株塌地或者半塌地，叶色浓绿至墨绿，叶面平滑或皱缩，耐寒力强。

(3)分蘖菜类：植株初生叶片塌地，叶片从叶腋产生分蘖，每个分蘖又长出数片至十多片叶。耐寒性强，宜作春菜栽培，但在全国栽培不普遍，主要集中于江苏南通地区。

(4)薹菜类：秋播后冬春形成肥大的圆锥形直根，除绿叶为主要食用器官外，直根与花薹幼嫩叶均可供食用。薹菜耐寒性及耐碱性较强，在黄淮地区普遍栽培。一般在秋季或早春播种，冬、春季供应。薹菜不耐热，夏季少有栽培。

## 3.结球甘蓝的品种类型有哪些?

结球甘蓝(*Brassica oleracea* var. *capitata* Linnaeus)，是十字花科芸薹属甘蓝种中能形成叶球的一个变种，属于二年生草本植物，为甘蓝的变种。结球甘蓝具有适应性广、耐寒、抗病、容易栽培、易贮耐运、产量高、品质好等特点，在中国各地普遍栽培。根据甘蓝叶球的形状和成熟期早晚的不同可分为3个基本生态类型。

(1)尖头类型：叶球顶部尖形，呈心脏形，叶片长卵形，中肋粗，从定植到叶球收获为50～70d，多为早熟或中熟品种。冬性较强，不易未熟抽薹。代表品种有鸡心甘蓝、牛心甘蓝等。

(2)圆头类型：叶球顶部圆形，整个叶球呈圆球形，品质好，外叶少而生长紧密，叶球紧实。从定植到叶球收获为50～70d，多为早熟或早中熟品种。

(3)平头类型：叶球顶部扁平，整个叶球呈扁圆形，从定植到叶球收获需要70～100d，多为中熟、晚熟品种。南方地区多作夏秋甘蓝栽培，北方地区作为中晚熟春甘蓝或晚熟秋甘蓝栽培。

## 4.花椰菜的品种类型有哪些？

花椰菜(*Brassica oleracea* var. *botrytis* Linnaeus)，又称花菜、菜花或椰菜花，它是十字花科芸薹属一年生植物。在广东、四川、云南等地区栽培较为普遍。花椰菜属于半耐寒性蔬菜，适应冷凉气候，生长适宜温度为12～22℃，但在不同的生育期对温度的要求也不完全相同，花球形成期温度过高，就会造成花心形成受阻，且花球松散，造成品质和产量下降。

我国南北气候差异巨大，各地种植品种差别也明显。花椰菜品种类型按熟性分为极早熟品种、早熟品种、中熟品种和晚熟品种。

(1)极早熟品种：这类花椰菜品种适宜高温栽培，花芽分化早、耐热、耐湿性强，生长期短，从定植到收获30～40d。植株矮小，产量低，花球小，适宜夏播秋收。极早熟品种冬性弱，易发生早花现象。栽培上必须大水、大肥，以促为主。

(2)早熟品种：这类花椰菜品种耐热、耐湿性较强。生长期较短，从定植到收获一般为70d以内，植株较矮小，蜡粉较多，花球中等大小，适宜夏播秋收。此类品种冬性较弱，早熟品种栽培管理上必须水肥充足，培养硕大的营养体是丰产的关键。

(3)中熟品种：这类品种花芽分化较晚，较不耐热，较耐低温，冬性稍强，适应性较广。从定植到花球收获80～90d，植株生长势较强，花球致密紧实、较大，品质好，产量高，适宜夏、秋季播，秋、冬季收获。中熟品种要求播种期避开高温季节，防止花球出现荚叶、紫毛等异常现象。

(4)晚熟品种：这类品种不耐热，花芽分化较晚，成熟较晚，耐寒性和冬性都较强。从定植到收获需要100d以上。生长势强，花球致密紧实、花球大，适宜秋播，秋、冬季收获。大多数晚熟品种类型可春、秋季栽培，夏季高温季节栽培易出现荚叶、紫毛等异常现象。

## 5.青花菜的品种类型有哪些？

青花菜(*Brassica oleracea* L. var. *italica* Plenck)的品种主要从国外引进，又名绿花菜、西兰花等，栽培历史较短。青花菜适应性较花椰菜强，栽培容易，供应期长。夏季形成的花球小且花蕾易变黄，产量和品质一般不如秋、冬季形成的花球。按花球形状，分为半圆球型、扁圆球型、扁平球型和宝塔型(尖型)4 种类型。

(1)半圆球类型：花球呈圆球形或半圆形，花球紧实、表面平整，花蕾紧密，蕾粒细，茎秆粗，单球重，品质好。

(2)扁圆球类型：花球呈扁圆球形，花球紧实、表面平整，花蕾较紧密，单球较重，品质较好。

(3)扁平球类型：花球扁平形，花球不紧实、不太圆整、表面较平整或不平整，花蕾不紧密，品质一般。

(4)宝塔型类型：花球呈宝塔形，花球紧实、表面为黄绿色，花球由许多尖形小球组成，花蕾紧密，肉质细嫩，茎秆粗，单球重，品质好。

## 6.芥蓝的品种类型有哪些？

芥蓝是我国的特产蔬菜之一，学名白花甘蓝(*Brassica oleracea* var. *albiflora* Kuntze)，又名白花芥兰、芥兰等。主要以幼嫩肉质的花薹及嫩叶为食用部位，芥菜种子发芽到菜薹形成一般需要 60～80d。芥蓝有白花芥蓝和黄花芥蓝两种，黄花芥蓝只有少量栽培，主要以白花芥蓝为主栽类型，一般分为早熟种、中熟种和晚熟种 3 类。

(1)早熟种：比较耐热，在 27～28℃条件下能较快地进行花芽分化与形成菜薹，产量也比较高。一般适宜于夏、秋季栽培，如果播种太晚，将受到低温影响，过早花芽分化与形成菜薹，影响产量。

(2)中熟种：这种类型介于早熟和晚熟种之间，长势比较强，适应性广，生长发育较慢，耐热性不如早熟种，对低温的适应性不如晚熟种，如果延迟播种，也容易提早抽薹，造成产量下降。

(3)晚熟种：这类品种不耐热，但比较耐寒，抽薹比较晚。不适宜早播，播种较早会造成发育缓慢，营养生长期较长，大部分营养用于叶片生产，菜薹的品种反而下降，因此，晚熟品种适宜冬、春季栽培。

## 7.芥菜的品种类型有哪些？

芥菜[*Brassica juncea* (Linnaeus) Czernajew]属于十字花科芸薹属作物，主要有

根芥、茎芥、叶芥、薹芥4个大类。

(1)根芥：主要食用肥大的肉质根，因为膨大的肉质根含有大量的硫代葡萄糖苷，所以有极浓的辛辣味，因此多以加工食用为主，根据肉质根的形态，可以分为圆锥、圆柱、扁圆、和荷包等类型。

(2)茎芥：以膨大的茎为食用部位，可以鲜食或者加工成榨菜。茎芥菜主要有3种类型，第一种是茎瘤芥，这种类型特点是茎部膨大并有瘤状突起，特别适合加工成榨菜，也可以鲜食。第二种是笋子芥，也叫棒菜，肥大的肉质茎主要用作鲜食，与茎瘤芥相比，茎上没有明显的凸起，皮色浅绿，无刺毛或者有少量刺毛。第三种是抱子芥，也叫儿菜，除了短缩茎膨大外，茎上的腋芽也会发育膨大，成为肥大的肉质腋芽，腋芽及膨大的肉质茎是主要的鲜食部位。

(3)叶用芥菜：就是我们熟知的苦菜、青菜等，主要以叶片、叶球和叶柄为食用部位，叶用芥菜可以鲜食或者加工成咸菜和泡菜等。

## 8.番茄的品种类型有哪些？

番茄(*Lycopersicon esculentum* Miller)为茄科番茄属一年或多年生草本植物，因其适应性强、产量高、质量好、用途广，在我国南北方均有广泛种植。番茄品种很多，按植株生长习性来分，可分为有限生长类型和无限生长类型。

(1)有限生长型：自主茎生长6～8片真叶后，开始生第一个花序，在主茎着生2～3个花序后，不再向上伸长，就自行封顶。因此植株矮小，开花结果早而集中，供应期较短，早期产量较高，适于作早熟栽培。

(2)无限生长型：在主茎生长7～9片真叶后，开始着生第一个花序(晚熟品种第10～12片真叶后才生第一个花序)，以后每隔2～3片叶子着生一个花序。这一类型不会自行封顶，因此植株高大，开花结果期长，总产量高，供应期也较长。

普通番茄为自花授粉植物，但有一定比例的异交率，因此，在番茄种子生产中，为了防止串花，保证品种纯度，需要采取一定的隔离措施。

## 9.茄的品种类型有哪些？

茄(*Solanum melongena* L.)是茄科茄属，以浆果为产品的一年生草本植物，俗名茄子、紫茄、矮瓜等，在热带地区为多年生。具有产量高、适应性强、供应时间长等特点，为夏、秋季的主要蔬菜。茄子的品种类型可以分为三种。

(1)圆茄：圆茄子是我国种植最早的一种茄子品种，同时也是我国北方地区栽种最为广泛的一种茄子。这种茄子的植株高大，叶片宽厚，结出的果实较大。之所以会被称为圆茄子，是因为这种茄子一般都是圆球形、扁球形或者是椭圆球形的，大多数为中、晚熟品种。此外，这种茄子果肉很嫩，一般不容易老，采收时间较晚也可以保持鲜嫩度。

(2)长茄：长茄一般适合在我国的南方地区种植，植株长势一般，株高中等，叶片较小而细长，果实是细长的棒状，皮薄，肉质柔软，种子少。长茄一般没有晚熟的品种，基本上都是早熟或者中熟品种。

(3)矮茄：植株相对矮小而横展，叶片小而薄，所结出的果实也不大，一般都是卵形的。皮呈紫红色或白色，皮厚种子多，这种茄子的品质不好，现在很少种植。

## 10.辣椒的品种类型有哪些?

辣椒(*Capsicum annuum* L.)为茄科辣椒属多年生或一年生作物。现西双版纳原始森林里尚有半野生型的“小米辣”。辣椒原产南美洲热带地区，目前，已遍及世界各地，地处冷凉的国家，以栽培甜椒为主；地处热带、亚热带的国家，以栽培辣椒为主。辣椒的类型和品种较多，除了鲜食外，还可以腌渍和干制。根据果实的特征分为五个变种。

(1)樱桃椒类：株形中等或矮小，分枝性强，叶片较小。果实向上或斜生，圆形或扁圆形，形状类似樱桃。果色有黄、红、紫等色。果肉薄、种子多、辛辣味强。云南省建水县及贵州省南部地区有大面积的樱桃椒种植。

(2)圆锥椒类：株型中等或矮小，叶片卵圆，果实呈圆锥、短圆柱形，着生向上或下垂，果肉较厚，辛辣味中等，主供鲜食。如昆明牛心辣等。

(3)簇生椒类：株形中等或高大，分枝性不强，叶片较长较大。果实簇生向上。果色深红，果肉薄，辛辣味强，油分高。特点是晚熟，耐热，抗病毒力强。但产量较低，主要供给于调味品。

(4)长角椒类：株型矮小至高大，分枝性强。果实长角形，微弯曲似牛角、羊角，先端渐尖。果肉薄或厚，辛辣味适中或强。肉薄辛辣味强的供干制、盐渍和制酱；肉厚辣味适中的供鲜食。产量一般都较高，栽培最为普遍。如陕西的大角椒、云南昭通大辣子、杭州早羊角等。

(5)甜柿椒类：株型中等或矮小，分枝性弱，叶片较大，果实硕大，圆球形、扁圆形或短圆锥，具三棱、四棱或多棱沟。果肉极厚，含水分多，辛辣味极淡或全甜味。一般耐热和抗病力较差，冷凉地区栽培产量高，炎热地区栽培产量减少。

## 11.黄瓜的品种类型有哪些?

黄瓜(*Cucumis sativus* L.)属于葫芦科甜瓜属一年生攀缘草本植物，具有产量高、效益好等特点，栽培面积和消费量都很大。黄瓜种子扁平、长椭圆形、黄白色，没有明显的生理休眠期。我国云南蔬菜品种资源考察组，于1979—1980年在云南发现了栽培种西双版纳黄瓜和昭通大黄瓜，特别是西双版纳黄瓜的果形和瓤色具有厚皮甜瓜的特征，而为一般黄瓜所没有，是研究甜瓜与黄瓜亲缘关系的宝贵资源。黄瓜的生育期露地栽培为90～120d。黄瓜育种和品种改良中常利用的种质资源主要有以下类型。

(1)野生黄瓜：原产喜马拉雅山区亚热带雨林气候区。茎叶细小，分枝性强，间生雌花，9月开花，果实12月成熟，果实和种子均小，味苦不可食。在原产地为玉米田间杂草。

(2)西双版纳黄瓜：分布于云南西双版纳至横断山区。蔓叶粗大，有分枝。嫩果乳白色、浅绿色或深绿色，有瘤和黑刺。熟果圆或短筒形，乳白色、灰白色、棕黄色，果实表面有浅或深的网纹，熟果胎座呈橘红色，4～5室，肉质淡薄，可以食用。

(3)小黄瓜：分布很广，我国南方、北方均有种植，特别是沿海各地。生长势较强，分枝多。果实棱小刺密，皮薄瓤大，特别脆嫩。

(4)华南型黄瓜：华南黄瓜也被称为旱黄瓜，这种黄瓜的抗旱性很强，蔓叶壮大，根系发达。分布于中国长江以南。较耐低温干燥，抗病性较弱，为短日性植物。嫩果多是绿色黑刺品种，间有绿白色、黄白色或白色带刺品种。果皮较厚硬，肉质中等。熟果黄褐色、具网纹。

(5)华北型黄瓜：华北黄瓜也叫水黄瓜，适合在湿润的环境中生长，分布于中国黄河流域。植株长势较弱，根系稀疏，再生力弱。喜光、喜温、喜湿，日照中性，对日照长短反应不敏感；果实长筒形或棒状，嫩果多绿色白刺品种，果皮薄，肉质清香脆嫩，老熟果黄白色、有的出现网纹。

## 12.南瓜的品种类型有哪些?

南瓜[*Cucurbita moschata* (Duch. ex Lam.) Duch. ex Poiret]为葫芦科南瓜属的作物，原产于墨西哥到中美洲一带，明代传入中国，是一种喜温的短日照植物，耐旱性强，对土壤要求不严格，但以肥沃、中性或微酸性沙壤土为好。南瓜属中的栽培种有五个类型，分别是南瓜、笋瓜、西葫芦、黑籽南瓜及灰籽南瓜。

(1)南瓜：属于一年生蔓生草本植物，叶片全缘或稍裂，多数有白斑；茎稍硬，断面呈全五棱形；花蕾圆锥状，柠檬黄；果实质地稍硬，有木质条沟，断面呈全五棱形；果肉口感绵密，较粗，橙黄色。

(2)西葫芦：属于一年生蔓生或丛生草本植物，有硬刺；叶片呈掌状深裂，一部分有白斑；茎稍硬，断面呈五棱形；花蕾圆锥状，橙黄色；果实质地稍硬，有沟，断面呈五棱形；果肉口感绵密，较粗，白色至暗黄色。

(3)笋瓜：属于一年生蔓生草本植物，罕见有丛生，有软毛，根据其茎蔓长短也可分为短蔓型、长蔓型和半蔓型笋瓜。叶片呈全缘，圆形或肾形，没有白斑；茎稍软，断面呈圆形；花蕾圆柱形，鲜黄色；果实质地稍软，断面呈圆筒形；果肉口感绵密，较粗，灰至橙黄色。

(4)黑籽南瓜：因种子黑色而得名。中国主要分布于云南、贵州部分地区。属于多年生蔓生植物，有硬刺；叶片浅裂，类似无花果的叶片，有白斑；茎稍硬，断面呈全五棱形；花蕾圆锥状，黄色或淡黄色；果实质地稍硬，断面呈全五棱形；果肉较粗，因纤维含量多、品质差而多用作饲料。适宜条件下可多年生，对短日照条件要求较严格，光照长于13h的地区或季节不能形成花芽或难以正常开花坐果。抗病、抗寒、抗旱能力强，因其对枯萎病免疫，是黄瓜等瓜类蔬菜理想的嫁接砧木。

(5)灰籽南瓜：因种子灰色或有花纹而得名。属于一年生蔓生草本植物，叶片掌状深裂，一部分有白斑；茎稍硬，断面呈五棱形；花蕾圆锥状，橙黄；果实质地稍硬，有木栓质，断面呈五棱形；果肉口感较粗。生长势和抗病性都很强，果皮颜色多为绿色，间有白或黄白花纹。

## 13.萝卜的品种类型有哪些?

萝卜(*Raphanus sativus* L.)为十字花科萝卜属一、二年生蔬菜作物，以肥大的肉质根为产品器官。原产于中国，品种资源非常丰富，分类方法也很多，可依根形、用途、生长期长短、收获期、栽培季节及对春化反应的不同等来分类。目前，生产上多以栽培季节来划分品种类型。

(1)秋冬萝卜：一般为秋种冬收，生长期60～120d。多为大型和中型品种。由于这类萝卜的品种多，生长季节的气候条件适宜时，则产量高，品质好，收期迟，耐贮藏且用途多，为萝卜生产中栽培最广泛的一类。

(2)冬春萝卜：这类萝卜在长江以南及四川等冬季不太寒冷的地区栽培。晚秋初冬播种，露地越冬，来年春季2～3月间收获。这类萝卜的特点是耐寒性强，抽薹迟，不易空心，在解决早春缺菜问题上是很宝贵的类型。

(3)夏秋萝卜：夏季播种，秋季收获，生长期为40～70d，夏秋是蔬菜收获的淡季，夏秋萝卜正好成熟上市，具有调剂周年供应的重要作用。这类萝卜在生长期间，正是酷暑高温，多雨，病虫严重的季节，必须加强田间管理，才能获得较好的收成和效益。

(4)春夏萝卜：这类萝卜3～4月间播种，5～6月间收获。生育期45～70d，这种类型多属中型品种，产量不高，供应期短，并且生长期间有低温长日照的发育条件，栽培不当则容易抽薹，因此生产上宜选用晚抽薹的品种。

(5)四季萝卜：这类萝卜都是扁圆形或长形的小型萝卜，生长期很短，在露地除严寒酷暑季节外随时都可以播种。秋、冬季期间主要栽培优质高产的萝卜品种，这类萝卜主要用于春播。在早春于风障阳畦内栽培，或春季在露地栽培，以供春末夏初的需要。这类萝卜的特点是较耐寒，也耐热，适应性强，抽薹也迟。

## 14.胡萝卜的品种类型有哪些？

胡萝卜(*Daucus carota* var. *sativa* Hoffm.)是伞形花科二年生的蔬菜，以肥大的肉质根作为食用部位，阿富汗为紫色胡萝卜最早的演化中心，在我国长期栽培后，发展成为长根生态型胡萝卜。我国南北方都有栽培，特别是高寒地区，由于栽培方法简单、病虫害少、适应性强、耐贮藏而获得大量栽培，是冬季主要的冬贮蔬菜之一。目前，生产上使用的品种多数为常规品种，但随着胡萝卜雄性不育性的发现，拓展了胡萝卜杂交制种的途径，近年来生产上使用杂交种的数量呈逐年上升的趋势。按用途划分四类。

(1)鲜食类品种：此类肉质根外形美观，色泽鲜艳，肉质细而脆，汁多味甜，心柱较细，韧皮部肥厚。

(2)熟食类品种：此类肉质根脆、水分多，味较淡，品质中等。

(3)加工类品种：此类肉质根表皮光滑，质脆致密，水分少，味甜，心柱与韧皮部色泽较一致，心柱横径为肉质根横径的1/3以下。

(4)饲料类品种：此类肉质根较粗，水分含量中等，味较淡。

## 15.韭的品种类型有哪些？

韭(*Allium tuberosum* Rottler ex Sprengle)是百合科葱属多年生宿根草本植物，俗名韭菜、久菜等，主要以嫩叶为食用部位。韭菜原产于我国，栽培历史悠久，耐寒性好，地下根茎在外界-40℃的低温条件下仍能安全越冬。韭菜还具有高产、稳产的特点，以露地或塑料拱棚栽培青韭为主，也可以用拱棚、温室、地窖等多种保护设施和软化栽培方式生产韭黄。韭菜品种资源极为丰富，品种也异常繁多，按食用部位分为以下3类。

(1)宽叶韭：与普通韭菜是同属异种。这种韭菜的食用部分是其须根，也叫韭菜根，主要分布在云南省的保山、大理、腾冲等地。它的叶片特宽，达1～1.2cm长，长30余厘米。生殖器官不发育，每年虽可抽出花茎开花，但花后不能结成种子，一般只能利用分株繁殖。最发达的器官是须根，根的组成部分几乎全为肉质，是贮藏养分的重要器官。最适宜沙质土壤，初冬时，地上叶部凋萎，根部可以收获。根的用途，主要是腌渍。

(2)薹用韭菜：和普通韭菜系同一个种。这种韭菜的花茎高度和直径粗度特别发达，主要产于甘肃、广东、台湾等省。台湾省名为“韭菜花”，代表品种“年花韭菜”，是台湾省彰化县农民通过单株选择成功的。其特点是抽薹性特别强而花茎长大，叶幅中等而较长，浓绿色叶鞘多呈微黄赤色，叶粗硬，食用品质差。但周年能抽薹，故专用于采嫩花茎。

(3)叶用韭菜：全国各地均有分布，叶片宽厚、柔嫩，抽薹率低，分蘖性弱，以食叶为主。

## 16.葱的品种类型有哪些？

葱(*Allium fistulosum* L.)为百合科葱属二年生草本植物，俗名大葱、青葱等，以假茎和嫩叶为食用器官。大葱原产于亚洲西部和我国西北高原，耐寒、耐热、耐旱、适应性强，高产耐贮，适于排开播种，能均衡供应。葱的栽培品种，可根据假茎高度和形态，分为长葱白类型、短葱白类型和鸡腿类型。

(1)长葱白类型：植株高大，直立性强，相邻叶的叶身基部间距较大，一般2～3cm。葱白长，粗度均匀。

(2)短葱白类型：植株稍矮，相邻叶身基部间距小，葱叶粗短。葱白也粗而短，基部略膨大。

(3)鸡腿葱类型：假茎短，基部显著膨大，呈鸡腿状或蒜头状。

## 17.蒜的品种类型有哪些？

蒜(*Allium sativum* L.)是百合科葱属一、二年生草本植物，俗名胡蒜、独蒜、蒜头、大蒜等。大蒜的幼苗、花茎和鳞茎都能供食用，大蒜含有的大蒜素具有很强的抑菌和杀菌性能，因此大蒜被广泛用于医药、化工及食品工业等方面。大蒜的品种主要有两类：白皮和紫皮类型。

(1)白皮类型：白皮蒜中有大瓣和小瓣两种，大瓣种每头5～8瓣，小瓣种每头十瓣以上。叶片数量较多，假茎较高，蒜头大，辣味淡，成熟较晚。适用于腌渍或者作为青蒜和蒜黄栽培。

(2)紫皮类型：蒜头因品种不同而有大有小，但瓣数都较少，一般每头4～8瓣。辣味浓郁，品质优良，多分布于华北、东北、西北各地，耐寒性差，适宜于春播。

## 18.洋葱的品种类型有哪些？

洋葱(*Allium cepa* L.)为百合科葱属二年生草本植物，以肥大的肉质鳞茎为产品，营养丰富，特别是含有特殊辛香味的挥发性硫化物。洋葱耐寒、喜湿，适应性强，高产、耐贮，供应期长，但种子寿命短，生产上需要年年制种。洋葱按鳞茎形态上的差异则可分为普通洋葱、分蘖洋葱和顶球洋葱3个类型。

(1)普通洋葱：是生产上用的主要类型。每株形成一个鳞茎，个体大，品质佳。普通洋葱可根据鳞茎外皮的颜色、形状及成熟的早晚分为红皮种、黄皮种及白皮种。

①红皮洋葱：多为晚、中熟品种，鳞茎外皮紫红色或粉红色，鳞片肉质呈微红色。鳞茎呈圆球形或扁圆球形。产量较高，辣味较强，但鳞片肉质不如黄皮洋葱致密柔嫩，品质稍差。鳞片自然休眠期较短，萌芽较早，含水量较大，贮藏性较差。

②黄皮洋葱：多为中熟和早熟品种。鳞茎外皮铜黄色至淡黄色，鳞片肉质呈微黄色。鳞茎扁圆形或圆球型至高桩圆球形。产量较红皮洋葱稍低，但鳞片肉质致密细嫩，味甜而辛辣，品质佳，含水量少，可用作脱水蔬菜的原料。较红皮洋葱更耐贮藏，且较少发生未熟抽薹现象。

③白皮洋葱：多为早熟品种，鳞茎外皮白色，近假茎部分稍现微绿色，鳞片肉质也呈白色。鳞茎较小多为扁圆形，鳞片肉质柔嫩细致，品质极佳，常用作脱水蔬菜原料或罐头食品配料，但产量低，抗病力也弱，且较易引起未熟抽薹。

(2)分蘖洋葱：我国东北地区多有栽培。其特点是每株能蘖生几个至十几个大小不规则的鳞茎，通常很少开花结籽，鳞茎外皮黄色，大鳞茎可供食用，小鳞茎用于繁殖。分蘖的洋葱鳞茎小、品质差，产量低，但由于其抗寒性极强且又很耐贮藏，因此在冬季严寒的地区仍有种植价值。

(3)顶球洋葱：我国东北地区稍有栽培。其特点是抗寒性强，通常不开花结实，只在花薹上形成气生小鳞茎。气生小鳞茎的着生数目7～10个。小鳞茎极耐贮藏，通常用作繁殖材料，也可加工腌渍后供食用，适于严寒地区栽培。

## 19.芹菜的品种类型有哪些?

芹菜(*Apium graveolens* L.)为伞形花科芹属中形成肥嫩叶柄的二年生草本植物。原产地中海沿岸的沼泽地带。在我国南北方都有广泛栽培，芹菜种植较简便，成本低，产量高，可以周年供应，对调节蔬菜市场花色品种起着重要作用。芹菜含有较丰富的矿物盐类、维生素和挥发性物质，叶和根还可以提炼香料。芹菜分中国芹菜及西洋芹菜两类。西洋芹菜为芹菜的一个变种，从国外引入，目前多在沿海及大城市栽培。

(1)中国芹菜：品种较多，在我国长期栽培选育而形成青芹、白芹两个类型。青芹叶片深绿或绿色，叶柄绿色或淡绿色，一般香味较浓，在温度较高、日照强烈的季节，其叶柄纤维多，质地粗老，不易软化，因此栽培时应进行培土软化；白芹一般质地较细嫩，叶色略浅，叶柄白色或淡绿色，多是实心，容易软化，品质较好，但香味淡，抗病性差。

(2)西洋芹菜：叶柄较宽，厚而扁，纤维少，纵棱突出，多实心，味较淡，但产量高，单株重达数斤。耐热性较中国芹菜差。

## 20.莴苣的品种类型有哪些?

莴苣(*Lactuca sativa* L.)为菊科莴苣属能形成叶球或嫩茎的一二年生草本植物。属耐寒性蔬菜，喜冷凉气候，不耐高温。喜湿润，且需肥量较大，适宜在有机质丰富，保水保肥的黏质壤土或壤土中生长，繁殖方式为播种。有叶用莴苣和茎用莴苣两种，前者宜生食，通常称作生菜，在我国广东、福建和台湾栽培较多。后者又称为莴笋，可以生食、熟食、腌渍及干制，在我国南北各地都有栽培。莴苣有4个变种。

(1)皱叶莴苣：叶片有深裂，叶面皱缩，有松散叶球或不结球。

(2)直立莴苣(散叶莴苣)：叶全缘或锯齿状，叶狭长直立，一般不结球或卷心呈圆筒形。

(3)结球莴苣：叶全缘，有锯齿或深裂，叶面平滑或皱缩，顶生叶形成叶球，叶球呈圆球形或扁圆形，又可以分为皱叶结球莴苣和光叶结球莴苣。

(4)茎用莴苣(莴笋)：叶片有披针形、长卵圆形、长椭圆形等。叶色淡绿色、深绿色或紫红色；茎部肥大，茎的皮色有浅绿色、绿色或带紫红色斑块，茎的肉色有浅绿色、翠绿色及黄绿色。根据叶片的形状分为尖叶和圆叶两个类型，各类型中依茎的色泽又有白笋、青笋之分。

## 21.菠菜的品种类型有哪些?

菠菜(*Spinacia oleracea* L.)为藜科菠菜属以绿叶为主要产品器官的一二年生草本植物。原产自波斯，唐朝传入我国开始栽培，在明朝李时珍的《本草纲目》中称之为“波斯草”。菠菜适应性较强，特别是耐寒力强，在我国南北各地普遍栽培，因其越冬时外叶的损失较少，春季返青早，可以早收，抽薹较晚，春季供应期长，产量高，是解决早春蔬菜淡季供应的重要越冬菜之一。

菠菜在适应不同气候条件、栽培方式的过程中，大致形成了两种类型的变种，通常按照菠菜果实上刺的有无来划分。

(1)有刺种：又称“尖叶菠菜”，分布广，质地柔嫩，涩味少。叶片狭小而薄，戟形或箭形，先端一般锐尖或钝尖，但也有叶片先端较圆的有刺种，如广州的迟乌叶菠菜，成都圆叶菠菜等。叶面光滑，叶柄细长，种子有刺，果皮较厚。一般耐寒力较强，耐热力较弱，对日照长短的感应较敏感，在长日照下抽薹快，适宜作秋播栽培，涩味少，品质好；春播则易抽薹，造成产量低；夏播因不耐热而生长不良。

(2)无刺种：又称“圆叶菠菜”，叶片宽大，多皱褶。卵圆形、椭圆形或不规则形。先端钝圆或稍尖，基部截断形、戟形或箭形，叶柄短，种子无刺，果皮较薄。耐寒力一般，但耐热力较强。对日照长短的感应不如有刺菠菜敏感，春季抽薹较晚，产量高，多用于春、秋两季栽培，也可在夏季栽培。在气候较冷的地区作秋播越冬栽培时不易安全越冬。

有刺种和无刺种菠菜杂交育成的品种，叶片近似箭形，大小居双亲之间，叶顶稍钝，叶肉肥厚，种子以无刺为主，也有有刺的，称为串菠菜，此种类型耐寒、耐藏、丰产。

## 22.菜豆的品种类型有哪些？

菜豆（*Phaseolus vulgaris* L.）为豆科一年或二年生草本植物，也常称作四季豆、豆角、芸豆、芸扁豆、玉豆、京豆等。我国南北均广为栽培，但在海拔 2400m 以上地区很少有栽培。菜豆除露地栽培外，还可以利用各种形式的保护地栽培，做到四季生产，周年供应。菜豆多以嫩荚作为食用部位，味道鲜美，不仅可以鲜食，还可以加工罐头和脱水蔬菜。老熟种子因蛋白质含量 22.5%，糖类含量高达 59.6%，可以做杂粮及饼馅之用，因此，是我国主要蔬菜之一。

菜豆品种很多，各地命名也不同，有同名异物或异物同名的。栽培类型主要分为蔓生种和矮生种两大类。

（1）蔓生型：属于无限生长型，节间长，长势强，4～6 节开始抽蔓，成熟期较晚，从播种到收获需要 50～80d，此类型收获期较长，产量高，品质也较好。在我国适宜菜豆生长季节长的地区，或以丰产为目的，均以栽培蔓生种为主。

（2）矮生型：顾名思义，植株矮小，植株高 30～50cm，基部节间短，主枝 4～8 节后开花封顶，属于有限生长类型，开花和成熟早，从播种到收获需要 40～60d，收获期较短且较集中，产量不高，品质较差。每株开花 30～80 朵，成荚 20～50 个。此类型适于早熟栽培。在我国华北地区有广泛栽种。

## 23.豌豆的品种类型有哪些？

豌豆（*Pisum sativum* L.）是豆科一年生攀缘草本植物，别名：荷兰豆、麻豆、青小豆、淮豆、金豆等，普遍分布于全国各地。豌豆的嫩梢、嫩荚和籽粒均可食用，由于质嫩清香，富有营养，特别受广大人民群众所喜爱。南方各省把嫩梢做为主要鲜菜之一，在云南称为“豌豆尖”。嫩荚和嫩籽粒除用作炒食或汤食外，还可与粮食混合作为主食。

目前，豌豆的分类方法尚不统一，现介绍几种比较常见的分类方式。

按品种的植株生长习性可将豌豆分为矮生、半蔓生和蔓生。矮生品种，一般株高 15～80cm，半蔓生品种为 80～160cm，蔓生品种为 160～200cm。

按荚果组织分硬荚和软荚两种。硬荚种的荚壁内果皮有厚膜组织，成熟时此膜干燥收缩，荚果开裂，以食用鲜嫩籽粒为主。软荚种的果荚薄壁组织发达，嫩荚嫩粒均可食用。

按种子外形分为圆粒和皱粒两种类型，皱粒种成熟时糖分和水分较多、品质好。

按种皮颜色可分为绿色、黄色、白色、褐色和紫色等类型。

按成熟期可分为早熟、中熟、晚熟等类型。

按豌豆品种用途可分为菜用、粮用和饲用类型。其中菜用类依食用部位又可分食荚(嫩荚)、食苗(嫩梢)、食嫩籽粒和芽菜(嫩芽)类型。豌豆品种以嫩荚、嫩梢、嫩籽粒、干籽粒采收合为一体最为理想，但一般难以兼顾。

## 24.蚕豆的品种资源类型有哪些?

蚕豆(*Vicia faba* L.)为豆科豌豆族野豌豆属的一年生或越年生草本植物。蚕豆种质资源包括地方品种、育成品种、引入品种和育种材料等。我国蚕豆已有2000多年的栽培历史，种植区的生态条件复杂多样，形成了丰富多彩的地方品种资源。地方品种是长期自然选择和人工选择的产物，具有高度的地区适应性。粒型是蚕豆品种资源重要的农艺性状指标，根据蚕豆籽粒的形状和大小，可分为大粒型、中粒型和小粒型。

(1)大粒型：是指百粒重在120g以上的品种，具有品质好，口感佳，粒大，商品价值高、水肥条件要求高等特点。

(2)中粒型是指百粒重在70～120g以上的品种，具有适应性广，耐湿性强，抗病性好，产量高等特点。

(3)小粒型是指百粒重在70g以下的品种，一般具有较好的耐瘠性，常用作饲料和绿肥种植。

株型和种皮颜色也是蚕豆的重要农艺性状。我国蚕豆品种资源中，矮秆资源约有27.4%，中秆资源为50%，高秆资源占22.6%；种皮颜色有青皮(绿皮)，白皮，红皮和黑皮，白皮种自收获后3～5个月内就会发生褐变，绿色和深绿色种皮的品种，可保存1～2年不变色，黑皮种能耐低温。云南保山、新平等地的子叶绿色、种子均为绿色的蚕豆品种(当地称透心绿)是蚕豆珍稀种质资源。

## 25.马铃薯的种质资源类型有哪些?

马铃薯，学名阳芋(*Solanum tuberosum* L.)，是茄科茄属一年生草本植物，别名荷兰薯、洋芋、山药蛋、地蛋、土豆等。原产南美安第斯山区，是一个古老的栽培作物。清代吴其濬著《植物名实图考》，就有“黔、滇有之……俗呼山药蛋……”关于马铃薯的记载和描述。

马铃薯种质资源非常丰富，类型、来源很多，包括地方品种、改良品种、选育品种、野生种、人工创造的各种生物类型等。按照马铃薯“种”的类别及特点，马铃薯种质资源分为栽培种和野生种两大类型；马铃薯主要的栽培种有普通栽培种、安第斯栽培种和富利亚薯3个类型。

(1)普通栽培种：现有的大多数马铃薯种植品种属于这一类型。如米拉，是云南、贵州、四川、湖北等省山区栽种较多的中晚熟品种，花白色，块茎呈长椭圆形，皮色为黄色，芽眼较深，淀粉含量高，食味佳。该品种对晚疫病的抗性强，抗卷叶病，但轻感皱花病毒，对细菌病的抗性弱。

(2)安第斯栽培种：此类型属于短日照类型，具有广泛的地理分布区域，在阿根廷、玻利维亚、秘鲁、厄瓜多尔、哥伦比亚的安第斯山区都有栽培。安第斯栽培种具有广泛的遗传变异和丰富的基因库以及许多优良的经济性状和特性，如抗晚疫病、黑胫病、青枯病和环腐病；对一些病毒病害的抗性也较强；抗线虫；薯块具有高淀粉含量和高蛋白质含量等。

(3)富利亚薯：此类型块茎休眠期短，抗青枯病。可作为抗青枯病、短块茎休眠期的优良原始材料。利用部分富利亚薯的无性系作为授粉者，诱发马铃薯四倍体的普通栽培种孤雌生殖产生双单倍体，从双单倍体与富利亚薯的杂种品系，选育出一些高产的四倍体杂种是改良马铃薯的新方法。

(4)马铃薯野生种：包括原始栽培种，多具有抗病性(抗青枯病和病毒病)、耐旱、高干物质、低还原糖含量和耐低温贮藏等优良基因。主要的马铃薯野生种有落果薯、匍枝薯、无茎薯、芽叶薯等。

## 26.姜的品种类型有哪些?

姜(*Zingiber officinale* Roscoe)是姜科姜属的多年生宿根植物，原产印度、马来西亚一带，我国台湾地区有野生种。姜含有辛香浓郁的挥发油和姜辣素，具有健胃、去寒、发汗和解毒功能。姜在国内分布甚广，除东北、西北寒冷地区以外，大部分省(区)如广东、台湾、江西、湖南、湖北、四川、云南、安徽等均有栽培。

按照姜的根茎和植株用途可分为食药兼用、食品加工和观赏三种类型。

(1)食药兼用型。我国栽培的生姜绝大多数都是这种类型的品种。其中，多数品种又以食用为主，兼有药用效果，如云南小黄姜、云南红姜等。

(2) 食品加工。以姜为原料加工制成各种食品，其中以腌制品较多。作为加工原料，要求根茎纤维较少，含水量较高，质脆而肉质细嫩，颜色较淡，辛香味浓，辣味淡而不烈。适于加工用的品种有广州肉姜等。

(3)观赏型。供观赏的姜品种，如姜花等。

根据生姜形态特征及生长习性，分为疏苗型和密苗型两种类型。

(1)疏苗型。植株高大，生长势强，茎秆粗壮，分枝少，叶深绿色，根茎节少而稀，姜块肥大，多单层排列，如云南红姜，植株茎叶高大，可达1～2m，气味清凉、独特，辣味淡，适宜作调料。

(2)密苗型。植株高度中等，分枝多，叶色绿，根茎节多而密，姜块多数双层或多层排列，如莱芜片姜等。

云南小黄姜是一种食药兼用，并具有加工特性的云南特色品种。供食用的部位为不规则的块茎，呈灰白色或黄色，具有辛辣味。按用途和收获季节不同而有嫩姜和老姜之分。嫩姜多在8月份挖掘，一般含水量多，纤维少，辛辣味淡薄，除做调味品外，尚可炒食，做姜糖等；老姜多在11月份挖掘，水分含量少，辛辣味浓，主要用作调味。云南小黄姜除了作为调味品和蔬菜食用外，还是一味重要的中药材，具有解毒杀菌的作用。此外，小黄姜的提取物能刺激胃黏膜，促进血液循环，振奋胃功能，达到健胃、止痛、发汗、解热的作用。小黄姜的挥发油能增强胃液的分泌和肠壁的蠕动，从而帮助消化；从小黄姜中分离出来的姜烯、姜酮的混合物有明显的止呕吐作用。

## 27.薯蓣的品种类型有哪些？

薯蓣(*Dioscorea polystachya* Turczaninow)是薯蓣科薯蓣属中能形成地下肉质块茎的植物。别名山药、白苕、脚板苕、山薯等。一般分三群，即亚洲群、美洲群和非洲群。我国关于栽培薯蓣食用最早的记载见于西晋稽含所著《南方草木状》，到了唐代，在韩鄂撰写的《四时纂要》一书中，已有关于用种子和切段法栽培薯蓣及制作薯蓣粉的记载，可见薯蓣的栽培驯化开始于我国南方。

薯蓣食用部位是肥大的块茎，其特点是耐藏、耐运、营养丰富，富含蛋白质及糖类。除作蔬菜外，还可以作为粮食。我国栽培的属于亚洲群，有两个品种类型。

(1)普通山药：又名家山药，原产我国亚热带地区，至今在各地海拔50～1500m的向阳山坡林边或稀疏矮小灌木林中都见有野生种。此种类型茎圆而无棱翼为其特征。本种按块茎形态分有三个变种：①扁块种，特点是块茎扁，形似脚掌，适合在浅土层及多湿黏重土壤栽培，如江西上高脚板薯、四川重庆脚板苕芋。②圆筒种，块茎短圆棒形或不规则团块状，主要分布于南方。如浙江黄岩薯药，台湾圆薯等。③长柱种，块茎长30～100cm，横径3～10cm。主要分布在华北地区。要求深厚土层和砂质壤土，驰名品种有河南怀山药、山东济宁米山药等。

(2)田薯：又名大薯，原产我国热带地区。此种类型茎呈多角形而具棱翼为特征，从野生类型选育而成。主要在广东、广西、福建、台湾等地栽培，北方极少。依块茎形状也有三个变种：①扁块种，如广东葵薯及粑薯、福建银杏薯、江西南城脚薯等。②圆筒种，如台湾白圆薯，广州早白薯及大白薯等。③长柱种，如广州黎洞薯，江西广丰千金薯等。

## 28.芋的品种类型有哪些？

芋[*Colocasia esculenta* (L.) Schott.]属于天南星科芋属中以地下球茎为食用器

官的蔬菜。别名芋头、芋艿、毛芋等。原产我国和印度、马来半岛等热带沼泽地区，现已在世界上广为栽培。我国西汉《胜之书》详细记载了种芋的方法。由于芋喜高温湿润，我国以珠江流域及台湾省栽培最多，长江及淮河流域次之，华北地区很少栽培。

芋产量高，供食用部分球茎含淀粉及蛋白质，除作蔬菜外，也可以作粮食。芋的其他部位可以作为食用器官，叶用芋专以叶柄作蔬菜，有的芋以肥大叶柄及叶片作为饲料，在云南昆明等地，芋花常用作蔬菜。芋具有耐贮运的特点，在蔬菜周年均衡供应上有较强的调剂作用。

我国芋的栽培历史悠久，生态条件多种多样，形成了特别丰富的类型及品种，主要分为2类。

(1)叶柄用变种：此类以无涩味的叶柄为产品，球茎不发达或品质低劣，不能供食用，一般植株矮小。云南元江的弯根芋就属于叶柄用变种里的水芋类型。

(2)球茎用变种：此类以肥大的球茎为产品，叶柄粗糙，涩味重，一般不做食用。依母芋和子芋的发达程度及子芋着生的习性分为三类。

①魁芋类型：植株高大，以食母芋为主，子芋较少较小，有的仅供繁殖用。母芋重占球茎总产量的一半以上，品质优于子芋。淀粉含量高，为粉质，肉质细软，香味浓，品质好。喜高温，生长期长，以广西荔浦芋最为著名。

②多子芋类型：分蘖性强，子芋多而且易于与母芋分离，早熟高产，品质优于母芋，质地一般为黏质。

③多头芋类型：植株矮小，球茎分蘖丛生，母芋与子芋及孙芋无明显差别，互相密接重叠成整块，球茎质地介于粉质与黏质之间。一般为旱芋。

## 29.莲藕的品种类型有哪些？

莲(*Nelumbo nucifera* Gaertn.)为睡莲科多年生水生草本植物，野生种为国家二级保护植物，莲藕是莲的栽培品种。原产印度和中国，我国栽培历史约有3000年，南北方各地均有种植，长江流域以南栽培较多，除水田栽培外，还可以广泛利用低洼田、池塘和湖荡种植。早藕可在初夏蔬菜淡季上市，老藕在冬春季供应。按照用途不同莲藕可分为两种类型。

(1)莲藕：此种类型为食用莲群，花白色和粉红色，地下茎较肥大。根据食用部位不同，分化为藕莲和子莲两种类型。藕莲以收获肥大的地下茎为目的，叶脉突起，抽花或不抽花，不结种子或结种子甚少，藕肥大；子莲一般较耐深水，成熟较晚，叶脉不隆起，果实多，莲子大，但藕较小，品质较硬。

(2)花莲：为花用莲群，花黄色，甚少结实，藕细小，食用品质不佳。原产北美洲。

我国的莲藕品种很多，依淀粉含量多少可分粉质和黏质两大品种类型。粉质藕的淀粉含量高，以熟食为主，尤以蒸食或做汤最佳；黏质藕质地脆嫩，生、熟食均宜。

## 30.茭白的品种类型有哪些？

茭白，学名菰[*Zizania latifolia* (Griseb.) Stapf]，为禾本科菰属多年生宿根水生草本植物，具匍匐根状茎。别名菱瓜、茭笋、菰手，原产我国及东南亚。我国栽培较广，南自广东、台湾、北至哈尔滨均有分布，但以长江流域以南，水泽地区栽培较多，北方则在湖边、沟边及水田有少量种植。品种资源及栽培经验，以太湖地区最为丰富。茭白在未老熟前，有机氮以氨基酸状态存在，故味道鲜美，是营养价值较高的蔬菜。茭白依生产期分为一熟茭和两熟茭两个类型。

(1)一熟茭：又称单季茭，这种类型只能在秋季短日照条件下才能孕育，在春季栽植后，当年秋天即可收获，以后每年自白露到寒露采收一次，采收时正值农历八月，故又名“八月茭”，可连续采收3～4年，对肥水条件要求不高。

(2)两熟茭。又称“双季茭”，对日照长短要求不严格，一般在春季或夏、秋季栽植，种植后可连收两季，故称“两熟茭”。第一熟在当年秋分到霜降采收，称为秋茭，第二熟在第二年小满到夏至采收，称为夏茭，此种类型栽培时对肥水条件要求高。

## 31.苹果的品种资源类型主要有哪些？

苹果(*Malus pumila* Mill.)是蔷薇科苹果亚科苹果属植物，属于落叶乔木。中国是苹果的原产中心之一，栽培历史悠久。苹果有较强的极性，通常生长旺盛，树冠高大，不论山地、平地、谷地、河滩沙地、轻盐碱地都能正常生长，苹果树寿命长，通常经济寿命达40～50年，个别可达百年以上。

苹果属植物全世界约有35种，原产我国的有23种，其中有的是重要的栽培种，有的供砧木用，有的作观赏用物。常见的类型主要有以下几种：

(1)苹果。世界各国栽培的苹果品种，绝大部分属于这一种或本种与其他种的杂交种。我国原产的绵苹果和引入的品种绝大部分属于此种。生产上有价值的变种有3个。分别是道生苹果：此变种类型很多。有矮生乔木或灌木，可作为苹果的矮化或半矮化砧木。乐园苹果：本种极矮化，可作苹果矮化砧用。红肉苹果：本变种特点是叶片、木质部、果肉乃至花和种子都带红色。

(2)楸子。别名海棠果，原产我国，分布很广。是一种半栽培种，类型很多，属于小乔木。果实卵圆或球形，果面黄色或红色。8月中下旬至9月上旬采收。本种适应性强、抗寒、抗旱、抗涝。作苹果的砧木，在盐碱地表现比山荆子好。嫁接亲和力强，有抗苹果棉蚜和根头癌肿病的能力，其中有些类型有矮化倾向。

(3)山荆子。原产我国东北、华北、西北。乔木或小乔木。果实小，果梗细长。为东北、华北苹果主要砧木。根系须根很多，但分布比楸子根浅。抗寒力极强，有的类型可耐-50℃，抗旱力不如楸子，不耐盐碱，抗涝力也差。与苹果嫁接亲和力强。

(4)野海棠。又名湖北海棠。主要分布在湖北、云南、四川、贵州等地，乔木或小乔木。本种形态与山荆子近似，在我国华中、西南和东南各地可做苹果的砧木。特点是适应性强，抗涝，根腐病、白绢病少，抗白粉病，抗棉蚜。根浅，须根较少，因此抗旱性差。

(5)三叶海棠。主要分布在贵州、云南、山东等地。灌木，叶片大多裂，果实近球形，红色或黄色。可作苹果砧木，有红果和黄果两个类型，这两种类型的生长特性显著不同，红三叶海棠须根发达，生长势强；黄三叶海棠根深，生长势弱，二者抗涝性都差。在涝地条件下，叶子黄化和落叶较重。

(6)丽江山定子。主要分布在云南、四川。多生长在河谷、沟旁的湿润地带。大乔木，枝条下垂。与东北山荆子的区别在于萼筒外密被柔毛。果实圆形，红或紫红色，果柄紫色。四川西昌、凉山一带，以及云南西北等地广泛用作苹果砧木。与苹果嫁接亲和力强，愈合良好。

在苹果生产中多用嫁接来繁殖苗木、改换优良品种，采用嫁接繁殖的新植株，既能保持母株的优良性状又能利用砧木的有利特性，如抗逆性、适应性、早果性等，从而达到优化品质、提早结果、快速繁殖的目的。

## 32.梨的品种资源类型有哪些?

梨(*Pyrus* spp)通常是一种落叶乔木或灌木，极少数品种为常绿，属于被子植物门双子叶植物纲蔷薇科梨属，我国南北各地均有栽培。梨树具有适应性强、分布广、抗旱、耐涝、耐土壤瘠薄、抗盐碱能力强等特点，在林果栽培中其产量高，品质好、易管理、寿命长、果实耐贮藏。有些品种 2～3 年即开始结果，盛果期可维持 50 年以上。

我国梨的种质资源分属白梨、沙梨、秋子梨、新疆梨和西洋梨 5 个品种类型。这是与梨属植物群落的起源，地理隔离，生态条件差异而演化形成的中国中心紧密关联。

(1)白梨品种。耐寒性弱于秋子梨，而强于沙梨。树姿开张，枝条色深，果实一般圆形或卵圆形，不经后熟即可食用，质脆多汁，石细胞较少，微香，较耐贮藏。代表品种：吉林延边苹果梨、河北定县鸭梨、山东莱阳茌梨、栖霞大香水、安徽砀山酥梨等。

(2)沙梨品种。主要分布在长江流域以南各地。适于温暖气候，抗热耐湿能力均强，抗寒力则较弱。树姿直立，枝条粗壮。果实一般圆形或近球形，无后熟期，成熟后即可食用，为脆肉种，肉质细脆、致密、味甜、少香味。沙梨代表品种有：云南呈贡宝珠梨、浙江义乌早三花、福建政和大雪梨、广西灌阳雪梨等。

(3)秋子梨品种。主要分布在东北、华北、西北等寒冷地区。抗寒力强，可耐-50℃

的低温，是梨属植物中最抗寒的种，对黑星病、斑点病抗性强。树冠宽阔，叶大形。果实大多小形，呈圆形或扁圆，需经后熟方可食用，为软肉质，肉质粗，石细胞多，甜酸适口、味浓，有浓郁芳香，大多不耐贮藏。代表品种有：香水梨、满园香、八里香等。

(4)西洋梨品种。为引入品种。旅大、烟台、威海栽培较为集中，贵阳、云南等地也有少量栽培。喜冷凉干燥气候，但不抗寒。树姿直立性强，形成圆锥树冠。果实大多瓢形或卵圆形，果实需经过后熟变软才可以食用，其肉质呈奶油质地、入口滑润、味甜、香气浓。

(5)新疆梨品种。主要分布在新疆、甘肃、青海等地。为西洋梨与白梨种间杂交形成的新种。喜冷凉干燥气候、抗寒性较强，适应性广。树冠半圆形，果中等大小、瓢形或卵圆形，兼有软肉和脆肉两种类型，一般不耐贮运。代表品种有：新疆库尔勒香梨、甘肃兰州长把梨和酥木梨、青海贵德甜梨等。

梨树砧木主要用种子繁殖。由于梨树是异花授粉植物，所以，它所产生的种子具有杂种性，一般栽培品种的种子长出的苗木变异很大。野生种由于本身遗传性很强，尽管也是异花授粉，但种子播后变异性较小，所以繁殖优良品种要用野生种作砧木。选择对当地气候、土壤适应性强、抗盐碱、抗旱、抗涝、抗寒、抗病虫，与嫁接品种亲合性好、能使栽培品种早结果、高产、优质，寿命长的野生种作砧木。梨的常用砧木是杜梨、山梨和豆梨，均是野生种。

## 33.桃的品种资源类型有哪些？

桃(*Prunus persica* L.)为蔷薇科桃属落叶小乔木。原产于我国西藏、甘肃、陕西等地的黄河上游海拔1200～2000m的高原地带，是我国最古老的树种之一，被称为世界六大水果(柑橘、葡萄、香蕉、苹果、梨、桃)之一。桃作为一种速生的经济栽培果树，具有生长快，结果早，收益好等特点。耐旱力强，易管理，平地、山地、沙地均可以种植。

根据桃的形态特征，生态环境的适应性、生物学特性及果实形状，将我国诸多的栽培品种分为五个品种群。

(1)北方品种群。主要分布在山东、河北、甘肃、新疆等地。本品种群的共同特征是树势强，树姿直立或半直立，抗寒耐旱，发枝力较弱，以中短果枝结果为主，多为单花芽；果顶尖而突起，缝合线较深，果皮较难剥离，果肉较硬。

(2)南方品种群。主要分布在长江流域的江苏、浙江、湖北、四川、云南等地。树势强健或较弱，发枝力较强，中、长果枝较多，多为复花芽；适于温暖湿润气候，但树体抗寒耐旱性比北方品种群稍差；果实圆形或长圆形，缝合线较浅，果顶平圆或略有凹陷，果肉柔软多汁。

(3)黄肉桃品种群。主要分布在我国西北、西南地区，华北、华东、东北地区也有少量栽培。树势强健，树姿直立，单花芽多。主要特征是果皮、果肉均呈金黄色或橙黄色，肉质较致密，适于加工罐头。有离核、黏核两种类型，离核类型果肉较绵软少汁，黏核类型果肉致密而强韧。栽培在肥沃而较黏重土壤中，果实品质较好，而栽培在沙质土壤中果实品质较差。

(4)蟠桃品种群。蟠桃是普通桃的一个变种。树势中等或偏弱，树姿较开张，枝条短粗而密生，复花芽居多。果实扁圆形，两端凹入，果肉有白、红、黄三种类型，而肉质柔软多汁，风味香甜，离核、黏核皆有。但有烂果顶、裂核、产量较低、不耐贮运等缺点，从而限制了栽培面积。

(5)油桃品种群。油桃是普通桃的一个变种，适于夏季干旱少雨地区栽培，在我国西北各地栽培较多。主要特征是果皮光滑无毛，色泽艳丽，肉质致密，风味香甜或甜酸，优点是耐贮运。

我国桃生产中绝大部分品种采用嫁接繁殖。在我国的东部和南部地区采用喜温暖、耐潮湿气候的毛桃作砧木；而华北、东北和西北地区多采用抗寒、耐干旱、耐土壤盐碱性强的山桃作砧木；我国西北地区选用抗寒耐旱生长健壮的甘肃桃、陕甘山桃和新疆桃作砧木，西藏和四川西部山区多用光核桃作砧木。

## 34.杏的品种资源类型有哪些？

杏(*Prunus armeniaca* L.)为蔷薇科李亚科杏属落叶乔木，为中国原产，是我国古老的栽培果树之一。杏树是温带核果类的优质果树，具有抗旱、耐寒、抗贫瘠的特点。不仅有较高的经济效益，而且栽植后具有良好的生态效益，因其树高冠大枝叶繁茂，可拦截雨水，减轻地表径流对地表的冲刷。加之它的主根长，侧根多，抗冲刷能力较强，有拦蓄洪水的作用，可以很好地保持水土，这对于干旱、半干旱地区，改变生态条件具有重要意义，是造林绿化荒山的先锋树种。在我国杏属有四种类型。

(1)杏。属于乔木，树高可达10m。树势强健，适应性强，抗旱耐寒，冬季能适应-36～-25℃低温，在干旱地区生长良好。在适宜范围内定植后，第4年起开始结果，第6年可以丰产，树的寿命长达40～50年，个别可达100～200年。

(2)东北杏。产于我国东北各地。树高达15m。树皮木栓质，花单生，先于叶开放。果实近球形，果肉多汁或干燥，味酸或稍苦涩，大果类型有香味，可以食用。本种有较强的耐寒性，生长迅速，既可作为栽培杏的抗寒砧木，又可用作抗寒育种的原始材料。

(3)西伯利亚杏。别名蒙古杏，山杏。本种为灌木或小乔木，叶片卵形至近圆形，花瓣白色或淡红色。果实球形，种仁味苦，可供药用或榨油。此类型多生于干燥、多石砾的南坡上，或与其他落叶灌木混生。耐寒、抗旱均强，能耐-40～-35℃低温。可作砧木或选育耐寒杏品种的原始材料。本种易与杏属其他种杂交。

(4)藏杏。乔木，高4～5m，叶片广卵形，两面被短柔毛。果实近球形，两侧扁平，密被短柔毛。产于四川西部及西藏东南部，抗旱性较强，可作抗旱砧木及育种的原始材料。

由于杏树属于异花授粉果树，实生后代常因基因重组产生性状分离、变异，并且实生苗的个体发育需要经过幼苗阶段，进入结果期较迟，因此，一般不采用实生繁殖。然而实生苗在杏树生产发展中还是比较常见，原因是培育嫁接苗用的砧木，用实生繁殖能在短期内生产出大量生长健壮的苗木，而且有些品种杏的实生繁殖后代变异较小或有些变异对产量与品质影响较小，则可采用实生繁殖，如山杏。

## 35.李的品种资源类型主要有哪些?

李(*Prunus salicina* Lindl.)为蔷薇科李属植物，全世界李属共有30余种，中国有8个种和5个变种。中国李资源十分丰富，居世界前列，李在全世界的主要栽培品种为中国李，其次为欧洲李。由于李对土壤和气候的适应性强，抗寒、耐高温、抗旱、耐湿，结果早，易管理，所以栽培也较普遍。中国栽培的种类有中国李、乌苏里李、杏李、欧洲李、樱桃李、黑刺李、美洲李和加拿大李等类型。

(1)中国李。本种原产我国长江流域，是我国栽培李的主要树种。属于小乔木，树势强健，适应性强。叶片长圆倒卵形或长圆卵形，以花枝状果枝和短果枝结果为主，多数品种自花不实或结实量较少。果实为圆形、心脏形或卵圆形，果皮有黄色、红色、暗红色或紫色，果面有果粉，果核椭圆形，黏核或离核。

(2)欧洲李。本种原产于高加索，改良品种较多。中国辽宁、河北、山东有零星栽培。属于乔木，树势强，叶片卵形或倒卵形，果实有卵圆形、球形、梨形。果皮有紫色、黑紫色、红色、黄色、绿色或紫蓝色，果肉一般为黄色或绿色，离核。特点是花期比中国李晚10～15d，不易受晚霜危害，自花结实率高。由于坐果率低，风味一般，果实大小不一。因此，本品种没有得到大面积发展。

(3)乌苏里李。乌苏里李与中国李的区别在于植株矮小，多分枝呈灌木状，枝多刺，叶片较小，叶柄有毛。果实小，卵球形或近球形，果柄粗短，果实黄色或紫红色，果皮味苦涩。本种分布于我国黑龙江、吉林、辽宁等北部地区，极耐寒，是优良的砧木用种。

(4)小黄李。属中国李中的半野生类型，主要分布在长白山脉和松花江流域。该品种类型树冠较大，树体寿命长，种核小，卵球形。在地表积水长达70d之久，仍能正常生长。

我国广大果农在生产上常采用分株扦插、嫁接和实生等方法繁殖李树苗木，用嫁接方法繁殖的苗木，可以利用砧木的矮化、抗寒、抗旱、抗涝、耐盐碱、抗病虫等特性来增强栽培品种的抗性和适应性。其他繁殖方法在生产上很少应用。砧木种类和选择主要有四种。

(1)小黄李。属中国李中的半野生类型，主要分布在长白山脉和松花江流域。该品种抗寒性和抗逆性好，与李子嫁接后亲和力强，是李子珍贵优良砧木资源。

(2)山桃。山桃主产于山西、陕西、河北、甘肃等地，苗木生长势强，与李嫁接亲和力强。树冠高大，分枝较多，树体成形快，抗寒、抗旱，在碱性土壤中亦能生长。缺点是不耐涝。

(3)西伯利亚杏和普通杏。主产我国北方，山杏抗寒、抗旱，适应性强，和李树嫁接愈合良好，生长旺盛，寿命长，不长根蘖，但不适合地下水位高和低洼地栽植。

## 36.中华猕猴桃的品种资源类型有哪些?

中华猕猴桃(*Actinidia chinensis* Planch.)是猕猴桃科猕猴桃属植物，原产于中国。我国有59个种，加上变种共100余种。猕猴桃容易繁殖，栽植成活率高，管理方便，结果早，丰产稳产，盛果期可达30年以上。一般果树果实成熟后自然落果，而猕猴桃成熟后不落果，可以分批采收，延长鲜果采收期和销售期。

猕猴桃的主要品种类型有八种，其中，有利用价值的有中华猕猴桃、美味猕猴桃、软枣猕猴桃、葛枣猕猴桃等。作为选种材料的有毛花猕猴桃、阔叶猕猴桃等。

(1)中华猕猴桃。雌花为单花，少数为聚伞花序。雄花为聚伞花序。子房退化，被褐色柔毛。果实椭圆形，顶端窄些。果皮褐色，被褐色短绒毛，熟后绒毛易脱落，果皮光滑。平均单果重60g，果肉绿色，果心白色。种子多且大，为紫红色，椭圆形，有凹陷龟纹。

(2)美味猕猴桃。枝条无毛，皮孔稀。叶为纸质或厚纸质。雌花白色后变黄色至杏黄色，多为单花，少数为聚伞花序，雄花为聚伞花序。果实长圆形、椭圆形，被黄褐色长糙毛，不脱落。果皮绿色或褐绿色，果顶窄于中部。平均单果重60g，大的可达204g。本种是我国猕猴桃栽培的主要种，具有很高的经济价值。

(3)阔叶猕猴桃。枝条灰绿色，粗壮，密被白色绒毛。叶片纸质，长椭圆形或长卵形。花为二歧聚伞花序，白色。果实圆柱状，果皮褐绿色，无光泽，果点密且明显，果皮粗糙。果顶突出，花蕊残存或脱落。果柄短而粗。果肉翠绿，多汁，种子多。可加工食用，是培育新品种的原始材料。

猕猴桃在自然条件下，主要是靠昆虫传粉，在劳力资源较充足和管理精细的果园里，人工辅助授粉也是重要的栽培措施之一。大量的人工授粉实践表明，授粉愈好，结果率高，果实个大，品质亦佳。为节约花粉用量，纯花粉可与滑石粉、淀粉、松花粉等填充物按1∶(5～10)比例配制，现配现用时也可将花药壳作为填充物粉碎后与花粉混合均匀直接使用。

## 37.石榴的品种资源类型有哪些?

石榴(*Punica granatum* L.)为石榴科石榴属植物，是世界上栽培较早的果树之一，原产于波斯到印度西北部喜马拉雅山一带。中国栽培石榴历史悠久，《博物志》及《广群芳谱》均记载有“汉张骞出使西域，得涂林安石国榴种以归，故名安石榴”。全国著名的石榴产地有：山东的枣庄、陕西的临潼、新疆的叶城、安徽的怀远、濉溪，云南的巧家、蒙自和四川的会理等地。下面介绍几种云南地区的优良品种。

(1)铜壳石榴。为云南巧家地区的优良品种，果较大，果皮底色黄绿，阳面或全果为红铜色，故名铜壳。果皮较光滑，组织紧密而薄，心皮7～8个。籽粒大，略为圆形，水红色，种子黄白色。8～9月成熟，汁多味甜，品质优良，不易裂果，最耐贮藏。

(2)青壳石榴。同为云南巧家地区的品种。果较大，果皮青绿色，光滑，阳面紫色，心皮7～8个，籽粒大，略圆，水红色，浆汁多，味甜美，8～9月成熟，不易裂果，耐贮藏。

(3)红壳石榴。也是云南巧家地区的优良品种。果圆球形，有7条棱。果皮米红色，组织松软。心皮5～7个。籽粒较大，略圆，暗红色。8～9月成熟。汁多甜美，品质良好。由于皮色美观，颇受欢迎，但籽粒稍硬，易裂果，不耐贮藏。

(4)甜绿子石榴。为云南蒙自地区的优良品种。树势强健，果皮不太光滑。粒大，味甜，品质佳。产量高，成熟早。

石榴生于海拔300～1600m的山上，北方地区海拔宜在800m以下。喜温暖向阳的环境，耐旱、耐寒，也耐瘠薄，不耐涝和荫蔽。对土壤要求不严，但以排水良好的夹沙土栽培为宜。石榴多采用扦插、分株、压条和嫁接等方法繁殖。营养繁殖的植株具有结果早、变异性小的优点，用种子繁殖的实生植株结果晚、变异性大，生产上多不采用。

# 第七章　药用植物种子篇

## 1.什么是药用植物资源?

是指自然资源中对人类有直接或间接医疗作用和保健护理功能的植物总称。药用植物资源开发利用的产品主要是用于人类防病治病的中药、植物药、保健品等，此外还包括兽药、农药、功能性饲料添加剂等相关产品。

## 2.药用植物资源的特点有哪些?

药用植物资源种类繁多、来源复杂、分布零散、性质各异，它们在自然界均占有特定的位置，具有时空性、分散性、有限性、再生性和多用性的特点。

(1)时空性。因各地气候条件或地理地貌不同，药用植物种类分布和蕴藏量存在非常明显的地域性差异，同一种药用植物因生长年份或季节不同也常常表现出生长速度及内在品质上的显著差异。这种因不同地理地貌(空间)、四季变化(时间)等对药用植物分布及内存品质产生影响的现象又称为时空变化规律。

(2)分散性。野生药用植物资源在自然界中形成的地理分布和生长范围具有零散和碎片化的特点，很少形成较单一的优势群落(种群)，而是常和其他物种共同组成群落，形成多样性的生物世界。

(3)有限性。药用植物资源是有限的，并且随自然环境(气候变化、火山爆发、洪水等)、生物因子(如病虫害的暴发等)和人类活动的影响而减少。

(4)再生性。再生性是指药用植物具有自然更新和人为扩大繁殖的特性。药用植物的再生性也具有有限性特点，当资源的利用量超过再生量时，会造成药用植物资源的减少或枯竭，导致某些种类的灭绝。

(5)多用性。药用植物资源具有多种用途的特点。从用途上分类，药用植物常同时具有药用、食用、观赏、工业原料、生态环境保护等多种用途；药用植物不同部位具有不同的成分和功效，也具有不同用途。随着科学技术的发展，药用植物资源更加具有多用性的特点。

## 3.什么是药用植物资源的保护和可持续利用?

中国目前大部分的药用植物来源于野生，但由于物种的生物学特性、人为过度采挖，以及生态恶化等因素使得许多野生药用植物资源蕴藏量下降，一些种类已濒临灭绝。药用植物资源保护是指保护药用植物及与其密切相关的自然生态环境和生态系统，以保证药用植物资源的可持续利用和药用植物的生物多样性，挽救珍稀濒危的药用植物物种。我国药用植物资源面临的主要问题是人均资源拥有量降低、需求加大、无序的开发利用、资源保护意识和协调管理不足、濒危药用植物资源的拯救力度亟待加大。药用植物资源保护的主要途径和方法有就地保护、迁地保护，以及利用现代科学技术的离体保护。

## 4.中国药用植物资源种类有多少？

中国幅员辽阔，是世界生物多样性最丰富的国家之一，仅种子植物就有 24500 种，分属 253 科、3184 属，仅次于马来西亚和巴西，居世界第三位。自 1983 年起，国家组织开展了第三次全国中药资源普查工作，查明中国现有包括藻类植物、苔藓植物、蕨类植物和种子植物在内的天然药用植物资源约 335 科、2185 属、10933 种，其中，人工栽培药用植物 400 种。

## 5.中国药用植物资源分布状况有何特点？

我国位于亚欧大陆的东部和中部、太平洋的西岸，处于中纬度和低纬度，大部分地区属亚热带和温带，少部分属于热带。具有山地、丘陵、高原、盆地、平原等多种地貌类型，是一个多山国家，山地、高原和丘陵约占全国土地总面积的 86%。综合中国自然条件的重大差异，可划分为东部季风区、西北干旱区和青藏高寒区三大自然区域。其分界是：东起东北大兴安岭西坡，南沿内蒙古高原东部边缘，进入华北，转入沿内蒙古高原的南部边缘，向西南黄土高原西部边缘，直接与青藏高原东部边缘相连接。在这条线以东是东部季风区域，然后，沿青藏高原北部边缘，可明显分出西北干旱区域和青藏高寒区域。其不同自然条件对生物种类和药用植物分布有着重要影响。三大自然区域的明显气候特征是东部湿润，西北干旱，青藏高寒。中国药用植物在三大区域的分布特征是：东部季风区域以纬向分布最明显；西北干旱区域以经向分布最明显；青藏高寒区域以垂直分布最明显。

## 6.什么是药用植物资源的抚育方法？

药用植物资源抚育方法是根据药用植物生长习性以及对环境的要求，在其原生境中自然或人为干涉条件恢复、增加种群数量，使其保持群落平衡和合理利用的保护资源方式，这种生产方式，也适于半野生(指野生或逸为野生)的药用植物。野生抚育是生态环境及生物群落受到严重破坏、资源濒危药用植物的有效保护手段，涉及原生地生态因子与恢复种群关系的研究、种群生态研究及生物群落研究。在种群恢复过程中干涉方式主要是人为改变生存条件，使原有野生种群自然繁殖更新，一般可改变群落中各物种数量，但群落基本特征不变。药用植物野生抚育是就地保护、迁地保护和栽培利用的有机结合，是一种最有效的药用植物资源保护方法，不仅能保证正常的药用植物生长发育，同时保持了物种在原生环境下的生存能力、种内变异度和物种、种群、群落的整个生存环境。通过合理利用及自然繁殖，实现抚育种群的可持续更新，可以有效保护珍稀濒危药用植物及其生物多样性；克服了滥采滥挖对药用植物生态环境的破坏，实现药用植物保护和利用的协调发展。

## 7.什么是药用植物资源再生?

药用植物资源再生是指药用植物资源在人为采挖、砍伐和利用之后，其种群数量和资源总量在自然和人工条件下通过繁殖、生长获得恢复与重建的过程。药用植物资源的再生主要是通过药用植物繁殖和生长来完成。药用植物的繁殖和生长方式与其他植物的繁殖与生长方式基本相同，通常可分为自然繁殖生长和人工繁殖生长两种方式。自然繁殖生长是指药用植物在自然状态下进行的繁殖和生长活动，该过程又可分为无性繁殖和有性繁殖两种方式。人工繁殖生长是指药用植物在人工干预下，利用野生资源驯化、抚育和人工栽培等方式进行的药用植物资源的再生活动。

## 8.药用植物资源自然再生方式有哪些?

药用植物的繁殖方式可分为无性繁殖和有性繁殖。无性繁殖主要包括营养繁殖和孢子生殖两种方式。营养繁殖也称为克隆，是指药用植物体的营养器官，如根、茎、叶的某一部分与母体分离(在有些情况下不可分离)，而直接形成新个体的繁殖方式。孢子生殖常被称为无性繁殖，是指一些低等药用植物如藻类、苔藓和蕨类通过产生无性生殖(即孢子)，与母体分离后，不经过两性结合直接发育成为新个体的繁殖方式。有性繁殖亦称为种子繁殖，是通过两性细胞结合形成新个体的一种繁殖方式。药用植物有性繁殖最常见的方式是配子交配，根据两配子间的差异程度可分为三种类型：同配生殖、异配生殖和卵式生殖。

## 9.什么是药用植物的引种驯化?

药用植物引种驯化，是通过人工培育，把野生植物变为栽培植物，使外地植物(包括国外药用植物)变为本地植物的过程，也就是人们通过一定的手段(方法)，使植物适应新环境的过程。引种驯化不仅要满足人们对药用植物数量的需求，同时也要保证药用植物在新的栽培环境条件下所产药材的品质。通过引种驯化、栽培、选育，能更有效地开发利用药用植物资源，定向培育药用植物新品种。

## 10.药用植物引种的主要方法有哪些？

药用植物引种的主要方法可分为简单引种法和复杂引种法。简单引种法指在相同的气候带(如温带、亚热带、热带)或环境条件差异不大的地区之间进行相互引种。一般不需要驯化的过程，只需要给植物创造一定的条件，就可以引种成功。而复杂引种法指在气候差异较大的两个地区之间或在不同气候带之间进行相互引种。复杂引种法需通过逐步驯化的方法，使之逐渐适应新的环境，需要时间较长，一般较少采用。

## 11.药用植物栽培应该注意哪些方面？

药用植物栽培最关键的是选择适宜的地区栽培合适的药用植物品种。为了解决这个问题，应注意适生性、道地性、安全性等方面内容。适生性是指药用植物中的活性成分大多是其调控基因在应答外界条件因子后表达所产生的次生代谢产物，只有选择适合当地生长的品种，才能保证药用植物品种栽培的成功率。道地性指所出产的药用植物在当地具有悠久的生长或栽培历史，因其生长环境适宜，生产规模大，疗效比较确切，被社会广泛认可。安全性是指药用植物产地无污染，栽培生产过程不受到污染。可操作性，药用植物栽培是一个社会化协作的过程，不仅需要优越的自然条件，同时需要良好的社会环境。选择具有良好市场效益的药用植物品种，对栽培地经济发展有明显带动作用，同时，能够促进药用植物栽培的长期发展。

## 12.药用植物资源综合利用有哪些途径？

药用植物资源利用具有高度的综合性，需要依靠多学科知识及方法手段，同时，随着药用植物资源的综合开发越来越深入，呈现出多用途、多层次的特点。其综合利用方式包括非传统药用部分的开发利用，同一药用部分不同化学成分的开发利用，同一化学成分的多产品综合开发利用，以及药渣的综合利用等。通过药用植物资源的开发和利用，可开发传统药物、植物药，还可开发保健食品、保健护理用品、植物源农药、兽药及饲料添加剂等。

## 13.药用植物资源的价值有哪些？

药用植物资源的价值是指在人类与自然相互关系中，对于人类和自然资源系统的共生、共存、共发展的过程中发挥积极作用和效果的价值。其价值的本质是功能、效用和能力的恢复、替代，以及再生的可持续性。自然资源的价值产生于人类与自然的关系中，在现代经济社会中其价值的基础来源于稀缺性、资源产权和劳动价值；其价值的类型包括经济价值、社会价值和生态价值。

## 14.药用植物种子可以分为哪几类？

(1)真正的种子。这一类就是植物学上所说的种子，是由受精胚珠发育而成。如牡丹、贝母等栽培时所用的种子。

(2)果实。有些“种子”实际上不是种子，而是植物学上所说的果实。其内部含有1粒或几粒种子，而外部则由子房壁或花器的其他部分发育而来。如牛蒡、红花、当归等栽培时所用的“种子”。

(3)营养器官。有些药用植物的营养器官，或营养器官的变态，如块茎、鳞茎等，在栽培时也常常作为繁殖材料，在一定条件下能生长出不定根，且能形成植株，有时亦把它称为“种子”。但是它们与种子或果实，在本质上完全不同，它们属于营养器官，属于无性繁殖。如天麻的块茎、元胡的块茎、百合的鳞茎等。

## 15.药用植物种子的形态有哪些特征？

我国药用植物种类繁多，其种子形态差异较大。种子的形态和构造，是进行种子鉴定、净度检验、清选分级，以及安全贮藏等的重要依据。种子的大小、形状、色泽随植物种类的不同而异，这些形态和结构上的差别可作为种子识别的主要依据。通常种子的大小用种子的长、宽、厚或千粒重表示，而球形的种子则以直径来表示，椭圆形的种子以长度和直径来表示。不同植物种子大小差异较悬殊，较大种子有椰子、槟榔、银杏、桃等，较小的有菟丝子、葶苈子等，极小的有白及、天麻等。种子大小不但在鉴别上有一定意义，而且在种子精选上亦有重要的意义。在农业生产上，通常以千粒重作为评价一种植物种子质量优劣的重要指标。

每种植物的种子都有一定的形态，如球形、椭圆形、肾形、卵形、圆锥形、多角形等。常见的有球形，如麦冬；扁圆形，如栀子；椭圆形，如芍药；扁椭圆形，如大豆；卵形，如荆芥；扁卵形，如贝母；纺锤形，如云木香；方形，如葫芦；三菱形，如虎杖；肾形，如膜荚黄苗；盾形，如葱等。

## 16.药用植物种子是怎么分类的?

按照有无胚乳，可以将种子分为两类。

(1)有胚乳种子。此类种子均具胚乳，根据胚乳和子叶的发达程度以及胚乳组织的来源，又可分为内胚乳发达、内胚乳和外胚乳同时存在、外胚乳发达 3 种类型。

(2)无胚乳种子。这类植物种子的胚乳较小或仅留有残存痕迹。在种子发育过程中，营养物质转移到子叶中，具有发达的子叶，其内胚乳和外胚乳几乎不存在，只有内胚乳及珠残留下来的 1～2 层细胞，其余部分完全被成长的胚所吸收。

从植物形态学来看，种子往往包括种子以外的许多构成部分，而同科植物的种子常具有共同特点。按照种子及附属部分特点，可以将主要科别种子分为 5 个类型:

(1)包括果皮及其外部的附属物。

(2)包括果实的全部棕榈科(如椰子)。

(3)包括种子及果实的一部分(主要是内果皮)。

(4)包括种子的全部。

(5)包括种子的主要部分(种皮的外层已脱去)。

## 17.药用植物种子的主要成分有哪些?

药用植物种子的成分非常复杂，其中最主要的是水分、糖类、脂肪、蛋白质，此外还有少量的维生素、矿物质、生长素、单宁、色素和各种酶类。这些物质是种子萌发和幼苗生长初期所必需的养料和能量，对种子的生理机能有重大影响。种子内部的贮藏物质、贮藏物质的性质及其在种子中的分布状况，又会影响种子的生理特性、耐贮性和加工品质。种子化学成分和复杂性不仅表现为种类繁多，而且各种不同成分的含量，受气候、土壤及栽培条件影响变化很大。因此，了解种子成分，对于合理采种、加工、贮藏，以及运输等均具有重要意义。

## 18.药用植物种子的寿命有哪些特点?

种子寿命是指种子在一定环境条件下所能保持生活力的期限。种子寿命亦为一群体概念，指一批种子从收获到发芽率将至 50%时所经历的天(月或年)数，又称为半活期，为平均寿命。药用植物种子寿命由自身遗传特性决定，也受到种子成熟度、含水量、贮藏条件等因素的影响。另外，有些药用植物种类具有结实的周期性，如阿魏播种后要经 7～8 年才开花结实，因此生产上必须采集足够数量的种子，妥善贮藏，以供不结果的年份播种使用。

高活力种子是进行药用植物生产的必要条件，药用植物种子寿命的延长有利于降低繁殖成本和经营风险，有利于药用植物生产和药用植物种质资源的保存。因此深入了解药用植物种子的寿命，对种子贮藏和药用植物生产有重要意义。

## 19.药用植物种子寿命有差异吗？

药用植物种类众多，大多为野生种群驯化栽培，生长习性和种子寿命差异极大，从几天到几十年几百年甚至上千年。1952 年，在我国辽宁省普兰店附近沧子屯村的泥炭里面，人们挖掘出了一批古莲子，据测定，其生存时间已达到 1000 多年之久，但还保持能够发芽的状态；1967 年加拿大在北美育肯河中心地区的旅鼠洞中曾找到 20 多粒羽扇豆种子，经测定已有 1 万多年的历史，播种后，其中 6 粒还能发芽成长。而兰科植物天麻的种子细小，不耐贮藏，其寿命为 7d 左右；辽细辛的新鲜种子发芽率为 97%，在库房内常温贮存 50d 后发芽率为 0。早在 1908 年，Ewart 在所谓“最适贮藏条件”的基础上，对 1400 个种及变种的陈种子生活力进行过测定研究，按种子寿命长短将种子分为 3 类，即短命种子、中命种子和长命种子。

(1)短命种子。种子寿命小于 3 年，多为一些原产于亚热带的药用植物以及一些春花夏熟的早春植物种子，如肉豆蔻科的肉豆蔻、茜草科的金鸡纳、古柯科的古柯等植物种子；室温贮藏条件下，隔年不宜作种用的伞形科的当归、白芷、北沙参，菊科的土木香、白术，百合科的重楼、贝母等都为短命种子。

(2)中命种子。种子寿命在 3～15 年，如部分禾本科和豆科药用植物等。

(3)长命种子。种子寿命长于 15 年，以豆科植物居多；其次为锦葵科植物，如双荚决明、花葵等。

药用植物种子寿命的差异与贮藏条件关系密切，一些短命种子如果贮藏的温度和湿度适宜可以延长短命种子的寿命。

## 20.影响药用种子寿命的因素有哪些？

(1)内在因素的影响。药用植物种子寿命首先是由本身遗传特征决定的，包括种子种皮结构、化学成分、种子的物理特征、种子的贮藏特征等。

(2)环境因素的影响。①温度对种子寿命的影响。贮藏温度是决定种子寿命的主要因素之一。一些原产寒温带的药用植物种子，大部分适宜存放在干燥冷凉的条件下，在低温条件下种子代谢缓慢，不易发霉变质。②水分对种子寿命的影响。关于种子寿命与水分的关系，哈林顿(1972)提出：种子水分在 14%的范围内，每降低 1%水分，可使种子寿命延长 1 倍。对于正常药用植物种子，适当降低贮藏水分可以延长种子的寿命。③发育环境。每种药用植物种子在种子发育过程中都需要特定的生态条件，母株所处的生态条件，如温度、光周期、降水量、土壤温度、土壤营养等，都可通过种子的形成、发育和成熟过程直接影响到种子的生理状况和种子寿命。④贮存空间的气体环境。除了温度和湿度是药用植物种子贮藏的主要因子外，空气成分也是重要的因子，特别是在温度湿度适宜的条件下，对种子寿命影响较大。⑤病虫害及化学物质对药用植物种子寿命的影响。真菌和细菌的活动，能分泌毒素致使种子呼吸作用加强并加速代谢过程，因而影响其活力。用药剂对种子包衣处理，可提高种子寿命；使用氯乙醇、氯丙醇等药剂处理亚麻和棉花种子，以抑制游离脂肪酸的产生及预防种子在贮藏期间的发热现象；种子接触到有毒化学物质会降低寿命。

## 21.药用植物种子的萌发要经历哪些过程？

药用植物种子的萌发涉及一系列的生理变化，并与周围环境息息相关。根据种子萌发的基本过程大致可分为四个阶段，即吸涨、萌动、发芽、幼苗形态建成。

(1)吸涨阶段。吸涨是种子萌发的准备阶段和起始阶段，直到吸水饱和，体积达到最大。

(2)萌动阶段。萌动是种子萌发的第二阶段，亦称为种子萌发的生物化学阶段。在萌动阶段种子膜系统和细胞器得到修复、酶系统得到活化、生理代谢活跃、种胚恢复生长。

(3)发芽阶段。种子萌动后，胚根胚芽迅速生长，当胚根胚芽伸长达一定长度时，称为发芽。

(4)成苗阶段。种子发芽后，进入成苗阶段，依据子叶发展趋向分为子叶出土型和子叶留土型。

## 22.药用植物种子萌发过程中的代谢有哪些？

(1)细胞的活化与修复。成熟而有活力的药用植物种子内部完整保存着与生命代谢有关的生化系统，在种子萌发的初级阶段，细胞吸水后立即开始修复和活化。

(2)种胚的生长与合成代谢。种子萌发最初的生长主要表现在种胚细胞活化的修复基础上的细胞器合成。如线粒体膜的修复、呼吸酶的合成、呼吸效率的增加。

(3)分解代谢。种子在萌发成苗过程中，必须有物质和能量的不断供应，才能维持其生命活动。种子萌发需要的营养物质与能量主要来自贮存物质的转化与利用。贮存物质主要有淀粉、脂肪、蛋白质，为组成子叶和胚乳的主要成分。

## 23.药用植物种子的萌发需要哪些条件?

药用植物种子能否正常萌发，萌发后能否迅速成长为健壮的幼苗，主要涉及两个方面：一方面为种子的内部生理条件，另一方面为种子所处的生态环境条件。种子的内部生理条件包括种子的遗传特性和种子的活力；种子所处的外部生态环境条件主要是水分、温度和氧气，某些药用植物种子萌发还需要有光照条件。这些条件对药用植物种子萌发所发生的影响很不一致，而各种药用植物种子对同一条件的反应也各不相同。

## 24.药用种子休眠的概念和意义?

(1)概念。药用种子休眠指具有生活力的种子在适宜发芽条件下不能萌发的现象。种子休眠是由于内因或外因的限制引起的不能立即发芽或发芽困难的现象，这种现象在药用植物种子中很普遍。种子休眠分为原初休眠和二次休眠。原初休眠是指种子在成熟中后期自然形成的在一定时期内不萌发的特性，又称自发休眠。二次休眠又称此生休眠，指原无休眠或已通过了休眠的种子，因遭遇到不良环境因素重新陷入休眠，为环境胁迫导致的生理抑制。

(2)意义。药用植物种子休眠在生物学和农业生产上均有重要意义。种子休眠是一种优良的生物特性，是种子植物抵抗外界不良条件的一种适应性，有利于世代延绵；通过这种方式种子可以避免在不适当的季节萌发，以“休眠种子”这一形式躲过严寒、酷暑、干旱等恶劣环境条件，对维持植物生命、繁衍后代有深远意义；也可防止植物在不良环境中生长，以维持物种的生存；同时可防止因种子在母株上“胎萌”而减少果实的收获。

## 25.药用植物种子休眠的原因有哪些?

药用植物种子休眠的原因很复杂，造成一种种子休眠，可能是单方面原因，也可能是多方面原因综合影响的结果。种子休眠一般由种皮障碍、胚未成熟、内源抑制物质、二次休眠、综合休眠等因素引起。综合休眠指两个以上因子同时出现在同一种子中，必须同时去除这些因子，才能打破休眠。如山茱萸种子的休眠由种皮及胚休眠引起，只有经低温层积过程完成胚后熟后，再破坏种皮，种子才能萌发；五味子种子的休眠是由于胚的形态未熟和内源抑制物质的存在两个原因引起。

## 26.什么是药用植物种子的处理?

药用种子处理是指从收获到播种为了提高种子质量和抗性、破除休眠、促进萌发和幼苗生长对种子所采取的各种处理措施。因此，广义的种子处理包括清选、干燥、分级、浸种催芽、杀菌消毒、春化处理及各种物理、化学处理。狭义的种子处理主要是指播种前使用物理、化学、生物等技术措施破除种子休眠、对种子进行催芽，预防病虫害等的技术手段。种子处理的方法很多，处理方法不同，其作用效果也不尽相同。

(1)种子处理的一般方法。目前报道的种子处理方法很多，按性质可分为三类：物理方法、化学处理、生物因素及生物学作用。按作用目的可分为选种、改善贮藏性能、防病防虫、解除休眠、促进萌发、延缓萌发、改善幼苗营养环境、改进播种技术、克服胚败育等。

(2)种子引发技术。“种子引发”也称为“渗透调节”，由英国 Heydecker 教授 1973 年提出，就是在播种前根据种子性质和吸水规律，通过种子缓慢吸水，使其停留在发芽准备状态的种子处理方法。种子引发是一项控制种子缓慢吸水和逐步回干的种子处理技术，目前已在许多植物种类上有成功应用。种子引发可提高种子出苗速率、出苗率，使幼苗整齐、苗期抗逆能力强，节约种子、降低成本。

## 27.什么是药用植物种子的采收和调制？

药用植物种子从采收开始，需要通过一系列的加工过程，才能作为种用。这些过程包括种子的采收、干燥、清选、贮藏等。不同种类的药用植物种子常常需要独特的加工处理过程。有些种子只要经过采收、干燥、清选等处理，即可进行播种；而有的药用植物种子需经层积处理才可播种。种子的加工处理会影响种子的播种质量，要想取得品质优良的种子，首先应做好种子的采收工作。

(1)种子成熟、采收时间及采收方法。①种子成熟。药用植物种子成熟包括形态成熟和生理成熟两个方面。形态成熟是指种子的形态、大小已基本固定，并呈现出品种固有色泽。生理成熟是指种胚具有发芽能力。真正成熟的种子表现在：物质运输已经停止，种子所含干物质不再增加；种子含水量减少，大部分贮藏养分处于非水溶状态，生长素、酶、维生素等特殊物质稳定，硬度增加，对外界环境条件抵抗力增强；果皮或种皮变坚硬，呈现本品种固有颜色；种胚具有萌发能力，即种子内部的生理成熟已完成。②采收时间。药用植物种子成熟一般从果实和种子的颜色来识别，在种子成熟过程中，果实和种子的颜色逐渐变深。不同类型的果实成熟时形态特征也不相同。种子成熟度对种子的耐贮性、发芽率、幼苗长势等具有影响，应采收充分成熟的种子。不同植物种子成熟阶段其形态特征不同，在药用种子生产中，种子成熟期多以植株上大部分种子的成熟度为标准。③种子和果实的采收方式。不同药用植物的果实和种子的大小差异较大，成熟后的散布习性也不同。有些种子成熟后立即脱落，随风飞散；有些种子成熟期不一致，随熟随脱落；有些种子和果实成熟后，要经过一段时间才脱落，个别甚至次年春天才脱落。

按照种子和果实脱落方式的不同，采种时也应分别采取不同的方式。

(2)种子的调制。药用植物种子采集时，一般都是采集果实，把种子从果实中取出的过程称为种子的调制。有的药用植物种子适宜在果实中保存，到翌年播种前脱粒，如丝瓜、巴豆、枸杞等种子在果实中保存比种子保存时间长；而大部分种类以种子保存。调制是为了保证种子质量，适宜播种和贮藏。整个调制过程首先是清除杂质，而后是对种子进行处理。种子的调制应按果实类型的不同，分别采取不同的方法。

## 28.药用植物种子是怎样清选和分级的？

由于药用植物种子成熟度差异较大、杂质较多，成分相对复杂，必须进行种子清选。种子清选和分级就是根据种子群体的物理特征以及种子与混合物之间的差异性，在机械操作过程中将种子与种子、种子与混杂物分离开，以提高种子质量和减少病虫害传播。清选种子时，如果量少可采取人工剔除杂物的方法；如果量大则需要用机械进行清选。机械清选不仅能剔除杂物，同时还能对种子分级。种子清选是种子加工的一个基本作业流程，是提高药用植物种子播种品质和安全贮藏性能的重要技术环节。

## 29.什么是药用植物种子的干燥？

药用植物种子干燥是保证其安全贮藏的一项重要措施。种子通过各种适宜的方法干燥处理后，使种子内部的含水量降低到安全贮藏水分标准以下，可减弱种子内部生理代谢作用的强度，消灭或抑制微生物及仓库害虫的繁殖和活动，而达到安全贮藏，较长时间地保持种子优良的播种品质的目的。

## 30.药用植物种子包衣技术是什么？

种子包衣技术成熟于20世纪80年代，目前已广泛应用于多种蔬菜和农作物的种子加工中。它是指用成膜剂、黏合剂等将活性成分均匀地黏合于种子表面，为种子发芽和幼苗生长提供微肥、植物生长调节剂和农药等。生产中根据使用目的的不同，在种衣剂中可加入不同的活性成分。据此可以分为单一农药型、复合型、多聚物、生物型种衣剂等。根据包衣材料和包衣后种子形态和大小的变化，种子包衣技术可以分为种子丸化技术与种子包膜技术。

种子包膜技术是指将种衣剂均匀涂抹在种子表面，形成一层包围种子的薄膜。薄膜包衣后的种子外形和大小没有明显变化，种子的重量也几乎不变。种子丸化是指将小粒种子或表面不规则(如扁平、有芒、带刺等)的种子，通过制丸机将助剂与粉状惰性物质附着在种子表面，在不改变原种子的生物学特性的基础上形成具有一定大小、一定强度、表面光滑的球形颗粒。

## 31.安全贮藏药用植物种子要注意哪些物理特性？

种子的物理特性包括两类：一类根据单粒种子进行测定，求其平均值，如籽粒的大小、硬度和透明度等；另一类根据一个种子群体进行测定，如千粒重或百粒重、比重、容重、密度、孔隙度及散落性等。种子的物理特性和种子的形态特征及生理生化特性，主要取决于药用植物品种的遗传特性，但在一定程度上也受环境条件影响。从贮藏角度看，种子的物理特性和清选分级、干燥、运输，以及贮藏保管等生产环节都有密切关系。

## 32.影响药用植物种子贮藏的因素有哪些？

任何一种植物种子采收以后，保持生活力，延长种子寿命，都取决于贮藏条件。其中最主要的是温度、水分及通气状况这三个因素，它们在影响贮藏种子的寿命过程中，相互影响、相互制约。因此，提高贮藏效果，延长种子寿命，必须创造出各种因素最佳配合的贮藏方法。

## 33.药用植物种子贮藏期间要怎样管理？

(1)种子入库。种子入库是在清选和干燥的基础上进行的，入库前要做好标签，注明种子的种类、产地、收获期和质量等，一式两份标明在种子包和围囤的内外，以防品种混杂。入库时，必须过磅登记，按种子的类别和质量进行堆放。

(2)种子发热的原因及预防。正常情况下，种温随着气温、仓温的升降而变化；但有时会发生异常情况，如在气温上升的季节，种温上升很快超过当时气温，或在气温下降的季节，种温继续上升等均可使种子堆发热。防止种子发热应做到仓库应保持干燥通风；入库种子水分在安全值以下，入库种温与仓温相近；定期检查，及时通风降温降湿；采取药剂等措施，预防病虫危害。

(3)合理通风。种子堆放在仓库里，不论是长期贮存还是短期贮存，都需要进行适时通风。通风不但可以降温散湿，同时还能起到气体交流的作用。

(4)建立管理制度。种子贮藏期间管理的任务主要是保持或降低种子的含水量、种温，从而有效控制种子及种子堆内仓虫与微生物的生命活动，达到安全贮藏的目的。因此，在贮藏期间要做好种子的防潮隔湿、合理通风，低温密闭和温度、水分、仓虫、发芽率的检查工作。

## 34.什么是药用植物种子的包装?

药用植物种子包装是指便于种子贮运、销售和计量工作而进行的一种加工处理方式。良好的种子包装不仅有利于种子贮藏、运输和销售，而且也是保证种子质量和数量，方便运输供应，精确计量和点检的重要措施。如果包装不善，可能引起种子混杂、破损，影响种子的播种品质，如种子水分、净度、发芽率等。

## 35.药用植物种子的运输有哪些要求?

(1)运输中种子的贮藏原理。种子从其生理成熟时期开始直至播种之前，都是在贮藏中。运输中的种子的贮藏原理和仓储种子的贮藏原理相同。仓库贮藏和运输贮藏的主要差异在于现代化的运输可导致种子环境变化较快，以及工作人员的预见性差，不能估计到运输过程中可能遇到的危险情况。种子运输能否安全到达目的地，取决于种子所处的温度条件和种子的含水量，后者是由空气的相对湿度或保护种子的包装所制约的。

(2)预防事故。计划装运种子时，应预先估计运输期间和装运前后临时贮藏期间可能发生的各种事故。这些事故和运输的方法(用卡车、火车车厢、船或飞机运输)有着密切关系。由于种子在温湿度不同的地区之间运输而造成的温度和相对湿度迅速变化，可能产生难以预料的问题。种子在空运期间受到冷冻，当飞机降落后遇到较高的温度容易结露。许多种子在含水量略超过安全水分界限的情况下，当温度升高时，呼吸作用就加强，易感染霉菌，导致变质败坏。装运时若要把种子和其他货物放在一起时，装运人员应该确定货物中没有夹带会损伤种子的化学物质，例如某些除草剂等。凡是可能增加氧气浓度的任何货物，都应予以排除。

## 36.什么是药用植物种子种源选择?

种源或地理种源是指取得种子或繁殖材料的原产地。种源和种子产地经常混称，但有些情况下，应加以区别。如将五峰的厚朴引种到景宁，再从景宁采厚朴种子，栽种到江西庐山，这些种子就产地而言属景宁，就种源而言仍属五峰。将地理起源不同的种子或其他繁殖材料，放在一起所做的栽培对比实验，称为种源试验。在种源试验的基础上，选择优良的种源，称为种源选择。在作物育种学中，常把“种源”称为种质资源，指的是生物体和基因本身，而林木育种学的“种源”指的是生物体原产地，不应混淆两者之间的联系和区别。

## 37.药用植物种子种源试验的目的、作用和方法是什么?

(1)种源试验的目的和作用。开展种源试验的主要目的是：研究药用植物地理变异规律，阐明其变异模式及其生态环境和进化因素的关系；为各药用植物栽培区确定生产力高、稳定性好的种源，并为区划种子或种苗的调拨范围提供科学依据；为今后进一步开展选择、杂交育种提供数据和原始繁殖材料。

(2)种源试验方法。药用植物种源试验的方法可参照林木种源试验的程序来实施。以下为林木种源试验的常用方法：①全分布区试验和局部分布试验；②采种点的确定；③采种林和采种树的确定；④苗圃试验；⑤造林试验。

## 38.药用植物品质性状有哪些？

(1)外在品质。指药用植物作为中药材商品能被人感知的外观特征特性，如产品的大小、一致性、完整性、成熟度、色泽、形状、气味、味道等属性，也可称为商品品质。

(2)内在品质。指药用植物及其产品质量的所有内含特性，特别是化学成分的种类和含量，包括活性成分、有毒成分等，也可称为化学品质。

(3)加工品质。指药用植物能满足不同加工、贮运需求的特征特性总和。该内容既包含了某些商品品质的内容，又涉及药材产品药用品质及产品自身组织结构特征和生理生化特性。

## 39.白及种子形态特征和繁殖特点有哪些？

白及[*Bletilla striata* (Thunb. ex A. Murray) Rchb. f.]，俗名白芨，兰科白及属多年生草本，野生种为国家二级保护植物。高15～70cm。地下块茎扁圆形或不规则菱形，肉质，黄白色。茎基部具膨大的假鳞茎，其近旁常具多枚前一年和以前残留的扁球形或扁卵圆形的假鳞茎，以此作为药用部位。总状花序顶生，3～8朵花，花淡紫色或淡红色。果实为蒴果，长纺锤形，中间膨大，两端渐尖，成熟时黄褐色略有光泽，具6条纵棱，顶端花瓣枯后不脱落，内密布大量黄白色、细长、碎屑状种子。每个果荚有种子10万～30万粒，种子由膜质种皮和1个种胚组成，无胚乳。千粒重约0.00056g。

白及第一年生植株即可开花，花期4～6月，果熟期7～9月。当蒴果呈黄褐色时采收，种子在蒴果中保存。种子不耐贮藏。种子发芽率低，播种繁殖比较困难，且生产周期长，经济效益差。因此，白及主要采用块茎(假鳞茎)繁殖。一般在9～10月份收获时，选择当年生无虫蛀、无损伤，具有嫩芽的块茎(在与老块茎毗连处切下)作繁殖材料，随挖随栽。将具嫩芽的块茎切成小块，每块需有芽1～2个，每窝栽种块茎3个，每667 $m^2$用块茎15000个左右。此外，白及也可采用分株繁殖或者利用组培技术批量繁殖种苗移栽。

## 40.西洋参种子形态特征和繁殖特点有哪些?

西洋参(*Panax quinquefolium* L.)，五加科人参属多年生草本，野生种为国家二级保护植物。株高60cm左右。根为肉质，呈圆柱形、纺锤形或圆锥形。茎圆柱形，具条纹。掌状复叶3～6片轮生于茎顶；小叶3～5片，膜质，倒卵形，先端突尖，脉上无刚毛。伞形花序，单独顶生，小花多数，花瓣绿白色；雄蕊5枚；雌蕊1枚；子房下位，2室，花柱上部2裂。果实为核果状浆果，扁圆形，熟时红色，内含种子1～2粒。种子宽椭圆形或宽卵形，扁。表面黄白色，粗糙，背侧呈弓形隆起，腹侧平直，或稍内凹，基部有一小尖突，上具一小点状吸水孔。吸水孔上方有1条脉，有时脱落，由种子腹侧经顶端，再经背侧达基部，凡脉经过处，种子均向内微凹而呈浅沟状。两侧面较平坦，粗糙而无明显的沟纹。内种皮较薄，淡棕色，贴生于胚乳。胚乳白色，有油性，胚细小，埋生于种仁的基部。千粒重干种子33.8～38g，鲜种子57～65g。

二年生的西洋参植株开始开花结果，但数量少，种子也小。一般选三四年生健壮、无病植株留种。果熟期一般在7月下旬至9月，当果实呈鲜红色，果肉变软时即可采收，应分批采集。去除果肉、瘪粒及杂质，洗净种子后，用湿砂贮藏或阴干贮藏。种子有胚后熟休眠特性。西洋参种子属胚发育不全类型，需经过形态后熟和生理后熟两个阶段，种子才能发芽。胚形态后熟，是指需要经过某些特定条件处理，原始胚才能发育成完全的胚；西洋参胚的形态后熟，需要高温到低温逐渐变化，即需22～10℃的变温5～6个月，胚发育完全并胀破种皮，俗称“裂口”。胚的生理后熟是指发育完全的胚需要经过特定条件的处理后才能发芽；西洋参胚的生理后熟，是指完成形态后熟的胚，需要5℃左右的低温条件，3.5～4个月后，才能完成生理后熟，然后在适宜的温湿度条件下才能正常发芽。西洋参繁殖一般采用种子直播，要使用经砂藏等处理已裂口的种子，春播或秋播，每667 m²用种量3500～5000g。

## 41.芍药种子形态特征和繁殖特点有哪些?

芍药(*Paeonia lactiflora* Pall.)，芍药科芍药属多年生草本植物。根粗壮，圆柱形或纺锤形。茎高50～80cm，无毛。茎下部叶为二回三出复叶，茎上部叶为三出复叶；小叶狭卵形、椭圆形或披针形，边缘密生骨质白色小齿。花顶生或腋生；花萼3～5枚，花瓣5～10片，白色、粉红色或红色；观赏品种花瓣数、色系更多；雄蕊多数；心皮4～5个，花盘肉质，仅包裹心皮基部。果实为蓇葖果，3～5个，卵形，顶端具喙，外弯。种子椭圆状球形或倒卵形，表面棕色或红棕色，稍有光泽，常具1～3个大型浅凹窝及略突起的黄棕色斑点或棕色斑点，基部略尖，有一不明显的小孔为种孔，种脐位于种孔一侧，短线形，乳白色；外种皮硬，骨质，内种皮薄膜质。胚乳半透明，含油分，胚细小，直生，胚根圆锥状，子叶 2 片。千粒重约 161.2g。

芍药以根药用称为“白芍”，依产地不同，有杭白芍、亳芍、川芍、中江白芍等名称。

芍药花期一般 5～7 月，果熟期 8～9 月，单瓣品种结子多。选择健壮高产植株留种，于蓇葖果微裂时及时采摘，随采随播。有休眠性的品种，以及需要贮存到冬前或翌年春季播种，可用砂藏法保存种子：将种子和湿细砂按 1∶3 比例混合贮藏于阴凉通风处。砂藏处理种子可破除休眠性。种子不宜干藏，晒干的种子会丧失发芽力。种子直播繁殖，每 667 m²用种量 3000～4000g，因植株生长较慢，主要用于育种或品种复壮。

生产上一般采用种根(芽头)繁殖。芍药收获时，在根部和芽头着生处切割，根部加工作药用，留下粗大、不空心、芽苞饱满、无病虫害、带有部分须根的芽头作繁殖用。把选出的芽头按大小和芽的多少顺自然生长情况切成数块，每块有粗壮芽苞 2～3 个，并留有 3～5cm 的根，室内晾干切口，即可种植。种根繁殖最好随切随栽，如不能即时栽种，可用砂藏临时保存。砂藏方法：选通风干燥洁净的房间，在地上铺 8～10cm 厚的湿细砂或细土，将种栽芽头向上堆放其上，再盖湿细砂或细土 10cm 左右，四周用砖头拦好，随时检查，发现芍头露出，再加盖砂土 5～6cm 厚，保持砂土湿润但不宜太湿，及时去除霉烂种根。一般 1 m²芍药地所得种根可栽种 3～4 m²。栽种时间，一般在 8～10 月，宜早不宜晚，栽种过晚芍头已发新根，栽时容易碰断，也不利发根。此外，芍药还可以采用分根繁殖，成活率高，但繁殖系数和产量均低。

## 42.五味子种子形态特征和繁殖特点有哪些？

五味子[*Schisandra chinensis*(Turcz.)Baill.]，五味子科五味子属落叶木质藤本。叶阔椭圆形或倒卵形，先端急尖，基部楔形。花单性异株；花被粉白色或粉红色，外轮较小；雄蕊仅 5～6 枚，花丝合生成短柱；雌蕊 17～40 枚。聚合浆果穗状，红色。浆果干燥后呈不规则的球形，表面紫红色至棕黑色，皱缩凹凸不平，微有光泽，内含种子 1～2 粒。种子椭圆状肾形。表面黄褐色，平滑，有光泽；种脐位于种子腹侧凹入处，种皮硬而脆。种仁肾形，上端钝圆，下端稍尖。胚乳淡黄色，含油分，胚细小，埋生于种仁下端。千粒重约 10.79g。

五味子成熟果实干燥后药用，因产于东北等北方地区，习称“北五味子”；同属的华中五味子(*Schisandra sphenanthera* Rehd. etWils.)(形态与五味子相似，但雄蕊 11～23 枚，雌蕊 25～60 枚，果肉较薄)果实也作药用，功效不如北五味子，习称“南五味子”。

五味子花期 5～7 月，果熟期 9～10 月。果实成熟期不一致，留种应选择较大果粒，在红色变软时采收，随熟随采，采下的果实阴干后保存。五味子种子有胚后熟特性，需要经低温层积处理 5～6 个月后，种子才能萌发。脱去果皮的种子寿命较未脱去果皮的种子寿命短，所以贮藏种子时，最好是带果皮贮藏。五味子栽培一般采用种子播种育苗方法，能在短期内获得大量种苗，同时实生苗生长迅速、旺盛。此外，也可以采用压条、扦插和分根繁殖，但育成的植株根系弱，长势差。

种子繁殖要预先进行种子处理。12 月下旬，将贮存的果实用清水浸泡至果肉发涨，搓去果肉，洗出种子，去除浮在水面上的秕粒，再用清水浸泡 5～7d，每隔两天换 1 次水，使种子充分吸后捞出控干，再与种子体积 3 倍的湿沙混匀，放入木箱中，上面覆盖 10～15cm 的细土，在 0～5℃下进行低温处理。第二年的 5～6 月有裂口时，取出种子播种育苗。北方地区，也可于 8 月上旬至 9 月上旬播种当年鲜籽，播后浇水，于第二年 5 月出苗。

## 43.当归种子形态特征和繁殖特点有哪些？

当归[*Angelica sinensis* (Oliv.) Diels]，伞形科当归属多年生草本，高 40～100cm。别名秦归、云归等。主根粗壮，支根数条，有浓郁香气。茎绿色或紫色。叶 2～3 回羽状复叶。复伞形花序顶生；花瓣 5 片，白色；雄蕊 5 枚；子房下位，2 室，每室 1 个胚珠；花柱 2 个，短。花期 6～7 月，果熟期 7～9 月。果实为双悬果，椭圆形至卵形，长 0.4～0.6cm，宽 0.3～0.4cm，翅果状，表面灰黄色或淡棕色，平滑无毛；顶端有凸起的花柱基，基部心形；成熟后从合生面分开，分果有果棱 5 条，背棱线形，隆起，侧棱发育成宽而薄的翅，翅边缘淡紫色，腹面平凹，常存一细线状悬果柄，与果实顶端相连；横切面可见各槽棱内具油管 1 个，合生面具油管 2 个；含种子 1 粒，薄片状。种子横切面长椭圆状肾形或椭圆形；胚乳含油分，胚细小，白色，埋生于种仁基部。千粒重 1.2～3g。

当归留种应选择三年生、无病虫害、生长健壮的植株。当种子由红色转粉白色时分批采收，如种子过熟呈枯黄色，播种后容易提早抽薹。采收的果序扎成把放阴凉处晾干，脱出种子，放阴凉处保存，也可至播种前脱粒。当归种子寿命短。室温条件贮藏 1 年即丧失生命力；低温干燥条件下贮藏，寿命可达 3 年以上。当归种子萌发需要吸收大量水分，饱和吸水量约为种子自身重量的 40%。温度达到 6℃时，当归种子开始萌发，发芽适温 20～24℃。生产上，当归用种子直播或育苗移栽。播种时期应根据当地地势、地形和气候特点而定。直播一般以秋播为宜，每 667 ㎡用种量 4000～5000g；直播省工，但产量较育苗移栽低。育苗多在夏、秋季播种，苗龄控制在 4 个月左右，在 10～11 月，气温降至 5℃左右时，挖收种苗，放置阴凉干燥通风处晾干水气，约 1 周后，放室内堆藏或窖藏；有条件的，可将种苗放入-10℃冷库中贮存；翌年春季 4 月上旬为移栽适宜期。冬播(1 月份)育苗需要在温室大棚中进行，翌年 4～5 月种苗直接移栽不用贮藏。

## 44.栝楼种子形态特征和繁殖特点有哪些？

栝楼(*Trichosanthes kirilowii* Maxim.)，葫芦科栝楼属多年生攀缘草本，块根圆柱状，卷须细长，2～5叉。叶互生，宽卵状心形或扁心形，常3～7浅裂至深裂。花单性，白色，雌雄异株；花萼5裂，裂片披针形，基部筒状；花冠5深裂，裂片倒卵形，顶端流苏状；雄花数朵集成总状花序，雄蕊3枚；雌花单生于叶腋，子房下位，花柱3裂。花期6～8月，果熟期9～10月。果实为瓠果，近球形，有肉质果瓤，成熟后橘黄色。种子扁平，卵状椭圆形，表面浅棕色或棕灰色，表皮略粗糙，沿边缘有一圈沟纹。顶端钝圆，下端常略带尖，先端具一黄白色条状种脐，相连一裂口状或孔状种孔；两侧面较平，周围具一宽约1mm的边，外种皮厚，木质，内种皮灰绿色，膜质。胚直生，含油分，胚根短小，子叶2片，肥厚，椭圆形。千粒重约207g。

栝楼以果实、种子和块根入药。果实药材名称为瓜蒌；种子药材名称为瓜蒌子；种皮药材名称为瓜蒌皮；干燥块根药材名称为天花粉。同属植物双边栝楼相应药用部位的名称和功效同栝楼。

栝楼留种选优质健壮植株，果熟期时选橙黄色，果大柄短的果实，于光滑无毛时连果柄一起剪下，挂在干燥通风处阴干保存。播种前从瓠果中取出种子，晾干播种。也可于采后立即取出种子，洗净晾干，低温贮藏，0～5℃条件下可保存1年。栝楼种子发芽适温25～30℃。种子播种期为春季，北方或冷凉地区稍晚。种子繁殖容易混杂退化，开花结果晚，结实少，多用于育种或收获块根。分根繁殖，北方3～4月，南方10～12月，选3～5年生、无病虫害、直径3～6cm、断面白色新鲜的健壮栝楼根作繁殖材料，将块根分切成5～7cm的小段，雌雄株一般按10∶1的比例搭配栽种。压条繁殖在夏秋雨季，利用栝楼易生不定根的特性，将生长健壮的茎蔓拉到地面，在其节处压土，根长出后切断茎蔓，使其长成新株，翌年春季移栽，注意雌雄株合理搭配。

## 45.白术种子形态特征和繁殖特点有哪些？

白术(*Atractylodes macrocephala* Koidz.)，菊科苍术属多年生草本，高20～60cm。根状茎块状。头状花序单生茎枝顶端，全为管状花，总苞外有一轮羽状深裂的叶状苞片，花冠紫红色。果实为瘦果，倒圆锥状，长0.75cm，被顺向顺伏的稠密黄白色的长直毛；冠毛刚毛羽毛状，乳白色，长1.5cm，基部结合成环状。瘦果即为种子，千粒重25.6～37.5g。

白术留种选择株型一致，健壮、分枝少、叶大、花蕾扁平而大的优良植株。一般11月上旬、中旬种子成熟，连植株采收后，剪去根状茎，晾干20～30d，使种子后熟，再打下种子，去除杂质，置干燥通风条件下贮藏。白术种子不耐贮藏，隔年种子生活力弱，发芽率低。种子发芽适温20～25℃，35℃以上发芽缓慢，40℃时种子失去生活力。生产上白术先用种子培育小块茎，再移栽。播种期3月下旬至4月上旬，每667 m²用种量4000～5000g；10月下旬挖收白术，剪去茎叶和须根，在阴凉、干燥、通风的仓库内用砂藏层积法贮藏；12 月下旬至次年 2 月下旬取出块茎种植。

## 46.半夏种子形态特征和繁殖特点有哪些?

半夏[*Pinellia ternate* (Thunb.) Breit.]，天南星科半夏属多年生草本，又名半子、燕子尾、三片叶等。株高 15～30cm。块茎扁球形，直径 0.5～4cm，具须根。叶 2～5 片，有时 1 片；叶柄近基部内侧常有直径 0.3～0.8cm 的珠芽，珠芽在母株上萌发或落地后萌发；幼苗叶片卵状心形至戟形，为全缘单叶；老株叶片 3 全裂，裂片绿色，背淡，长圆状椭圆形或披针形，两头锐尖；肉穗花序顶生，花序柄长于叶柄；花单性同株，雄花着生于肉穗花序上部，白色；雌花着生于肉穗花序基部；佛焰苞下部闭合成管状，与花序的雄蕊部分贴生。花期 5～7 月，果期 8～9 月。果实为浆果，卵状椭圆形或卵圆形，顶端尖，绿色或绿白色，成熟时红色，长 0.4～0.5cm，直径 0.2～0.3cm，先端渐狭，花柱明显，内有种子 1 粒。种子椭圆形，两端尖，表面灰绿色，长 0.2～0.3cm，直径平均 0.22cm，不光滑，无光泽，解剖镜下观察有纵向浅沟纹。鲜种子千粒重约 10g。

半夏果熟期长，应分批采收。当总苞片发黄，果皮白绿色，种子浅茶色或茶绿色，易脱落时采摘。种子不耐贮藏，应随采随播或用湿沙混合贮藏至第二年春播。种子发芽适温 22～24℃。种子繁殖生长缓慢，生产上主要采用块茎和珠芽繁殖。选择植株高、叶片多、抗旱能力强，产量高的半夏植株，选直径 1.2～1.5cm 的块茎作种，栽后二年收获。珠芽繁殖是在 5～6 月选叶柄下成熟的珠芽栽种，第二年秋季收获，大的加工入药，小的继续做种栽用。

## 47.短莛飞蓬种子形态特征和繁殖特点有哪些?

短莛飞蓬[*Erigeron breviscapus*(Vaniot)Hand.-Mazz.]，俗名灯盏花，又名灯盏细辛，别名灯盏菊、土细辛、地顶草、东菊等，为菊科飞蓬属多年生草本植物。根状茎木质，粗厚或扭成块状，具纤维状根。茎数个或单生，高 5～50cm。叶主要集中于基部，莲座状，花期生存，倒卵状披针形或宽匙形，顶端钝或圆形；上部叶渐小，线形。头状花序单生于茎或分枝的顶端，总苞半球形，总苞片 3 层，线状披针形，顶端尖，绿色，或上顶紫红色；外围的雌花舌状，3 层，舌片开展，蓝色或粉紫色；中央的两性花管状，黄色。果实为瘦果，狭长圆形，长约 1.5mm，背面常具 1 条肋，被密短毛；冠毛淡褐色或白色，2 层，刚毛状，外层极短，内层长约 4mm，具典型风力传播特征。种子体轻，瘦小，千粒重 0.15～0.17g。

短莛飞蓬花期 3～10 月，盛花期 4～6 月，当头状花序上周边淡紫色的舌状花和中央黄色筒状花萎蔫 2～3d 进入结实期，瘦果成熟时冠毛直立，花托上出现毛茸淡白色半球形果序，表明花序进入果熟期，即可进行采摘。种子不耐贮藏，春、夏季播种时，要使用当年新种子。种子发芽适温15～25℃。此外，短莛飞蓬可使用组培苗，一般在春、夏季进行移栽。

## 48.忍冬种子形态特征和繁殖特点有哪些？

忍冬(*Lonicera japonica* Thunb.)，忍冬科忍冬属多年生半常绿攀缘灌木。幼枝橘红褐色，密被柔毛和腺毛；老枝棕褐色，呈条状剥离，中空。叶对生，纸质，宽披针形至卵状椭圆形；叶柄密被短柔毛。花单生于小枝上部叶腋，密被短柔毛；花冠白色，有时基部向阳面呈微红，后变黄色，花芳香，唇形，上唇裂片顶端钝形，下唇带状而反曲。果实为浆果，球形，直径6～7mm，熟时蓝黑色，有光泽；种子卵圆形或椭圆形，褐色，长约3mm，中部有1条凸起的脊，两侧有浅的横沟纹，腹面不平，但无明显沟棱，顶端稍圆，基部稍尖，为一褐色圆形种脐。千粒重约3.4g。

忍冬的花初开时为白色，后转为黄色，故常称为“金银花”。此外，不同地区有金银藤、银藤、二色花藤、二宝藤、右转藤、子风藤、蜜桷藤、鸳鸯藤、老翁须等名称。忍冬有变种红白忍冬，主要形态特征是幼枝紫黑色；幼叶带紫红色；小苞片比萼筒狭；花冠外面紫红色，内面白色，上唇裂片较长，裂隙深、超过唇瓣的1/2。现行《中国药典》收载忍冬的干燥花蕾或带初开的花作为唯一的药用“金银花”，同属植物大花忍冬(又名灰毡毛、黄褐毛忍冬、大金银花等)[*Lonicera macrantha* (D. Don) Spreng.]、菰腺(红腺)忍冬(*Lonicera hypoglauca* Miq.)、华南忍冬[*Lonicera confusa* (Sweet) DC.]是药用“山银花”的基原植物。

忍冬花期主要在4～6月，秋季亦常开花。果熟期一般8～10月，当果实呈黑色变软时采摘，忍冬果实成熟后不易脱落，浆果干缩仍挂在植株上，故可于10～11月采摘。种子放于干燥阴凉处保存，1年以上仍有较高发芽率。用种子繁殖时，宜秋播；春播需要事先催芽处理；直播每667 m²用种量1000～1500g。种子繁殖植株生长慢，变异性较大，收益迟，主要用于育种。生产上常用扦插繁殖，在夏、秋阴雨季节，选择1～2年生枝条，剪成30cm左右的小段，直接插入生产田中；也可采用扦插育苗的方式，一般7～8月扦插育苗，在3月上旬、中旬或8月上旬至10月上旬移栽。此外，忍冬也可用分根繁殖，但繁殖系数低，生产上很少采用。

## 49.何首乌种子形态特征和繁殖特点有哪些？

何首乌[*Fallopia multiflora* (Thunb.) Harald.]，蓼科何首乌属多年生缠绕草本。宿根肥厚块状，外皮红褐色或暗棕色，断面具有“云锦花纹”。茎缠绕，长3～4m，中空。

叶互生，窄卵形至心形；花序圆锥状，大而开展，顶生或腋生，苞片卵状披针形；花小，白色，花被5深裂，外面3片肥厚，背部有翅。花期8～10月，果熟期9～11月。果实为瘦果，椭圆形，全包于宿存的花被内，具三棱，棕黑色有光泽，基部为一小孔状果脐，内含种子1粒。种子卵状三棱形，棕褐色。千粒重2.2g左右。

秋季果实成熟期，当花被变褐发干，种子呈黑褐色时采集。晒干后脱粒，去除杂质，于干燥阴凉处保存。种子在室温下可保存1年以上。生产上，何首乌可用种子和扦插繁殖。种子繁殖于3月上旬至4月上旬直播栽培；育苗移栽方式费工，产量低于直播，较少采用。扦插繁殖在3月上旬至4月上旬，选择生长旺盛、健壮无病虫害的枝条(茎蔓)，剪成长25cm左右、带有2～3个节的插条进行栽种。播种或扦插均应保持田间湿润。

## 50.黄连种子形态特征和繁殖特点有哪些?

黄连(*Coptis chinensis* Franch.)，习称味连，毛茛科黄连属多年生草本。根状茎常分枝，有多数须根，黄色。叶基生，卵状三角形，3全裂，中央裂片有细柄。花两性，成聚伞花序，小花黄绿色；萼片和花瓣均为5片，条形至被针形；心皮8～12个。聚合蓇葖果。种子长椭圆形，长2～2.5mm，宽0.6～0.9mm，背面隆起略呈弧形，腹面扁中线明显略凹，顶端圆形，基端平直。种皮红棕色或棕褐色，表面有多数纵纹突起，稍具光泽。胚乳不透明，质硬，胚细小近球形，着生于基端。千粒重0.9～1.3g。

黄连和同属植物三角叶黄连(*Coptis deltoidea* C.Y.Cheng et Hsiao)、云南黄连(云连)(*Coptis teeta* Wall.)的干燥根茎作为药材，统称为“黄连”，习惯上分别称为“味连”“雅连”“云连”。三种黄连的野生种都属于国家二级保护植物。

黄连三年生至四年生的植株所结种子质量较好，留种应选三年生至四年生、健壮、无病虫害的植株。一般于5月上中旬种子成熟。当果由绿色变为黄绿色时说明种子已成熟，应及时采收。种子不能日晒，需保持湿润，干燥的种子很容易丧失发芽力，阴干的种子最多只能保持半年的生活力。黄连种子有低温休眠的特性，要经砂藏处理后再播种。将采收的种子淘洗干净，及时用湿砂或干净的腐殖土混合均匀，埋于木箱中或整理好的低畦内，上盖砂或腐殖土，保湿，经常检查防霉变。10月底、11月初种子开始裂口，就可播种。每667 m²用种量1500～2000g。

## 51.黄芩种子形态特征和繁殖特点有哪些?

黄芩(*Scutellaria baicalensis* Georgi)，唇形科黄芩属多年生草本，高30～80cm。肉质根肥厚，断面黄色。叶披针形至线状披针形，全缘，两面密被黑色腺点。总状花序顶生，偏向一侧，花冠紫色、紫红色至蓝色；雄蕊4枚；子房褐色，花柱细长。花期6～

9月，果期8～10月。果实为小坚果，三棱状椭圆形，长1.5～2.4mm，宽1～1.6mm，表面黑褐色，粗糙，解剖镜下可见密被小尖突。背面隆起，两侧面各具一斜沟，相交于腹棱果脐处，果脐位于腹棱中上部，乳白色圆点状，果皮与种皮较难分离，内含种子1粒。种子椭圆形，表面淡棕色，含油分，千粒重1.49～2.3g。

黄芩花期较长，种子成熟期不一致，应随熟随采。种子不耐贮藏，1年后发芽率很低，不能用于生产。但在低温条件下种子可保存3年以上。种子发芽适温15～30℃，35℃以上萌发较差。黄芩主要采用种子直播，春、夏季和冬季均可播种，以春播产量最高，每667 m²用种量500～750g。此外，还可用扦插和分根繁殖。扦插在春、夏、秋三季都可进行，但以5～6月扦插效果最好；插条应选茎尖半木质化的幼嫩部位，插入沙或沙质壤土中。分根繁殖选择高产优质植株的根茎部分作繁殖材料。

## 52.滇龙胆草种子形态特征和繁殖特点有哪些?

滇龙胆草(*Gentiana rigescens* Franch. ex Hemsl.)，简称滇龙胆，又名坚龙胆、南龙胆、龙胆草、胆草、青鱼胆、苦草、蓝花根、炮仗花、贵州龙胆等，龙胆科龙胆属多年生草本，高30～50cm。根茎短、粗壮，周围簇生多数细长圆柱状根；须根肉质，棕黄色。地上茎粗壮，发达，有分枝，常带紫棕色。无莲座状叶丛；茎生叶多对，下部2～4对小，鳞片形，其余叶卵形至卵状长圆形，主脉3出。花枝多数，丛生，直立，坚硬，基部木质化，上部草质，紫色或黄绿色，中空，近圆形，幼时具乳突，老时光滑。簇生聚伞花序顶生或腋生，开花顺序为茎顶端先开花，依次向下，昼开夜合；无花梗；花萼倒锥形；花冠蓝紫色或蓝色，冠檐具多数深蓝色斑点，漏斗形或钟形。花期8～10月，果期9～11月。果实为蒴果，椭圆形或椭圆状披针形，先端急尖或钝，基部钝梭形。种子为黄褐色，有光泽，矩圆形，细小，长0.525～1mm，宽0.25～0.6mm，种皮膜质，向两端延伸成翅状，表面有蜂窝状网隙。千粒重0.0103～0.029g。

滇龙胆和同属植物条叶龙胆(*Gentiana manshurica* Kitag.)、龙胆(*Gentiana scabra* Bunge)、三花龙胆(*Gentiana triflora* Pall.)的干燥根和根茎药用，药材名称为“龙胆”，滇龙胆习称“坚龙胆”，后三种习称“龙胆”。

滇龙胆留种要选三年生以上的无病害健壮植株，当蒴果呈黄色或蜡黄色时采收。滇龙胆花果期较长，种子成熟期不一致，应随熟随采。采收后的种子应自然干燥，不能烘干。晒干的种子会自然散落，去除杂质后即可使用。种子不耐贮藏，常温条件下仅能保存6个月，之后种子发芽率显著下降；在0～10℃条件下可保存1年。种子在15～30℃条件下均可发芽，发芽适温25℃。滇龙胆常用种子、分株、扦插进行繁殖。种子繁殖可直播或育苗移栽；播种期为4月中上旬，播前用0.2g/L赤霉素浸泡24h，用种子量3～5倍细沙混拌均匀后撒播；每667 m²用种量200g；播种后约5个月，当幼苗长至4～5对真叶，在9～10月可进行移栽。分株繁殖是利用根茎生有潜伏芽可萌发为地上茎的特点，在秋、冬季形成越冬芽后，将根茎切成3节以上、带有5～6条须根的小段埋入土中，第2年可长成新株。扦插繁殖是在6月选取2年以上的地上茎，剪成5～6cm长的插条插入苗床，当不定根长到约5cm时定植到田间。此外，还可使用组培苗在4月中旬或9月下旬至10月上旬时，移栽定植到田间。

## 53.三七种子形态特征和繁殖特点有哪些?

三七[*Panax notoginseng* (Burkill) F. H. Chen ex C. H. Chow]，又名田七、金不换、山漆等，五加科人参属多年生草本，野生种为国家二级保护植物。株高20～60cm。主根肉质膨大成圆锥形或短圆柱形，长2～5cm，直径1～3cm，有分枝，表面棕黄色或暗褐色，具疣状小凸起及横向皮孔。根状茎(芦头)短，具有老茎残留痕迹。茎圆柱形，绿色或紫红色，掌状复叶3～6片轮生茎顶；小叶3～7片，膜质，两面脉上有刚毛，边缘有细锯齿。伞形花序单生于茎顶，花两性，淡黄绿色；雄蕊及花瓣各5枚；雌蕊1枚；花柱2个，茎部合生，子房下位。花期7～8月，果熟期10～12月。果实为核果浆果状，扁球形或三角状球形，成熟时红色，含种子1～3粒。种子呈球形、侧扁或三角状卵形，种皮白色或黄白色，有皱纹，表面粗糙，微具3棱，种子平直一面有种脊，靠基部有一圆形种孔；种皮2层，软骨质，胚乳丰富，白色，胚细小，位于胚乳基部。

三七种子具有胚后熟特性，需经一段时间的低温层积过程或者用0.05%赤霉素处理才能在适宜条件下萌发。种子发芽温度范围10～30℃，发芽适温20℃。自然条件下三七种子的寿命仅15d左右。也不宜低温贮藏，4℃和20℃保存的种子，其生活力下降趋势基本一致。采用25%湿沙室温(20～25℃)层积贮藏种子，能较好地保持三七种子在后熟期间的种子活力，但最长不能超过90d。种子活力和种子含水量之间有极显著的相关性，三七种子含水量降至30%左右时，种子活力开始受损；含水量过高，种子易霉变。因此，为保持三七种子的活力，种子水分应保持在50%～70%之间。除种子活力外，三七种子发芽率与种子重量和大小有正相关性，大粒种子发芽率较高。合格的三七种子，含水量应不低于50%；千粒重应不低于60g，以100g以上的为好；种子长应大于5mm，宽应大于4.5mm，厚应大于4.5mm。

三七植株生长二年才能开花结实，但种子细小，不宜作种用。采种应选择无病虫害，生长健壮的3～4年生的三七植株。三七果熟期长，大致分三批成熟，第一批在10月中旬至11月上旬；第二批在11月中旬、下旬；第三批在12月上旬、中旬。第三批种子成熟时气温较低，种子不能完全成熟，且细小不饱满。因此，要选择第一、二批成熟饱满的大粒种子作种。生产上宜随采随播，采下的种子不能曝晒，放在通风阴凉处3～5d，果实外皮稍干后，即将种子剥成单粒进行播种。不能及时播种的种子可用砂藏法短期贮存。

播种季节在11月上旬至下旬。每667 m²用种量3.3万～9万粒。三七育苗一年后，在第二年1月前，休眠芽尚未萌动前移栽。

## 54.天麻种子形态特征和繁殖特点有哪些？

天麻(*Gastrodia elata* Bl.)，别名赤箭(剑)、水洋芋、定风草等，兰科天麻属多年生共生草本植物，野生种为国家二级保护植物。天麻无根、无绿叶，生长循环需要靠两种以上的真菌提供营养。天麻地上部分为独茎，高30～150cm，全体不含叶绿素。茎秆和鳞叶均为赤褐色，无根，地下部分为肉质肥厚块茎状，椭圆形至近哑铃形。总状花序，花橙黄色、淡黄色、蓝绿色或黄白色，花期4～6月，果期7～8月；果实为蒴果，长圆形至长倒卵形，有短梗；表面棕色或淡褐色，具有棕色的斑点和六条纵缝线，顶端常留有花被残基，每果具种子2万～5万粒以上，种子极微小，呈长纺锤形粉粒状，表面浅灰黄色。显微镜下可见种子由胚及单层细胞的种皮组成，无胚乳。种皮薄而透明，常延伸成翅状。胚椭圆形，未分化，胚柄色较深，着生于种皮上。千粒重0.0014g。

天麻总状花序上的花，是自下而上开放，果实由下而上陆续成熟，应逐日分批收获。当果壳上的纵缝线出现开裂，变软时，即为适宜的采收期，应及时收获。天麻种子寿命短，容易丧失活力，果实将要开裂时的种子生活力最强，发芽率可达60%以上，果实裂开后的种子发芽率不到10%。因此，种子成熟时，最好随采随播；需要暂存时，应将果实装入试管或纸袋内，在2～5℃条件下保存。天麻种子发芽温度范围15～28℃，发芽适温25～28℃，超过30℃种子发芽受到抑制。播种时，用萌发菌拌种，一般每平方米播种16～20个蒴果所含的种子。播种1年后，即可移苗分栽，也可以不移苗。天麻种子无胚乳，萌发需要小菇属真菌为其提供营养，种子萌发后形成的原球茎需要蜜环菌的侵入为其提供营养，天麻才能完成由种子到米麻、白麻，以及箭麻的整个生长发育过程。

## 55.黄精种子形态特征和繁殖特点有哪些？

黄精(*Polygonatum sibiricum* Delar. ex Redoute)，别名鸡爪参、老虎姜、笔管菜、黄鸡菜等，百合科黄精属多年生草本，高50～120cm。根状茎圆柱形，一端粗，向另一端渐变细。地上茎单一。叶轮生，每轮4～6片，条状披针形，无柄。花序腋生，花被乳白色至淡黄色。果实为浆果，球形，蓝绿色，熟时黑色，内含种子4～7粒。种子近球形或略扁，表面淡褐色，有光泽，先端具一深棕色圆形种孔，基部具一大型椭圆形略隆起的黄褐色斑，即为种脐。胚乳白色，角质样。千粒重33～37g。

黄精以干燥根茎入药，药材习称“鸡头黄精”。同属植物滇黄精(*Polygonatum kingianum* Coll. et Hemsl.)的根状茎近圆柱形或近连珠状，结节有时作不规则菱状，肥厚；通常茎高 100～300cm，顶端作攀缘状；浆果红色，具 7～12 粒种子；干燥根茎入药，习称“大黄精”。同属植物多花黄精(*Polygonatum cyrtonema* Hua)的干燥根茎，习称“姜形黄精”。

留种选择生长健壮，无病虫害，优质高产的植株，于 9～10 月果熟期，采集果皮呈紫黑色或黑绿色，果肉变软的果实。应随熟随采，或分批采收。取出种子后阴干，装入布袋或牛皮纸袋，置干燥阴凉处保存。种子可保存 1 年，1 年后发芽率逐渐下降。黄精种子因生态型不同，有些种子有休眠现象。将种子和湿沙混合，0℃下贮藏 2 个月左右即可打破休眠。播种期一般在 4 月上旬。生产上一般采用根状茎切块繁殖，于 3 月下旬或 10 月挖取地下根茎，切分成带 3～4 节的小段，晾干伤口后栽种。此外，也可以使用组培苗移栽。

## 56.党参种子形态特征和繁殖特点有哪些?

党参[*Codonopsis pilosula* (Franch.) Nannf.]，桔梗科党参属多年生草质缠绕藤本，具白色乳汁，有特殊臭气。根肉质，圆柱状，长约 30cm，常在中部分枝。茎细长多分枝，幼嫩部分有细白毛。叶互生、对生或假轮生，卵形，两面常具柔毛。花单生叶腋，有梗；花萼绿色，花冠浅黄绿色，宽钟状，里面有紫斑。花期 8～9 月，果期 9～10 月。果实为蒴果，圆锥形，有宿存花萼。种子数多，细小，卵圆形，无翼，表面棕褐色，有光泽。解剖镜下可见密被纵行线纹，顶端钝圆，基部具一圆形凹窝状种脐。胚乳半透明，含油分，胚细小，直生，子叶 2 片。千粒重 0.28～0.31g。

党参一年生植株产的种子干瘪，二年生植株开花结实多，种子质量好。因此，应选择二年生的植株作种株。当果实呈黄白色，种子浅褐色时，即可采收。党参花果期长，果实成熟度不一，应随熟随采。采回的果实晒干后脱粒，去除杂质，把种子装入布袋，在干燥阴凉环境下贮藏。常温下种子只能保存 1 年。新种子发芽率可达 85%以上，1 年后种子发芽率很低或丧失活力，不宜作种。10℃时种子开始萌发，发芽适温 18～20℃。生产上，一般使用种子育苗移栽。播种期从早春解冻后至冬初封冻前均可，一般在雨季和秋季播种，幼苗生长 1 年后，在 3 月中旬至 4 月上旬或 10 月中旬至 11 月封冻前，幼苗萌芽前移栽。直播每 667 ㎡用种量约 1000g。党参可与玉米、小麦等作物间作。

## 57.北柴胡种子形态特征和繁殖特点有哪些?

北柴胡(*Bupleurum chinense* DC.)，又名竹叶柴胡、硬苗柴胡、韭叶柴胡、烟台柴胡等，伞形科柴胡属多年生草本，高 45～85cm。主根黑褐色，质坚硬。茎直立丛生，上部多回分枝长而开展，常呈“之”字曲折。叶互生，单叶全缘，倒披针形或狭披针形或狭椭圆形。复伞形花序腋生兼顶生，花小，鲜黄色。花期 9 月，果期 10 月。果实为双悬果，椭圆形，侧面扁平，合生面收缩，表面棕褐色，略粗糙；分果切面近半圆形，有5条明显的主棱，油管围绕胚乳四周，胚乳背面圆形，腹面平直，胚小，千粒重约1.4g。

北柴胡和同属植物狭叶柴胡(又名红柴胡、软苗柴胡、软柴胡、香柴胡等)(*Bupleurum scorzonerifolium* Willd.)的根药用，干燥后的根即为药材“柴胡”，按性状不同，分别习称“北柴胡”和“南柴胡”。

北柴胡有多伞北柴胡、百花山柴胡、北京柴胡三个变型，品种类型多，生产上，要选择品质好、抗病性强和产量高的类型留种。在果实成熟期，当种子稍带褐色时割下地上部植株，晒干簸净后，将种子装入布袋，放于通风干燥处贮藏。北柴胡花果期较长，种子成熟期不一致，采收的种子大小和成熟度差异较大，发芽率一般为35%～50%。新收获种子的具有胚后熟特性，自然干燥条件下，一般需要4～5个月后，种子即可正常发芽，但不耐贮藏，1年后种子已无发芽力。种子发芽适温20～25℃。生产种植前，为提高发芽率，应选用充实饱满的新种子，播前用温水浸种1d后混合湿沙，在20～25℃温度下催芽；用适宜浓度的细胞分裂素或高锰酸钾浸种，也能提高发芽率。北柴胡可春播或秋播，直播每667 ㎡用种量1500～2000g。春播20～25d左右出苗，秋播翌年春天出苗。如采用育苗移栽，种苗培育1年后，于早春萌芽前移栽定植。

## 58.黄草乌种子形态特征和繁殖特点有哪些?

黄草乌(*Aconitum vilmorinianum* Kom.)，毛茛科乌头属多年生草本，又名草乌、大草乌、昆明堵喇(云南)、昆明乌头等。块根肥厚，椭圆球形或胡萝卜形，长2.5～7cm，粗约1cm。茎缠绕，长达4m，分枝。叶片坚纸质，五角形，3全裂；叶柄与叶片近等长。总状花序有3～6朵花；萼片紫蓝色，外面密被短柔毛；花瓣无毛；雄蕊无毛；心皮5个，无毛或子房上部疏生短毛。花期7～9月。果实为蓇葖果，直，无毛，长1.6～1.8cm，蓇葖果成熟开裂，散出大量具有薄膜状的种子，可随风飞扬散落；种子长约0.3cm，三棱形，只在一面密生横膜翅。种子水分9%以下时，千粒重1.28～1.74g。

黄草乌有变种展毛黄草乌(*Aconitum vilmorinianum* var. *patentipilum* W.T.Wang)也以块根药用。同属植物北乌头(*Aconitum kusnezoffii* Reichb.)的干燥块根药用名称为“草乌”；同属植物乌头(川乌)(*Aconitum carmichaelii* Debeaux)的干燥母根和子根药用名称分别是“川乌”和“附子”。此外，我国乌头属植物中供药用的约有36种，除前述几种外，常用的还有黄花乌头(关白附)[*Aconitum coreanum* (Lévl.) Rapaics]、短柄乌头(雪上一枝蒿)(*Aconitum brachypodum* Diels.)、西南乌头(紫草乌、堵喇、深裂黄草乌、藤乌)(*Aconitum episcopale* Leveille)、甘青乌头[*Aconitum tanguticum* (Maxim.) Stapf]等种。毛茛科乌头属大部分物种的块根内含有乌头碱等剧毒成分。

黄草乌果熟期9～11月，应随熟随采或分批采收。果荚由绿色变为褐色，顶端开裂，种皮黄褐色时，就是最佳采收期，此时种子的成熟度最好；采收过晚，果荚裂开，种子散落。种子有一定休眠性，3～5℃条件下冷藏30～40d可打破休眠；种子发芽适温20℃。黄草乌可用种子、块根和组培苗繁殖。种子育苗需要对种子预先处理，苗期栽培管理要求高，生产周期长，主要用于育种。组培苗繁殖需要较高的投入和技术，较少使用。生产上主要用块根繁殖。黄草乌采挖后，将块根上部当年长出的顶芽3～5cm切下作种根，切下作种用的块根每块大小2～3g，1000g种根约400～500个，于4月中旬至5月初或10月中旬至霜降前栽种。

## 59.滇重楼种子形态特征和繁殖特点有哪些？

滇重楼[*Paris polyphylla* var. *yunnanensis* (Franch.) Hand.-Mzt.]，百合科重楼属多年生草本，又名云南重楼、宽瓣重楼、蚤休等，高可达200cm。地下有肥大横生根状茎，茎多呈紫黑色，基部有1～3片膜质叶鞘包茎；6月底至7月初在茎基前端形成白色越冬芽。叶通常7～10片轮生，为倒卵披针形或倒披针形，先端渐尖或急尖，基部楔形至圆形，常具1对明显的基出脉。花梗从茎顶抽出，顶端着生一花，花两性，花被两轮，外轮花被片4～6片，绿色，卵形或卵状披针形，内轮花被片与外轮花被片同数，条形，黄绿色，雄蕊2～3轮，8～10枚。子房近球形，具棱，花柱短。果实为蒴果，近球形，种子多数。种子球形或扁球形，具鲜红色多浆汁的外种皮。种子干后表面有皱纹，无光泽，顶端中央皱细，具一小的突起；种脐着生在种子基部，周缘凹陷，边缘稍隆起，色较浅，有时有宿存的种柄。胚乳坚硬，白色，胚细小。千粒鲜重约64g。

滇重楼因具有类似两层"绿叶"的叶和花的排列和着生方式而形象化得名"重楼"。滇重楼和同属植物七叶一枝花(九连环)(*Paris polyphylla* Smith)的根状茎作药用时，药材名称均为"重楼"。

滇重楼花期6～7月，果期9～10月，果实膨大期20d，果实成熟期40d。果实未成熟时采收的种子没有发芽力。当蒴果刚开裂，种子外种皮由淡红色转变为深红色时，及时分批采摘，置阴凉处后熟数日，洗出种子，可及时播种，或用湿沙常温或低温贮藏。滇重楼种子寿命短，种子需要较高的含水量保持活力，干藏或晾干时间较长的种子会很快丧失发芽力；种子具有胚后熟特性和休眠特性，在0～5℃条件下贮藏1～2个月可促进胚发育成熟，并打破休眠。使用种子繁殖时，没有条件贮藏种子时，应在种子成熟季节随采随播；也可以在种子采收后，常温条件下用湿沙保存种子。第二年4月左右，种胚成熟，并有超过50%的种子胚根萌发时即可播种。滇重楼种子繁殖育苗过程缓慢，从播种到富含皂苷的根茎形成需要5～6年。因此，生产上常用根状茎切块繁殖，于秋末植株枯萎后或早春萌芽前挖取根状茎，把茎尖带越冬芽部分的节3～4cm处切下，放于阴凉干燥库房中贮存，第二年春季作为种根栽植。

## 60.川续断种子形态特征和繁殖特点有哪些?

川续断(*Dipsacus asper Wallich* ex Candolle)，忍冬科川续断属多年生草本，高60～200cm。别名续断、和尚头、鼓槌草(鼓锤草)、川断、山萝卜等。主根1条或在根茎上生出数条，圆柱形，黄褐色，稍肉质；茎中空，具6～8条棱，棱上疏生硬刺；基生叶稀疏丛生，叶片琴状羽裂，有刺毛；茎生叶羽状深裂，上部叶披针形，不裂或基部3裂；头状花序球形；花冠淡黄色或白色，外面被短柔毛；雄蕊4枚；子房下位，雌蕊1枚，柱头短棒状。花期7～9月，果期9～11月。果实为瘦果，长倒卵柱状，长约0.4cm，表面淡褐色、紫褐色或黑褐色，顶端有宿存花萼和浅黄色花柱，下部渐窄，果脐着生基端，斜向腹面，近菱形，表面被有灰黄褐色蜡质斑点，具4条明显纵棱，并有不明显浅纵沟，表面光滑，微有光泽，解剖镜下观察疏被短柔毛，基部果脐为一凹陷小圆点，内含种子1粒。种子浅黄褐色，长椭圆形。胚乳白色，含油分，胚直生。千粒重3.3～7.5g。

川续断以根入药，因能“续折接骨”而习称“续断”。现行《中国药典》只收载川续断作为药材续断的基原植物。

川续断果实在成熟后期易自行脱落散失，应及时采收。当果球由绿色变为黄绿色，选充实饱满的果球整个采摘，置于阴凉通风处后熟数天，再晒干，取出种子，放入干燥通风处保存。川续断种子寿命低，不耐贮藏，隔年种子已无发芽力，不能作种用。新种子发芽率高，播种后幼苗根系发育均匀，品质较好。川续断结实多，秋季果熟期可采收到大量种子，因此生产上多用种子直播。冷凉高寒地区在3月下旬至4月上旬播种为宜，低暖地区宜秋播，可在采种后即行播种；每667 ㎡用种量约2300g。此外，也可利用带有芽的根头及细根进行分株繁殖。

## 61.丹参种子形态特征和繁殖特点有哪些?

丹参(*Salvia miltiorrhiza* Bunge)，别名大叶活血丹、血参、紫丹参、红根、赤参、大红袍、郁蝉草、山参等，唇形科鼠尾草属多年生草本。因以其色红且形状似参的干燥根及根茎入药，而得名“丹参”。株高30～100cm，全株密被柔毛。根细长，圆柱形，外皮砖红色。茎直立，四棱形，多分枝。奇数羽状复叶，对生，两面被柔毛。轮伞花序顶生或腋生，密被腺毛和柔毛；花萼钟状，花冠蓝紫色，二唇形；雄蕊2枚；子房上位，4深裂，柱头2裂。果实为小坚果，三棱状长卵形，长0.18～0.33cm，宽0.11～0.2cm；成熟时表面暗棕色或黑色，为黄灰色糠秕状蜡质层覆盖；背面稍平，腹面隆起成脊，圆钝，近基部两侧收缩稍凹陷；果脐着生腹面纵脊下方，近圆形，边缘隆起，密布灰白色蜡质斑，中央有一条“C”形银白色细线。种子水分 25%～30%时，千粒重 0.9～1.64g。

丹参通常以二年生的植株留种。二年生植株花期 5～10 月，开花 1 个月后，种子陆续成熟，应分期分批采收。当花序上有 2/3 的萼片转黄未干枯时，将整个花序剪下，晒干打出种子。丹参种子不宜在常温条件下贮藏，贮存 6 个月的种子，发芽率低于 40%；低温干藏(种子水分 7%以下)效果优于常温贮藏，但贮存时间不能超过 1 年。种子采收后最好在 6 个月内播种，最迟不能超过 12 个月。丹参种子属于中温萌发型，10～30℃条件下可正常发芽，10℃以下和 30℃以上都会明显抑制发芽；发芽最适温度 25℃，23～28℃变温条件有利于萌发和促进幼苗生长。丹参喜温暖和湿润环境，适应性和抗寒性较强，春、夏、秋季均可播种育苗移栽或直播，直播每 667 m²用种量约 500g。也可选择一年生、健壮、无病虫，皮色红的鲜根作种根，一般 2～3 月或 11 月至立冬前栽种，随挖随栽。还可以在春、夏季时，选择生长健壮的茎枝，剪成 20cm 左右长的枝条进行扦插繁殖。此外，还可以使用丹参组培苗进行移栽生产。

## 62.秦艽种子形态特征和繁殖特点有哪些?

秦艽(*Gentiana macrophylla* Pall.)，龙胆科龙胆属多年生草本，高 20～60cm。主根粗长，圆柱形，上粗下细；须根多条，扭结成长圆锥状或圆柱状。茎直立或斜生，黄绿色或有时上部带紫红色，无毛。基生叶多丛生，主脉 5 条，卵状椭圆形或窄椭圆形；茎生叶对生，椭圆状披针形或狭椭圆形。聚伞花序，簇生枝顶呈头状或腋生作轮状；花近蓝紫色；雄蕊 5 枚；子房无柄，椭圆状披针形或狭椭圆形，柱头 2 裂。花期 7～9 月，果期 8～10 月。果实为蒴果，内藏或先端外露，卵状椭圆形，长 1.5～1.7cm，种子数多；种子椭圆形，褐色或棕色，有光泽，表皮具细网纹，无翅；种脐位于基部尖端，不明显，解剖镜下观察表面密布略突起的纵皱纹。千粒重约 0.3g。

秦艽采种需要栽培 2 年以上的植株。秦艽种子细小，同一果序上成熟呈度不一。当植株发黄，蒴果显深棕色，种子变成褐色或棕褐色，果序中约 80%的种子成熟时收取果穗，放通风干燥阴凉处后熟 7～8d，取出种子，晒干后在干燥阴凉条件下贮存备用。常温条件下，秦艽种子不耐贮藏，1 年后种子即丧失发芽力。种子发芽适温为 20℃，30℃以上对萌发有显著抑制作用。生产上，秦艽用种子直播种植或育苗移栽。一般在春季解冻后播种，直播每 667 m²用种量 500～800g。

## 63.夏枯草种子形态特征和繁殖特点有哪些?

夏枯草(*Prunella vulgaris* L.)，唇形科夏枯草属多年生草本，有白花、狭叶等变种。别名麦穗夏枯草、铁线夏枯草等。根茎匍匐，在节上生须根；高 10～30cm，基部多分枝；花期 4～6 月，果期 7～10 月。果实为小坚果，长圆状卵珠形，略扁，长约 1.8mm，宽约 0.9mm，微具沟纹；表面黄棕色，有光泽；顶端钝圆，基部具一白色马蹄状突起，为果脐，背腹两面均隆起，腹面尤甚，解剖镜下观察沿边缘及中央有深棕色纵棱数条，果皮浸水后黏液化，内含种子 1 粒。种子倒卵形或椭圆形，白色或淡棕黄色；腹面具一棕色或淡棕色线形种脊，合点位于种子中部稍上方，种脐位于种子近下端；种皮膜质。千粒重约 0.42g。

夏枯草留种选择生长健壮的植株，在果实成熟期，当小坚果呈黄棕色时采收，晒干打出种子，去除杂质，放干燥阴凉处贮存。种子可保存 1～2 年。种子发芽适温为 15℃，20℃以上有明显抑制作用，30℃时发芽率极低。采用种子直播和分株繁殖的方法进行种植生产。播种繁殖在 3～4 月或 8 月下旬，每 667 m²用种量 300～500g。分株繁殖在春季未萌芽时，将老根挖出，进行分株移栽。

## 64.桔梗种子形态特征和繁殖特点有哪些?

桔梗[*Platycodon grandiflorum* (Jacq.)A.DC.]，桔梗科桔梗属多年生直立草本，具白色乳汁，高 20～120cm。根肥大肉质，长圆锥形。茎直立，上部稍分枝。叶对生，轮生或互生；卵状披针形或披针形，边缘有锯齿。花单生或呈疏生的总状花序，花冠蓝紫色、白色或黄色；雄蕊 5 枚；子房下位，柱头 5 裂。果实为蒴果，倒卵形，顶端 5 裂，成熟时棕褐色，内含种子多数。种子倒卵形或长倒卵形，一侧具翼，棕黑色或棕色，有光泽，长约 0.25cm，宽约 0.15cm，含油分，胚小，直生，子叶 2 片。千粒重 0.93～1.4g。

桔梗花期 6～9 月，果期 8～11 月。后期如遇低温影响，种子不能完全成熟。因此，采种株应于 8 月下旬以后剪去侧枝上开的花，保证上中部果实的发育生长，促使种子饱满，提高种子质量。当蒴果变黄时，割下全株，放通风干燥处后熟 2～3d，晒干脱粒，去除杂质，置通风干燥处贮藏。常温下贮藏种子易丧失活力，0～4℃干贮可存储 18 个月以上。成熟种子在常温下贮藏 6 个月，发芽率可达 60%以上，18 个月后，下降为 20%以下。未成熟种子发芽率很低。桔梗种子在 10℃以上时才能发芽，发芽适温 20～25℃。生产上以种子直播繁殖为主，要使用新种子，隔年种子发芽率很低，不宜采用。春秋冬季均可播种，以秋播最好。直播叉根少，质量和产量高于育苗移栽，每 667 m²用种量 500～750g。此外，在 6～7 月，二年生桔梗新发出的茎基部枝条作插条进行扦插繁殖，成活率可达 50%。桔梗还可以用根繁殖，收获桔梗时，选择发育良好，无病虫害的植株，将根前端 1 处切下，用细土灰涂抹伤口后，即可进行栽种。

## 65.车前种子形态特征和繁殖特点有哪些?

车前(*Plantago asiatica* L.)，车前科车前属二年生或多年生草本，又名车前草、车轮草等。根茎粗短，须根多数。叶密集丛生，开展或直立；叶柄与叶片等长，叶片卵形或广卵形；腋生穗状花序，花淡绿色；雄蕊 4 枚；雌蕊 1 枚，子房上位。花期 4～8 月，果期 6～9 月。果实为蒴果，纺锤状卵形、卵球形或圆锥状卵形，膜质，周裂，有种子 4～12 粒。种子细小，矩圆形，腹面通常较平坦，表面为浅黄褐色或黑褐色，具许多皱纹状的小突起。种脐位于腹面中部，呈椭圆形浅凹，稍明显。千粒重 1.2g。

车前的干燥成熟种子药用称为“车前子”，干燥全草药用称为“车前草”。

车前喜湿润温暖气候环境，夏、秋季气温高，种子成熟度好。当果穗由绿转黄时，选生长健壮、无病虫害的成熟果穗剪下，集中放置阴凉环境下，阴干后打出种子，贮存于干燥阴凉通风处。平均气温下降到 15℃左右时，多数种子不成熟，不应采收作种。车前适应性较强，可在春、秋季直播或秋季育苗后，翌年 2～3 月移栽。直播每 667 ㎡用种量 250～300g。

## 66.蒲公英种子形态特征和繁殖特点有哪些？

蒲公英（*Taraxacum mongolicum* Hand. -Mazz.），别名黄花地丁、婆婆丁、蒙古蒲公英、灯笼草、地丁等，菊科蒲公英属多年生草本，有乳汁。根垂直。叶基生，莲座状平展，披针形或倒披针形，叶缘浅裂或不规则羽裂，头状花序。果实为瘦果，暗褐色或黄棕色，倒卵状披针形，长 0.25～0.5cm，宽 0.07～0.15cm，外具纵棱和浅沟，棱上有小突起，中部以上为粗短刺，顶端逐渐收缩为长约 1mm 的圆锥至圆柱形喙基，喙长 0.6～1cm，纤细；冠毛白色，长 0.45～0.6cm。一般每个头状花序种子数都在 100 粒以上。大叶型蒲公英种子千粒重 2g 左右，小叶型蒲公英种子千粒重 0.8～1.2g。

蒲公英是多年生宿根性植物，野生条件下二年生植株就能开花结籽，开花后 13～15d 种子即成熟。花盘外壳由绿变为黄绿，种子由乳白色变褐色时即可采收。采种时可将蒲公英的花盘摘下，在室内存放后熟 1d，待花盘全部散开，阴干 1～2d 至种子半干时，搓掉种子尖端的绒毛，晒干种子备用。种子无休眠期，成熟采收后的种子，从春到秋可随时播种。也可采集蒲公英的根用于栽培。

## 67.牛蒡种子形态特征和繁殖特点有哪些？

牛蒡（*Arctium lappa* L.），菊科牛蒡属二年生草本，又名牛菜、恶实、大力子等，成熟果实药用称为“牛蒡子”。茎粗状，高 100～200cm。主根肉质。茎多分枝，略带紫色。基生叶丛生，中部以上叶互生，具柄；叶片卵状心形至阔卵形，叶背密被白色绵毛。头状花序丛生于茎顶或排列成伞房状，全为管状花，紫红色。花期 7～8 月，果期 8～9 月。果实为瘦果，长椭圆形或倒卵形，略呈三棱，表面灰棕色或淡褐色，有斑点；具稍隆起的纵脉 6～8 条，近顶端处具凹凸不平的皱纹，顶端钝，具一稍隆起的圆环(冠毛着生处)；

冠毛淡褐色，呈短刺状；果皮坚韧，含种子1粒。种子长倒卵形或倒披针形，表面乳白色，顶端钝圆，基部尖，具一点种脐。无胚乳，胚直生，含油分；胚根短锥状，子叶2片，肥厚，倒卵形。千粒重9.95～14.4g。

牛蒡果熟期不一致，应随熟随采，当果序总苞呈枯黄，种子呈淡褐色时剪下果序，摊开晒干，去除杂质，将净种子放在干燥阴凉处保存，种子寿命可达3～4年。种子10℃以上即可萌发，发芽适温20～25℃，15℃以下或30℃以上时，发芽率较低。牛蒡适应性强，耐寒，但喜温暖湿润向阳环境。生产上以直播为主，也可以育苗移栽。春、秋两季均可播种。秋播在翌年春天易抽薹，使用陈种子可以降低抽薹的发生。

## 68.菘蓝种子形态特征和繁殖特点有哪些？

菘蓝，学名欧洲菘蓝(*Isatis tinctoria* Linnaeus)，俗名板蓝根、大青叶等，十字花科菘蓝属二年生草本，高40～100cm。主根长圆柱形，肉质肥厚。茎直立，上部分枝。基生叶莲座状，椭圆形或倒披针形；茎生叶长椭圆形或长披针形。复总状花序，花黄色。花期4～6月，果期5～7月。果实为短角果，椭圆状倒披针形、长圆状倒卵形，扁平，翅状，表面紫褐色或黄褐色，稍有光泽；长1～2cm，中上部常较宽，无毛或有毛，边缘有翅，有时稍缢缩，顶端微凹或平截，基部渐窄，具残存的果柄或果柄痕；两侧面各具一中肋，中部呈长椭圆状隆起，内含种子1粒，稀2～3粒。种子长椭圆形，长0.25～0.35cm，表面黄褐色或淡褐色，基部具有一小尖突状种柄，两侧面各具较明显的纵沟(胚根与子叶间形成的痕)及一不明显的浅纵沟(两子叶之间形成的痕)；胚弯曲，黄色，含油分；胚根圆柱状，子叶2片。千粒重约10g。

菘蓝的根药用称为“板蓝根”，叶药用称为“大青叶”，茎叶加工的干燥粉末或团块为药材“青黛”。

菘蓝在我国栽培历史悠久，形成很多地方品种，各地植株形态、叶片大小、色泽，以及种子形状、大小等都有一定差异。留种要选择第二年的植株，或者第一年植株收获后，选择无病虫害、主根粗壮、不分岔的根条移栽后作为种株。种子收获后，放在通风干燥处保存。自然条件下，种子一般只能保存1年，隔年种子发芽率很低。播种期一般在3～4月最佳，每667 m²用种量1500～2000g。

## 69.枸杞种子形态特征和繁殖特点有哪些？

枸杞(*Lycium chinense* Mill.)，茄科枸杞属多年生落叶灌木。宁夏枸杞(*Lycium barbarum* L.)栽培整枝后可长成小乔木状，高80～250cm。枝有棘刺。叶互生，或簇生于短枝上，卵状披针形。花期5～10月。花冠淡紫色漏斗状，管部长于裂片。果期6～11

月。浆果长椭圆状卵形，成熟时橘红色或红色，长1～2cm，直径0.5～1cm，萼宿存，质柔软、肉厚、有黏性。浆果内含种子25～50粒，种子倒卵状肾形或椭圆形，扁，表面淡黄褐色，解剖镜下可见密布略隆起的网纹，腹侧肾形凹入处可见一裂口状或孔状种孔，其周缘即为种脐。胚乳白色，含油分，胚卷曲，淡黄色，胚根圆柱状，子叶2片，线形。千粒重约1g。

选择高产、优质的健壮植株留种。当浆果呈红色或橘红色时采摘，晾干，放干燥阴凉处保存。播种前把干果泡软，洗出种子。种子保存4年仍有90%的发芽率，5年后大降。种子发芽适温20～25℃。春、秋季均可播种，以春播为主，每667 ㎡用种量100～150g。使用种子繁殖的实生苗变异较大，难保持原品种优良特性，因此，生产上主要采用扦插繁殖方法。扦插一般在3月份进行，选择优良母树上一年生徒长枝或强壮枝，剪成15～20cm长的插条，每个插条上带3～5个芽，插入苗床，3月下旬到4月上旬定植。此外，枸杞还可采用压条和分蘖的方式繁殖。

枸杞的嫩枝叶常在春夏淡季时作为时令和特色蔬菜供应市场。枸杞干燥果实药用，药材名为“枸杞子”或“枸杞”；根皮药用，药材名为“地骨皮”。现行《中国药典》仅收载宁夏枸杞的干燥果实作为唯一的药用枸杞子，同属其他种类的枸杞，作为地骨皮的基原植物。茄科枸杞属中黑果枸杞（*Lycium ruthenicum*）和云南枸杞（*Lycium yunnanense*）的野生种是国家二级保护植物。

## 70.连翘种子形态特征和繁殖特点有哪些？

连翘[*Forsythia suspensa* (Thunb.) Vahl]，别名黄花杆、黄寿丹等，木樨科连翘属落叶灌木。株高2～4m，茎直立，高可达枝开展或下垂。叶对生，单叶或3裂至三出复叶，叶片椭圆状卵形至椭圆形，无毛。花通常单生或2朵至数朵着生于叶腋，先于叶开放；花萼绿色；花冠黄色；雄蕊2枚；柱头2裂。花期3～4月，果期7～9月。果实为蒴果，木质，卵球形、卵状椭圆形或长椭圆形，长1.2～2.5cm，宽0.6～1.2cm，先端喙状渐尖，2裂似鸟嘴，表面散生瘤点，成熟时褐色，种子多数；果梗长0.7～1.5cm。种子长条形或半月形，表面黄褐色，腹面平直，背面突起，外延成翅状。千粒重约5g。

连翘的干燥果实即药材“连翘”；秋季果实初熟尚带绿色时采收，除去杂质，蒸熟，晒干，习称“青翘”；果实熟透时采收，晒干，除去杂质，习称“老翘”或“黄翘”。

连翘一般9～10月种子成熟，选生长健壮，果多饱满的植株留种。种子成熟后易脱落，应及时采收。蒴果变为棕褐色时即可采收，晾干后脱粒，去除杂质，放于通风干燥处贮存。种子不耐贮藏，常温条件下保存期只有6个月，放置于干燥器内可贮存11个月。

连翘繁殖采用播种、扦插、压条均可。使用种子繁殖，直播一般在雨季前播种；育苗移栽3～9月都可以播种，以3～4月育苗最好，当年冬季封冻前或翌年早春萌芽前移栽。扦插育苗在早春萌芽前进行，从结果多、质量好的壮年植株上选取一、二年生枝条，剪成30～35cm左右长的插条，插入苗床，当年冬或翌年早春移栽。连翘压条极易生根，在每年雨季前可进行压条繁殖。此外，连翘还可以采用分株繁殖，在春季萌芽前，将母株旁萌发的分蘖幼苗连根挖出移栽。连翘是同株自花不孕植物，有长花柱花和短花柱花两种类型，这两种类型的花分别生长于不同的植株上。在自然条件下，单独只有某一类型花的植株只开花不结果，只有将长花柱植株和短花柱植株混杂在一起，才能结果并提高产量。

## 71.云木香种子形态特征和繁殖特点有哪些?

云木香(*Aucklandia costus* Falc.)，又名木香、广木香、青木香，菊科云木香属多年生高大草本，高150～200cm。主根粗壮，圆柱形，稍木质，具特殊香气。茎直立，有棱，被疏短柔毛，不分枝或上部有分枝。基生叶有长翼柄，三角状卵形，茎生叶心形，叶基部下延成翅，疏生短刺，两面具绒毛；上部叶渐小，三角形或卵形。头状花序单生或2～6个簇生于在茎顶或叶腋；花全部为管状花，花冠暗紫色。果实为瘦果，暗棕色至灰棕色，长三棱状，长0.5～0.7cm，有棱，上端着生一轮黄色直立的羽状冠毛，长约1.5cm，果顶有时有花柱基部残留。水分5%～9%时，种子千粒重22～26g。

云木香一般二年以上的植株才抽薹开花，花期6～7月，果期8～9月。当花柄变黄，花苞变为黄褐色，花苞上部细毛接近散开时即可采收。果熟时多脱落，故应及时采收。种子晾干或晒干后，置通风干燥处贮藏。室内自然条件下，种子可贮藏1年，1年后种子发芽率极低，2年后的种子基本不发芽。云木香种子属于中温萌发型，当年种子在15～25℃条件下发芽良好，高温或低温都有抑制作用。生产上，云木香主要用种子直播繁殖，要使用当年收的种子，贮存1～2年的种子要加大播种量。春、秋季都可播种，适宜播期应根据当地气候条件，选择气温和地温在15～25℃的时期播种，种子萌发快，出苗整齐。

## 72.红花种子形态特征和繁殖特点有哪些?

红花(*Carthamus tinctorius* L.)，别名刺红花、红蓝花、草红花等，菊科红花属一年生或二年生草本。株高30～100cm，全株光滑无毛。茎直立，上部多分枝。叶互生，无柄，长椭圆形或卵状披针形，边缘有锯齿或全缘，齿端有针刺，叶缘全缘的类型无刺。头状花序顶生，花托为多层无毛苞片组成，除叶缘为全缘的类型外，均带有刺锯齿；苞片内全为管状花，细长，两性；花冠筒细长，花冠初时黄色，渐变淡红色，成熟时变成深红色；雄蕊5枚；雌蕊1枚，花柱细长，丝状，柱状2裂，子房下位。果实为瘦果，略扁，白色、米黄色或淡棕色，稍有光泽，倒卵形，长0.49～1cm，宽0.27～0.67cm，具四棱，有或无冠毛，果皮木质、坚硬，内含种子 1 粒。种子倒卵形，略扁，表面乳白色或淡棕色；顶端钝圆，或有褐色或土黄色色斑；下端尖，有一小圆点种脐。种皮薄膜质。胚直生，含油分；胚根短锥状；子叶 2 片，肥厚，椭圆形。千粒重 34～40g。

红花花期 4～6 月，果期 5～8 月。在开花期选生长健壮、植株高矮一致、抗病力强、分枝多、花球大、花冠长、开花早而整齐的丰产型单株，作好标记，采花后 15～20d 种子即可成熟。种子成熟时，采主茎上花球，单打单收，留作种用。在自然条件下室内贮存，种子可保存 1～2 年。种子 4℃就能发芽，发芽适温 15～25℃，种子发芽率和种子饱满度、大小呈正相关。生产上一般采用种子直播方式繁殖，应选用千粒重高的新种子，发芽率高，出苗快、整齐。红花的生长发育需要一定的热量积累，才能完成生命周期，极端气温对红花生长不利。红花以采收花和种子为主，适宜播种期要考虑红花开花期能避开种植地的雨季为好。此外，红花为长日照作物，短日照下有利于营养生长，长日照下有利于生殖生长。因此，南方地区一般适宜秋播，北方地区一般春播。红花分为有刺和无刺两种类型，无刺类型方便栽培管理和采收，有刺类型较抗病，病害严重的地区可选用有刺品种。

# 第八章　种薯种苗篇

## 1.什么是种薯？

种薯是指在马铃薯、甘薯等薯类作物中用作繁殖材料的薯块。马铃薯和甘薯都是粮、菜、饲和工业原料兼用的重要作物，在生产上使用无性繁殖器官种植，马铃薯利用块茎作种薯，甘薯利用块根作种薯。在种植过程中，这两种作物的共性特点是都容易受到多种病毒感染，导致种薯种性退化，丧失品种优良性状，造成减产，严重时甚至绝收。因此，用作种薯的繁殖材料应当是无病毒病害感染，且达到相应质量等级的要求。

按照繁殖世代、品种纯度、薯块整齐度、病虫害允许率、外部缺陷薯块和杂质允许率等质量指标要求，马铃薯种薯分为原原种、原种、一级种和二级种四个等级或者分为原原种(G1)、原种(G2)、大田种薯(G3)三个级别；甘薯种薯分为育种家种子、原原种、原种、生产用种四个等级。

## 2.什么是马铃薯脱毒种薯？

马铃薯脱毒种薯是指通过一系列物理、化学、生物学、栽培或者其他技术措施清除马铃薯植株内的病毒，获得经检测无病毒或极少有病毒感染，符合相应等级质量标准的种薯。马铃薯脱毒种薯是马铃薯种薯繁殖生产体系中各种级别种薯的通称，是指从繁殖脱毒苗开始，经逐代繁殖增加种薯数量的种薯生产体系中生产出来的种薯。按照繁殖世代和技术方法的不同，马铃薯脱毒种薯分为脱毒试管苗、脱毒试管薯、脱毒微型薯、脱毒原原种、脱毒原种、一级脱毒种薯、二级脱毒种薯、大田(生产用)种薯等类型和级别。

## 3.什么是马铃薯脱毒苗？

马铃薯脱毒苗是应用茎尖分生组织培养技术，脱去危害马铃薯的病毒，并经检测确认不带马铃薯X病毒(PVX)、马铃薯Y病毒(PVY)、马铃薯S病毒(PVS)、马铃薯卷叶病毒(PLRV)、马铃薯M病毒(PVM)、马铃薯A病毒(PVA)和马铃薯纺锤块茎类病毒(PSTVd)，在容器内繁殖的种苗。因马铃薯茎尖分生组织培养常使用试管为容器，所以也称为马铃薯脱毒试管苗。马铃薯脱毒苗包括核心苗、基础苗和扦插苗三种类型。其中，核心苗是指通过茎尖分生组织培养技术获得的经检测无病毒，试种观察确定具有原品种典型性状的脱毒苗；基础苗是指由核心苗繁殖的、经检测无病毒的脱毒苗；扦插苗是指用基础苗切段剪取其主茎及侧枝顶端，在温室或网室扦插成活、经检测无病毒的脱毒苗。

## 4.什么是马铃薯脱毒组培苗？

马铃薯脱毒组培苗是指利用马铃薯脱毒核心苗，使用组织培养的方法，以锥形瓶或罐头瓶等为容器单位大量扩繁，用于生产脱毒原原种的脱毒苗。

## 5.什么是马铃薯脱毒试管薯？

马铃薯脱毒试管薯是指利用脱毒试管苗，采用组培技术在培养容器内诱导生产出的微型小薯，符合原原种质量标准的种薯。微型小薯单个块茎的重量一般不到1g。

## 6.什么是马铃薯脱毒种薯的级别？

马铃薯脱毒种薯按照繁殖世代，来源，病毒病虫害检验结果等项目指标进行分级，通常分为原原种、原种、一级种薯和二级种薯四个等级或者分为原原种(G1)、原种(G2)、大田种薯(G3)三个级别。下一级种薯只能由上一级种薯扩繁生产得到。二级种薯和大田种薯(G3)又称为合格种薯或生产用种，用于大田生产，收获的马铃薯只能供应市场，不能用作种薯。

生育期70d以下的品种，仅繁育至一级种薯，一级种薯就是生产用种薯。

## 7.什么是马铃薯脱毒原原种？

马铃薯脱毒原原种是用脱毒苗在容器内生产的微型薯或在防虫网室、温室等隔离条件下生产出的符合原原种质量标准的种薯或小薯。由马铃薯脱毒苗生产的微型薯直径一般2～7mm，单个薯块重量一般1～5g；在防虫网室、温室等隔离条件下生产出种薯重量一般1～20g。

马铃薯脱毒原原种属于基础种薯，品种纯度应达到100%，不允许带有任何病毒、真菌、细菌等病害。检验中，发现带任一病害的块茎或其他品种(杂薯)，都属于质量不合格。

## 8.什么是马铃薯脱毒原种？

马铃薯脱毒原种是用原原种作种薯，在良好隔离条件下生产出的符合原种质量标准的种薯。有时因种薯来源不同或因扩繁需要，原种又分为一级原种和二级原种；一级原种是指用原原种作种薯，在良好隔离条件下生产出的符合原种质量标准的种薯；二级原种是指用一级原种作种薯，在良好隔离条件下生产出的符合原种质量标准的种薯。一级原种和二级原种除繁殖世代不同外，其他质量指标要求均符合原种质量标准。

## 9.什么是马铃薯脱毒合格种薯?

马铃薯脱毒合格种薯是指用原种作种薯，在良好隔离条件下生产出符合质量标准的种薯，用于种植生产商品马铃薯，因此又称为大田种薯或生产用种薯。有时按照种薯来源或因扩繁需要，马铃薯脱毒合格种薯又分为一级种薯和二级种薯两个等级。其中，一级种薯是指用原种作种薯，在良好隔离条件下生产出的符合相应质量标准的种薯；二级种薯是指用一级种薯作种薯，在良好隔离条件下生产出的符合相应质量标准的种薯。二级种薯只能用于种植生产商品马铃薯；根据生产需要，一级种薯也可直接用于商品马铃薯种植生产。

## 10.生产上怎样选用合适的马铃薯品种?

马铃薯品种类型繁多，要获得高产和高收益，必须因地制宜选择合适的优良品种。一般根据生产目的、市场、气候环境、种植方式和品种特性等要求和条件，选择合适的马铃薯品种。

(1)按照生产目的选择品种。收获的马铃薯是用作供应市场鲜食还是用于加工生产，以此确定合适的优良品种。如用作供应市场的鲜食(菜用)型马铃薯，除产量外，应选用具有大中薯率高(75%以上)、薯形和整齐度好、芽眼浅、表皮光滑等品质特点的品种；此外要考虑各地区的颜色喜好，选择薯皮薯心颜色符合当地习惯的品种。用作淀粉加工的，要选择淀粉含量 15%以上，产量高，芽眼浅的品种；用作薯条加工的，要选择淀粉含量 15%以上，产量高，芽眼浅，薯形必须长形或长椭圆形，白皮或褐皮白肉，大中薯率高的品种；用作薯片加工的，要选择淀粉含量 15%以上，产量高，芽眼浅，薯形必须近圆形，中等薯块率高的品种。

(2)根据种植地的气候环境条件和生产条件选用合适的优良品种。如一年只种植一季马铃薯，为使品种充分利用生育期，合成较多的干物质，一般选用中、晚熟品种；如种植地的气候环境条件可以在晚秋、冬季和早春种植的，宜选用对日照反应不敏感，结薯早、块茎前期膨大快、休眠期短的早熟或中熟品种。在气候干旱降雨少的地区，要选用抗旱品种；在雨水多的地区，应选用抗涝品种；在病害严重多发的地区，要选用相应的抗病品种。

(3)根据种植地的种植方式选用合适的优良品种。如供应市场鲜食的，多选用早熟品种；间套种要考虑下一茬种植以及植株高矮繁茂是否遮光等问题，宜选用株型直立、株矮、分枝少、结薯集中、早熟或中熟品种。

## 11.什么是马铃薯种薯退化?

马铃薯种薯退化是指马铃薯品种在正常使用年限内，种植后田间表现出植株矮小，分枝少，生长势弱，叶片皱缩、花叶、卷叶等症状，进而出现块茎不能正常膨大，导致品质、产量下降的现象，这类退化现象能通过种薯繁殖生产而世代传递，所以称为马铃薯种薯退化。马铃薯种薯退化与生物体在进化过程中出现的器官构造变化、机能减退等自然退化现象完全不同，除因种薯混杂导致品种纯度下降产生退化的因素外，主要是因为病毒侵入，破坏了马铃薯植株的正常生理功能，使感病植株生长衰弱，营养器官和生理器官不能正常生长，原品种典型性状丧失，进而造成品质下降、减产甚至绝收等重大损失。这种因病毒侵入产生的退化现象，通常称为马铃薯病毒性退化。

因病毒侵入造成的种薯退化，不能通过改变环境、栽培等条件恢复品种原有特征特性，只能采取脱毒和防病措施，避免植株遭受病毒感染，获得脱毒种薯，才能持续保持品种优良性状。

因环境变化、生态因子不良使种薯表现出生理性衰退或者因栽培技术不当而产生品质下降、产量降低等退化现象，实际上种薯种性并没有退化，一般通过改变环境条件或者采用适合的栽培技术措施，就能恢复品种原有的优良性状。

因种薯生理性变化产生的退化，主要表现为种薯生理衰老、闷生缺苗、纤细芽等生理性退化症状。种薯生理衰老表现为植株矮小、出苗多而纤细，无或少分枝，不开花，早衰，采收时薯块多而小，产量低；生理衰老退化主要是种薯长期贮藏在高温环境中造成的。闷生是种薯出苗以前在土内形成小块茎，田间表现为缺苗或晚出苗；除与品种遗传性相关外，种薯贮藏期过长，贮藏方法不当，播种后遇长期低温影响等都会造成闷生的发生。纤细芽表现为种薯失去顶端优势，块茎上各芽眼几乎同时萌发，发出的芽苗纤弱细长，不能正常形成产量。感染卷叶病毒的块茎，在萌发时也表现纤细芽症状。种薯因生理性变化产生纤细芽的原因，可能是结薯太迟，幼嫩块茎遭受高温的不良影响，使块茎的生活力降低所致。通过改变繁殖环境条件，采用低温贮藏种薯，定期更换品种，选用不易产生闷生、纤细芽的脱毒种薯品种等措施，可以有效防止种薯生理性退化的发生。

## 12.马铃薯种薯退化的原因是什么?

马铃薯种薯退化的原因，内因主要是病毒感染和种薯混杂，外因主要是环境条件的影响。马铃薯受到病毒侵入后，自身遗传特性发生劣变，并通过块茎无性繁殖逐代增殖为害，导致种薯退化。

种薯混杂和退化有密切关系，生产上发生种薯混杂后必然导致品种退化。种薯混杂后直接导致品种纯度下降，抗性减弱，原品种典型性降低，品质变劣，造成种薯退化。

外界环境因素对种薯退化有不同程度的影响，高温下会加重种薯退化程度。在高温条件下，一方面有利于蚜虫等传毒媒介的繁殖和促进病毒在马铃薯体内的复制，加速病毒的传播和侵染过程；另一方面，高温会降低马铃薯的生活力，使马铃薯的抗病性减弱。而低温条件下，蚜虫等传毒媒介的生存力弱，同时，马铃薯的抗病能力较强，病毒增殖慢，不表现出明显的退化现象。这也是在高纬度高海拔地区，由于蚜虫等传毒媒介难以生存，马铃薯病毒病轻或不发生，很少发生退化的原因。

## 13.防止马铃薯种薯退化的方法有哪些？

马铃薯种薯退化的主要原因是病毒感染、种薯混杂和环境条件。防止种薯退化首先要防止病毒侵入种薯，最大限度降低病毒危害。同时，采取防杂保纯措施，避免机械混杂和品种纯度下降。主要从选育和使用抗病品种，繁殖和使用无毒(脱毒)种薯，防治传毒介体，选择适宜的生产、贮藏环境条件和栽培技术措施等方面着手，综合运用多种方法和措施手段，保证繁殖生产出的种薯无毒，才能有效防止马铃薯种薯退化。

(1)选育和使用抗病毒品种。品种本身的优良抗病毒特性是防止退化最经济有效的途径，也是其他防治措施的基础。

(2)繁育脱毒种薯。马铃薯主要是用块茎进行无性繁殖的作物，病毒易在种薯中留存，因此，使用脱毒种薯是确保马铃薯种植生产品质和产量的基础。通过马铃薯种子繁殖实生块茎(实生薯)和茎尖组织培养是获得脱毒种薯的有效方法。

(3)建立良种繁育体系，健全良种繁育制度。可靠的良种繁育体系是获得高质量种薯的基础。建立原原种、原种、生产用种等各级种薯的良繁体系，逐级扩大繁殖合格种薯。在各级种薯繁殖生产中，严格执行和遵守各项程序和操作规范，防止机械混杂和病毒感染，确保种薯纯度和质量合格。

(4)选择适宜的种薯繁殖环境，因地制宜避开病毒传播途径，有效控制病毒感染的发生。在高海拔等冷凉地区或冷凉季节，蚜虫等传毒昆虫发生少，且马铃薯抗病性较强。选取定期轮作，适宜马铃薯生长的沙质土壤，远离茄科蔬菜、油菜等蚜虫发生较重的田块，为马铃薯种薯生产创造优良环境条件，减轻退化程度。

(5)选择优良健株，严格去杂去劣。在无病毒感染的种薯繁殖田块，选择优良健株是解决品种混杂退化，保持优良种性的最有效方法。种薯繁殖田必须坚持严格的去杂去劣措施。及时去除非本品种以及感染病虫害、生长不良的植株、块茎等。优良健株选择、去杂去劣应在熟悉本品种各生育期典型性状的基础上，在不同生育期分次进行，要做到干净彻底。

(6)防治传毒介体。大多数病毒都是通过蚜虫、叶蝉等昆虫传播，因此在种薯繁殖生产过程中，应当加强田间管理，及时清除地上病残植株，运用农业防治控制和及时采取药剂防治措施，预防和杀灭蚜虫、叶蝉等传毒昆虫，有效控制田间传毒生物介体的群体数量。

(7)防止生理性退化的措施。采用低温贮藏种薯，在1～3℃的低温条件下存放种薯，可有效防止生理性退化的发生。此外，选用不闷生和不产生纤细芽的品种，秋播留种，定期更换品种的措施，也能减少生理性退化的发生。

## 14.为什么能用马铃薯种子生产无毒种薯?

马铃薯在有性生殖过程中可以阻止病毒侵入性细胞，主要原因是大多数病毒分子量较大，其核糖核酸(RNA)具有蛋白外壳，很难侵入进行减数分裂的受精过程中，而且性细胞新陈代谢旺盛，病毒很难获得增殖所需养分。因此，马铃薯产生的种子一般不带有病毒。对于类病毒，确保亲本和种薯均无毒，严禁使用已感染纺锤块茎类病毒的病株进行杂交或者从病株上采集花粉和种子，在种薯繁殖期间严格进行病毒检测，及时发现和处置带病植株或田块，就能获得不带类病毒的实生种子。

利用马铃薯种子生产无毒种薯，脱毒防病和增产效果好，具有就地留种，节约种薯，方便运输和贮藏，节省劳动力，降低成本等优点。使用马铃薯种子生产的实生薯，在种植3年后产量开始下降，为保持实生薯的增产作用，一般每隔3年，重新用马铃薯种子育苗生产的实生薯建立留种田，通过留种田生产的种子为大田生产提供种薯。

## 15.为什么能用马铃薯植株茎尖组织培养脱毒种薯?

病毒在马铃薯植株内分布并不均匀，幼苗茎尖根尖等分生组织细胞分裂速度快，细胞代谢旺盛，正常细胞合成核蛋白具有竞争优势，病毒难以获得复制自身的原料。因此，茎尖根尖等分生组织生长速度超过病毒增殖速度，在生长锥(生长点)附近形成无病毒区。脱毒种薯繁殖利用茎尖组织无病毒的原理，通过采集茎尖生长锥表皮下0.2～0.5mm的组织，利用植物组织培养技术，获得不含病毒的马铃薯种苗，再通过脱毒苗繁殖生产脱毒种薯。

## 16.什么是马铃薯种薯的繁育体系?

马铃薯种薯繁育的目的是保持优良品种的纯度和典型性状，防止品种机械混杂和病毒感染，通过使用具有严格隔离条件的设施设备，采取防止病毒感染的措施，确保生产出的原原种、原种和大田用种符合质量标准。同时，为满足生产需要，各级别种薯通常还需要进行1～2代扩繁。因此，为满足和保障马铃薯生产对合格脱毒种薯的市场需求，按照不同级别脱毒种薯对繁殖环境条件及设施设备的要求，经过规划建立不同级别脱毒种薯繁殖场所，组成一个满足脱毒种薯逐级扩大繁育目的的繁育生产体系，满足和完成脱毒种薯生产各层次、各级别、各环节需求和任务；同时，严格按标准程序生产出的脱毒种薯，质量安全可控，能有效防止混杂退化和病毒感染，避免因品种感染病毒而频繁更换，造成生产上品种多、乱、杂、效益低的结果。

为解决种薯分级混乱和迅速提高马铃薯种薯质量，我国主要采用三代种薯繁育体系(G1－G2－G3体系)，各代种薯符合相应的质量要求。在温室或网室等严格隔离条件的设施内，利用脱毒试管苗生产第一代种薯(G1种薯，也称为原原种或微型薯)，单个种薯重量一般在1～20g之间，不带有任何病毒、真菌和细菌病害；再利用G1种薯在环境条件(海拔高、蚜虫少、气候冷凉)、天然隔离条件较好，周围1000m内无其他级别种薯或商品薯的田块繁殖第二代种薯(G2种薯，也称为原种)，单个种薯重量在75g以下，直径35～45mm，不带有任何真菌、细菌病害，田间病毒株率符合质量标准规定；将G2种薯在环境条件(海拔高、蚜虫少、气候冷凉)、天然隔离条件较好，周围800m内无其他商品薯的大田条件下再繁殖一代，得到第三代种薯(G3种薯，也称为大田用种或合格种薯)，单个种薯重量在50～100g之间，直径35～55mm，不带有任何真菌、细菌病害，田间病毒株率符合质量标准规定。第三代种薯(G3)用于商品马铃薯种植生产。

## 17.怎样进行马铃薯脱毒种薯的田间检验？

马铃薯脱毒种薯繁殖期间的田间检验，是种薯质量控制的重要环节和手段，田间检验结果也是种薯质量分级的重要依据之一。种薯田间检验是按照马铃薯种薯检验规程和质量标准，在田间以目测方式检查样品株，对出现花叶卷叶等病毒症状的植株和混杂株、青枯病、黑胫病等指标项目进行观测、鉴别和记录。目测不能确诊的非正常植株或器官组织采集样本进行实验室检验。种薯田间检验包括检验时期、检验次数、取样和检测记录等内容。

(1)检验时期和检验次数。原原种(G1)在组培苗扦插结束或试管薯出苗后30～40d，至少进行1次检验。原种(G2)和大田种薯(G3)或者一级种薯、二级种薯生育期间应进行2次田间检验，第一次检验在现蕾期至盛花期，第二次检验在收获前30d左右进行。

(2)取样。原原种(G1)在温室或网棚中生产，要求全部植株都要进行目测检查。原种(G2)和大田种薯(G3)或者一级种薯、二级种薯按照种薯批次随机选择取样点检查植株：该批次种薯面积小于1hm²，随机选取检测点数5个，每点100株，检查株数500株；该批次种薯面积 1～40hm²，随机选取检测点数 6～10 个(面积每增加 10hm²，增加 1 个检测点)，每点 100 株，检查株数 600～1000 株；该批次种薯面积 40hm² 以上，检测点数 10 个以上(面积每增加 20hm²，增加 1 个检测点)，每点 100 株，检查株数在 1000 株以上。

(3)检验项目和处置。田间检验以目测为主，对检验点抽取的植株是否出现马铃薯主要病毒病、细菌病和真菌病症状等进行检测和观察鉴别，并填写田间检验带病及混杂植株记录表。在检验过程中，不能确诊的非正常植株或器官组织采集样本进行实验室检验。

原种(G2)和大田种薯(G3)或者一级种薯、二级种薯的田间检验，整个检验过程要求在 40d 内完成。第一次检查在现蕾期至盛花期，当检查指标中任何一项超过允许率的 5 倍，则停止检查，该地块马铃薯不能作种薯销售。第一次检查任何一项指标超过允许率在 5 倍以内，可通过种植者拔除病株和混杂株降低比率，第二次检查(收获前 30d 左右)为最终田间检验结果。

## 18.脱毒种薯田间检测包括哪些内容?

脱毒种薯田间检测是脱毒种薯生产过程中的重要环节和主要的质量控制手段。通过田间检测，一是确保品种纯度；二是控制种薯生产过程中的病虫害感染率符合质量要求；三是确保种薯质量合格。脱毒种薯田间检测主要包括以下内容：

(1)品种典型性检测。用于种薯生产的品种，必须经过品种鉴定试验，确认具有该品种的典型特征特性。

(2)品种纯度检测。用于原种生产的原原种(微型薯)，纯度应当达到 100%，即没有任何混杂。由于微型薯块茎较小，一些品种间的微型薯外观很难区分。因此，原原种(微型薯)的生产、采收、贮存等环节应有严格的隔离措施，防止机械混杂；引入的种源，应有质量保证合同。其他各级种薯的纯度应达到质量标准要求。调查田间混杂株的比率，超过允许值的，种薯要相应降级或淘汰。

(3)病害指数检测。病害指数是指田间出现包括各种病毒病、类病毒、晚疫病、黑痣病、黑胫病、环腐病、青枯病、疮痂病和粉痂病等的比率。如果这些病害超过病害指数最大允许值，种薯要相应降级或淘汰。

(4)作物成熟度检测。要求种薯田成熟一致，成熟不一致的田块生产的种薯，不能作为种薯。

(5)植株生长情况检测。检查田间植株是否正常，不正常的不能作为种薯或降级使用。

(6)环境中的侵染源检测。如果种薯田附近发现有病毒的侵染源，则种薯应当降级。

(7)收获日期。在田间，病毒主要由蚜虫传播。当带毒蚜虫把病毒传给植株时，病毒在植株体内增殖，经 7～20d 就可传播到地下块茎，使块茎也带毒，这样的块茎就不是无毒种薯。因此，应当在有翅蚜虫大量迁飞后的 10d 以内收获。如果推迟收获，种薯要降级。

(8)块茎检验。收获后的种薯要抽检，发现病毒含量超标，要按照质量标准判定等级，不能用作种薯的要淘汰。

## 19.怎样进行马铃薯脱毒种薯的块茎检验?

马铃薯脱毒种薯块茎检验是在种薯收获和入库期，根据种薯检验面积在收获田间随机取样，或者在库房随机抽取一定数量的块茎用于实验室检测。原原种(G1)每个品种每100万粒检测200粒；超过100万粒的，每增加100万粒检测数增加40粒，不足100万粒的按100万粒计算。原种(G2)每个品种种植面积不足40hm²的，检测块茎200粒，种植面积超过40hm²的，按每增加10～40hm²增加40个块茎。一级种薯每个品种种植面积不足40hm²的，检测块茎100粒，种植面积超过40hm²的，按每增加10～40hm²增加20个块茎。大田种薯(G3)或者二级种薯每个品种种植面积不足40hm²的，检测块茎100粒，种植面积超过40hm²的，按每增加10～40hm²增加10个块茎。

块茎的实验室检测：先进行块茎处理，将块茎打破休眠栽植，苗高15cm左右开始检测。病毒检测采用酶联免疫(ELISA)或逆转录聚合酶链式反应(RT-PCR)方法，类病毒采用往返电泳(R-PAGE)、逆转录聚合酶链式反应(RT-PCR)或核酸斑点杂交(NASH)方法，细菌采用酶联免疫(ELISA)或聚合酶链式反应(PCR)方法。

## 20.怎样对马铃薯种薯进行实验室检测?

马铃薯种薯的实验室检测，是指从田间取样后，在实验室中，按照检验规程和相关标准方法，对侵染马铃薯的病毒、细菌、真菌以及品种纯度等项目进行检测。另外，在种薯生育期田间检验过程中，目测无法判断的可疑症状时，也需要通过实验室检测进行确定。马铃薯种薯的实验室检测包括取样、检测方法与记录和检测报告等内容。

(1)取样。基础苗每2万株为一个批次，每批次随机抽取100株检测；田间目测调查中发现无法判断的可疑症状，将可疑样品株或样品薯块茎取回，进行实验室检测。

(2)检验方法与记录。应用双抗体夹心法(Double Antibody Sandwich Method)检测脱毒苗或样品株是否带有马铃薯X、Y、S、M、A病毒(PVX、PVY、PVS、PVM、PVA)和马铃薯卷叶病毒(PLRV)等主要马铃薯病毒。目测观察产生的酶解产物颜色，显现颜色的深浅与病毒相对浓度呈正比。显现白色表明为阴性反应，记录为“-”；显现淡橘红色为阳性反应，记录为“+”；依色泽的逐渐加深记录为“++”和“+++”。用酶联检测仪测定光密度值：样品孔的光密度值大于阴性对照孔光密度值的2倍，即判定为阳性反应(阴性对照孔的光密度值应≤0.1)。

应用往复双向聚丙烯酰胺凝胶电泳法(Two-dimensional polyacrylamide Gel

Electrophoresis)检测脱毒苗或样品株是否带有马铃薯纺锤类病毒(PSTVd)。在凝胶板下方 1/4 处的核酸带为类病毒核酸带(即最下方的核酸带)；其上为寄主核酸带，在寄主核酸带与类病毒核酸带之间有空隙，二者可明显区分开。

应用革兰氏染色和茄子接种鉴定法结合起来鉴定马铃薯脱毒苗和脱毒种薯是否感染马铃薯环腐病。当用革兰氏染色鉴定为阳性(染色后镜检观察到呈蓝紫色的细菌)结果时，再用茄子(常用品种“黑美丽”)接种鉴定法进行鉴定，也产生阳性结果时，才能确认是马铃薯环腐病菌。

按照《脱毒马铃薯种薯(苗)病毒检测技术规程》(NY/T 401)和国际马铃薯中心(CIP)方法检测种薯块茎青枯病。青枯假单孢菌与其特异性兔抗体结合为抗原抗体复合物，抗原抗体复合物与特异的酶标羊抗兔 IgG(H+L)抗体结合后遇底物引起显色反应。青枯假单孢菌越多，则颜色越深，反之，则颜色越浅，据此检测青枯病。

按照《脱毒马铃薯种薯(苗)病毒检测技术规程》(NY/T 401)检测种薯块茎晚疫病。保湿条件下在马铃薯晚疫病侵染处会长出晚疫病孢子囊和菌丝，而在较低温度下的无菌水中，会释放出游动孢子，据此进行检测。将待检测种薯块茎洗净，火焰消毒后，无菌条件下切片，在规定条件下培养 3d，用解剖针挑取白色霜状培养物于载玻片无菌水中，显微镜下观察是否有晚疫病菌游动孢子。

应用马铃薯块茎水溶性蛋白的电泳谱带来鉴定块茎的品种纯度。在每批次种薯块茎纯度鉴定中，加入已知的品种作对照，参照已知品种的电泳谱带确定鉴定结果。

(3)检测报告。将检测结果填入实验室检测记录表，根据检测结果制作实验室检测报告。

## 21.怎样进行马铃薯脱毒种薯的库房检查?

库房检查是指马铃薯脱毒种薯在出库前对种薯进行的检查。不同等级的种薯按照每批次的量确定扦样点数，随机扦取规定的样品量进行检查。扦取的样品应具有代表性，样品的检验结果代表被抽检批次。同批次大田种薯存放不同库房，按不同批次处理，并注明质量溯源的衔接。

每批次原原种(G1)块茎数量不足 50 万粒的，块茎取样点数为 5 个，每个取样点随机扦取块茎 500 粒，检验样品量为 2500 粒；每批次原原种块茎数量 50 万～500 万粒的，块茎取样点数为 5～20 个(每增加 30 万粒增加 1 个取样点)，每个取样点随机扦取块茎 500 粒，检验样品量为 2500～10000 粒；每批次原原种块茎数量超过 500 万粒的，块茎取样点数 20 个以上(每增加 50 万粒增加 1 个取样点)，每个取样点随机扦取块茎 500 粒，检验样品量 10000 粒以上。

原原种(G1)以外的各等级种薯，按每批次种薯重量确定取样点数。每批次种薯总重量不足 4 万千克的，块茎取样点数为 4 个，每个取样点随机扦取块茎 25kg，检验样品量为 100kg；每批次种薯总重量 4 万～100 万千克的，块茎取样点数为 5～10 个(每增加 20 万千克增加 1 个取样点)，每个取样点随机扦取块茎 25kg，检验样品量为 125～250kg；每批次种薯总重量超过 100 万千克的，块茎取样点数为 10 个以上(每增加 100 万千克增加 2 个取样点)，每个取样点随机扦取块茎 25kg，检验样品量 250kg 以上。

以目测方式对扦取的块茎进行外观形状、表皮等特征和切块观察，察看是否具有本品种典型性状及有无病害症状，确定病害类型。目测不能确诊的病害进行实验室检测确定。目测结束后，将结果填入库房检测记录表。整个库房检查完成后，根据目测及实验室检测结果填写发货前块茎检验报告。

## 22.马铃薯脱毒种薯等级的判定规则是什么？

马铃薯脱毒种薯等级的判定规则是根据种薯田间、室内及库房块茎检验的结果，按照马铃薯种薯质量标准要求对收获的种薯进行等级判定，以确定种薯是否达到相应等级的质量标准。马铃薯脱毒种薯等级的判定规则包括定级、降级和出库标准等内容。

(1)定级。种薯级别以种薯繁殖的代数，并同时满足田间检查和收获后检测达到的最低质量要求为定级标准。

(2)降级。检验参数任何一项达不到拟生产级别种薯质量要求的，降到与检测结果相对应的质量指标的种薯级别，达不到最低一级别种薯质量指标的不能用作种薯。

第二次田间检查超过最低级别种薯允许率的，该地块马铃薯不能用作种薯。

(3)出库标准。任何级别的种薯出库前应达到库房检查块茎质量要求，重新挑选或降到与库房检查结果相对应的质量指标的种薯级别，达不到最低一级别种薯质量指标的，应重新挑选至合格后方可出库发货。

## 23.脱毒种薯的质量控制包括哪些内容？

脱毒种薯的质量控制是确保脱毒种薯质量合格的关键。随种薯级别不同，质量控制的方法和内容也不同。由于在茎尖脱毒时已对品种纯度和典型性等进行严格控制，因此，基础种薯(原原种和原种)的生产主要是对植株的病毒含量进行检测控制；合格种薯的质量控制除要进行品种纯度检测外，更重要的是进行田间检验和块茎检验。

基础种薯每年都要进行跟踪检测病毒，严格检测其中的马铃薯 X 病毒、Y 病毒、S 病毒、M 病毒、A 病毒等病毒浓度(含量)；使用往返电泳或分子生物学方法鉴定其中的纺锤块茎类病毒，只要发现感染，便淘汰整个无性系。

(1)脱毒原种生产中的质量控制。脱毒原种生产中的质量控制主要包括生产条件检验和生产期间的田间检验。

在脱毒原种生产前应当对生产地进行实地检查，确认生产区隔离条件和土壤条件等符合要求。如生产区属于有天然隔离的封闭区域；无山坡等天然隔离条件，原种生产田应距离其他马铃薯、茄科、十字花科作物生产地或桃园5000m以上。原种生产地块应当前3年没有种植过马铃薯和其他茄科作物，土壤不带有危害马铃薯生长的线虫。如果有其他危害马铃薯的地下害虫，种植前应施用对症药剂杀灭处理。生产区应设立一些必要的隔离和消毒设施，如铁丝网和消毒池等，防止无关人员、牲畜等进入生产区内。

在脱毒原种生产期间，要按照马铃薯脱毒种薯质量标准与检验规程，进行3次以上的田间检验，第1次在植株现蕾期，第2次在盛花期，第3次在收获前20d。主要进行品种纯度、病虫害、整齐度、长势、成熟度等内容的检测。检验人员进入田间检验时，应当穿戴一次性防护服，不要用手直接接触田间植株。

(2)脱毒合格种薯生产中的质量控制。脱毒合格种薯生产中的质量控制主要包括生产条件检验和生产期间的田间检验。

在脱毒合格种薯生产前应当对生产地进行实地检查，确认生产区隔离条件和土壤条件等符合要求。脱毒合格种薯生产田应距离其他马铃薯、茄科、十字花科作物生产地或桃园500～1000m以上。生产地块应当前3年没有种植过马铃薯和其他茄科作物，土壤不带有危害马铃薯生长的线虫。如果有其他危害马铃薯的地下害虫，种植前应施用对症药剂杀灭处理。生产区应设立一些必要的隔离和消毒设施，如铁丝网和消毒池等，防止无关人员、牲畜等进入生产区内。

在脱毒合格种薯生产期间，要按照马铃薯脱毒种薯质量标准与检验规程，进行2次以上的田间检验，第1次在植株现蕾期至盛花期，第2次在收获前30d。主要进行品种纯度、病虫害、整齐度、长势、成熟度等内容的检测。检验人员进入田间检验时，应当穿戴一次性防护服，不要用手直接接触田间植株。

## 24.马铃薯病毒检测的方法主要有哪些？

马铃薯病毒病是影响马铃薯产量和品质的主要病害，也是马铃薯种薯退化的主要原因。由于马铃薯病毒病缺乏有效的防治药剂，且病毒病可继代相传，对病毒病害的控制主要通过繁殖和使用脱毒种薯的方法。因此，对马铃薯种子和种薯等无性繁殖材料的病毒检测以及在发病早期对植株进行快速准确的检测尤为重要。侵染马铃薯的病毒种类繁多，而且多种病毒可同时侵染，造成复合感染，使马铃薯病毒病的症状表现十分复杂。此外，不同病毒病可表现出相似的症状，同种病毒病在不同条件下表现出的症状差异很大。因此，在马铃薯脱毒种薯的繁殖生产中，首先通过目测，再结合实验室和分子生物学等鉴定技术，形成对马铃薯病毒快速、准确检测的方法体系。

(1)目测法。目测法是通过直接观察马铃薯植株上的症状表现来判断是否有病毒病。目测法是生产上判断病毒病最常用的检测方法，一些马铃薯病毒在田间的症状表现具有很强的特异性，可通过目测观察进行初步鉴定。不足的是，目测观察只能起到初步识别的作用，对复杂症状或者具体病毒种类的判断还需要结合其他检测方法确定。

(2)指示植物鉴定法。指示植物是指对某种病毒具有敏感反应，一旦感染能很快表现出明显症状的植物。指示植物鉴定法是将待鉴定病株的叶片或其他组织研磨成汁液，通过摩擦、媒介昆虫或嫁接等方法接种在指示植物上，观察指示植物接种后的症状反应，初步鉴定所接种的病毒种类，也称为传染试验或者病毒寄主鉴别法。指示植物鉴定法简单易行，不需要复杂仪器设备和昂贵药剂。不足之处是指示植物培育时间长，试验占用空间大，灵敏度低，多用于对马铃薯 X 病毒、Y 病毒、S 病毒等病毒株系上的鉴定和用于分子生物学鉴定前的初步鉴定。常用的病毒鉴定指示植物有千日红、毛曼陀罗、白花刺果曼陀罗、洋酸浆、黄花刺茄、普通烟等。

(3)实验室鉴定法。病毒侵入马铃薯后，植株内部组织和细胞会发生一系列的变化，如感染马铃薯卷叶病毒植株的韧皮部坏死，受病毒感染的植株在筛管中形成胼底质，很多病毒感染马铃薯后，在植株体内产生不同形状的内含体和 X 体等，可通过实验方法检测这些特定特征来鉴定病毒。

(4)血清学检测。利用植物病毒衣壳蛋白的抗原特性，制备病毒特异性的抗血清，用于马铃薯病毒诊断与测定。最常用的是酶联免疫吸附测定法(ELISA)。血清学检测具有快速、准确可靠、灵敏度高等优点，适合种薯生产中大量样品的多种主要马铃薯病毒的快速检测。但检测每种病毒都需要制备相应的酶标记特异抗体，抗体标记过程复杂，成本较高，显色反应容易受非特异性颜色反应的干扰，造成假阳性反应。

(5)核酸检测。核酸是病毒的活性物质，具有侵染性，通过核酸检测是鉴定植物病毒的可靠方法。常用核酸斑点杂交(NASH)及聚合酶链式反应(PCR)等方法。核酸斑点杂交(NASH)是根据互补的核酸单链可以相互结合，将病毒的一段核酸单链以某种方式加以标记，制成探针，与互补的待测病毒核酸杂交，带有病毒探针的杂交核酸能指示病毒的存在。聚合酶链式反应(PCR)是通过放大扩增病毒特定的 DNA 片段后进行测定的方法。核酸检测技术检测病毒核酸，高效准确可靠，但所需设备、药品价格昂贵，对技术人员要求较高。

(6)电子显微镜检测。电子显微镜是以电磁波为光源，将感病植物组织制成检测样本，利用短波电子流，在电子显微镜下观察，根据病毒的形态、大小、内含体，以及染病组织超微结构等诊断病毒的种类。电子显微镜设备成本高，观测需要特殊载网和支持膜，需要复杂的制样和切片过程，对相关操作使用技术要求高，一般需要对病毒或病毒株系进行鉴定时才使用电镜观测。

## 25.马铃薯脱毒种薯检验中常用的仪器设备有哪些？

马铃薯脱毒种薯检验包括目测感官检验、传染试验、实验室检验和田间检验等。

目测感官检验常用的仪器设备有：卷尺、游标卡尺、剪刀、放大镜、样品袋、样品容器等。

传染试验常用的设备设施有研钵、剪刀、花盆、消毒土、培养室等。

实验室检验主要是对马铃薯病毒、细菌、真菌病害的检测。常用的仪器设备有：超净工作台、高压灭菌锅、生物培养箱、电子天平(感量0.1g、0.01g、0.001g、0.0001g)、冰箱、离心机、水浴锅、培养皿、三角瓶、剪刀、解剖刀(针)、显微镜、PCR仪、台式高速离心机、电泳仪、凝胶成像系统、BIOLOG微生物鉴定系统、微量可调加样器和离心管、低温冰箱(-80℃)、酶联检测仪、pH仪、微量榨汁机、微量移液器、酶联板、研钵、过滤柱(CS过滤柱、CR吸附柱)、涡旋混匀器、微量滴定板、微量可调进样器及配套吸头、eppendorf管等。

田间检验常用的仪器设备有：卷尺、样品袋、样品容器等。

## 26.生产上为什么要使用马铃薯脱毒种薯？

马铃薯脱毒种薯是采用一系列方法和技术措施获得无病毒或极微量病毒感染的种薯，相比使用不脱毒种薯，生产上使用脱毒种薯，能有效防止和避免因病毒感染导致品种种性退化、品质下降、种薯生活力、产量降低等造成的损失。因此，生产上使用马铃薯脱毒种薯，对马铃薯产业持续健康发展具有十分重要的意义。

第一，确保品种纯度，有效防止马铃薯的混杂退化。马铃薯的退化主要是病毒感染所致，脱毒种薯繁育过程中清除了感染马铃薯的主要病毒和真菌、细菌等病原物，并进行品种可靠性鉴定，使脱毒种薯始终保持原品种的优良特性。

第二，使用组织培养和设施栽培等技术繁育脱毒种薯，能显著加快品种繁殖速度。一般新品种按照脱毒种薯繁育生产技术，在3～5年内就可以大面积推广种植，形成商品薯。

第三，保证种薯质量，奠定增产基础。脱毒种薯能避免病毒、病害及块茎缺陷的危害，烂薯率低，出苗率高。田间栽培后，植株生命力强，茎叶生长旺盛健壮，叶片叶绿素含量高，光合作用强度高，合成有机物质转化到块茎的效率相比不脱毒种薯明显提高。

第四，脱毒种薯具有明显的高产稳产优势。脱毒种薯无病毒感染，生长势强，植株生长旺盛，相比普通种薯，对高温干旱等不利气候环境条件的抗逆性较强，增产稳产的效果显著。

第五，脱毒种薯能提高商品薯的质量。脱毒种薯健康度好，植株生长健壮整齐，能有效保持本品种典型性状，避免普通种薯种植中常发生的腐烂、尖头、龟裂、畸形、疮疤等缺陷块茎现象，收获的马铃薯块茎大，商品薯率高，经济效益显著。

第六，脱毒种薯能减少种薯的运输费用。脱毒种薯大小均匀，体积相对较小，有利于包装运输和携带，显著减少种薯的运输费用，节约运输成本。

## 27.使用脱毒种薯要注意哪些问题？

脱毒种薯并不能使马铃薯对病毒产生抵抗或免疫作用，只是把感染马铃薯的多种病毒、病菌从薯块中去除，防止使用带毒种薯造成病毒危害退化。如果脱毒种薯在种植过程中被病毒感染，仍然会发生病毒性退化。因此，为保持和发挥脱毒种薯的品种优势，使用脱毒种薯时要注意以下问题：

(1)防止病毒侵入。在生产的各阶段和各环节，都必须采取严格防护措施，防止病毒侵入。大多数马铃薯病毒是由蚜虫等传毒昆虫传播的，生产上要及时采取农业防治和喷洒药剂等措施控制病害虫害的发生。

(2)选择适宜的生态环境条件。气候冷凉，蚜虫等传毒昆虫发生少的生长季节，能有效防止病毒性退化的发生。茄子、辣椒、番茄、黄瓜等蔬菜的病毒均可感染马铃薯，因此，马铃薯种植地不应选择前作是茄科、瓜类等蔬菜的田块。

(3)定期更换品种。不同马铃薯品种的抗病性不同，抗退化的能力也不同，连续种植脱毒种薯仍然会再度感染病毒而产生退化，因此生产上脱毒种薯品种要定期更换，才能持续保持高产稳产。

(4)选择繁殖代数少的脱毒种薯。早代脱毒种薯由于继代扩繁次数少，在田间生长时间相对短，病毒、真菌、细菌等再侵染的机会少，种薯健康水平高，种性强，增产潜力大，如脱毒原种和脱毒一级种薯；而晚代脱毒种薯，如脱毒二级种薯，继代扩繁次数相对较多，切芽次数也多，虽然严格执行切刀消毒、隔离条件、药剂防虫等防护措施，但因种薯田间生长时间相对较长，病毒、真菌、细菌等再侵染的机会较多，易出现田间退化株，种薯的抗病能力也会下降。早代种薯在田间种植后退化株率极低，即使发病，症状也比较轻，植株生长健壮，整齐一致，增产幅度大于晚代脱毒种薯。因此，在马铃薯种植生产中，应尽量选用早代种薯，特别是易感病的品种，更应使用早代种薯。在栽培水平高，喷灌等设施投入高的现代化种植区，使用脱毒原种或脱毒一级种薯的增产效果明显。在脱毒种薯的繁殖生产中，为确保脱毒种薯种性强等优势，应当使用脱毒原原种或脱毒原种等早代脱毒种薯繁殖生产用种薯。

## 28.怎样购买适宜的马铃薯种薯？

马铃薯品种类型多，优良品种在不同生态环境条件下的表现也不同。在购买马铃薯种薯时，应根据当地气候、土壤和生态条件，以及栽培技术水平等因素，选择适宜的马铃薯种薯。选购马铃薯种薯时应注意以下几方面：

(1)选择通过审定或登记的合适品种。首先应根据种植目的和种植地气候环境条件选择适宜当地的品种类型。如果是引入的新品种，必须进行引种试验。通过审定或登记的马铃薯品种，已经通过试验示范证明适合一定区域的推广种植。因此，选择种薯时，只能考虑已经通过审定或登记的品种。

(2)选用优质脱毒种薯。使用含有病毒的种薯，出苗后植株即表现退化症状，不能正常生长，产量低，品质差。种薯是否脱毒，是否符合脱毒种薯质量标准，是影响马铃薯生产的核心因素。另外，如果脱毒种薯的繁殖代数过高，种薯种性下降，生产上容易再次感染病毒而退化。因此，在生产上应选用繁殖代数少的马铃薯脱毒种薯，尽量选用二级或大田种薯以上等级的脱毒种薯。

(3)选择可靠的种薯生产经营商。技术水平高、实力强、信誉好的种薯生产经营商提供的脱毒种薯，一般都建立了脱毒种薯生产质量控制制度，脱毒种薯质量比较可靠。

(4)其他注意事项。选择种薯时，目测观察块茎的外观，必要时切开种薯块茎观察内部情况。要求种薯表皮干爽、块茎整齐一致、干物质含量高、无污染，病烂等缺陷薯少。此外，增加繁殖代数可提高脱毒种薯产量，但易使商品薯产量和质量降低，而繁殖代数等内在质量性状仅从马铃薯外观无法确定。因此，购买优质马铃薯脱毒种薯的关键是要弄清种薯来源，要选择信誉度高，具有合法种子经营资质的销售点。购买种薯后一定要妥善保存发票或证据。

## 29.什么是种苗？

种苗是指用农作物种子或繁殖材料培养生长到适宜定植状态的幼小植株。农作物种苗类型很多，在生产实践中，一般根据农作物种类和繁殖原理方法、繁殖材料等进行分类。按照农作物种类不同，分为蔬菜、果树、花卉、马铃薯、甘薯、非野生中药材、桑树种苗等；按照繁殖原理方法、繁殖材料的不同，分为实生苗和繁殖苗。

实生苗是利用农作物的种子培养出的苗木，如用种子繁殖的蔬菜种苗、花卉种苗、果树砧木等。

繁殖苗是利用农作物的部分器官作为繁殖材料，采用适宜的培养方法获得的苗木，如利用植物营养器官的一部分插入苗床基质中，培养获得新植株的扦插苗；将一种植物的枝或芽接在另一种植物的茎或根上，使两者接合后形成新植株的嫁接苗；利用组织培养技术，把植物材料接种在人工培养基上培养获得的组培苗；其他还有采用分生、压条和根茎育苗方法获得的繁殖苗。

## 30.农业种植生产中使用种苗有哪些优点?

苗期是农业种植生产的基础阶段，是稳定和提高农产品产量、增加种植者收入的关键环节。种苗是在人工创造的适宜环境下培养，苗期生长发育能避开外界环境气候条件的不利影响，使幼苗生长快，根系发达，且在人工环境下，病虫害等能得到有效控制，幼苗长势整齐健壮，缩短成苗时间，为后续栽培管理奠定良好基础。因此，农业种植生产中使用种苗有很多优势，是增产增收的关键技术措施之一。

第一，使用种苗可以同时获得满足质量标准的大批量繁殖材料用于农业种植生产，并可以按照市场需求调整栽培生产周期，整齐健壮的苗木又为后续的栽培管理奠定良好基础。第二，使用种苗可以缩短农作物在田间的生长周期，方便茬口安排与衔接，有利于实现周年集约化栽培，提高土地利用率，使农业生产获得较好的经济效益。第三，使用种苗，能节省用种量和劳动力，降低成本，提高农业生产效率，实现节约增效的目标。第四，为保证品质，果树等作物必须使用无性繁殖的种苗进行生产。第五，使用种苗，有利于栽培管理。现代种苗生产是在人工控制环境下，避开自然灾害的不利影响，为育苗和幼苗生长提供适宜环境条件，使幼苗生长整齐、壮健，易于管理。第六，种苗生产运用工程化方法和技术，能实现生产技术标准化和工艺流程化，使生产出的苗木达到统一的质量标准，显著提高生产效率和社会效益。第七，使用种苗，能实现农业生产中节能减排增效的目标。工程化育苗过程中，对营养液的循环使用，提高了对水、肥等资源的利用率，实现节水、节肥，降低能耗，使现代农业生产逐渐向低碳化的方向发展。

## 31.种苗的通用性质量要求是什么?

种苗是替代种子作为农业生产的繁殖材料，种苗质量的好坏直接关系到农业生产成败。农作物种类繁多，特征特性各异，不同作物的种苗质量标准各不相同。但概括起来，质量合格的种苗一般都具有纯、壮、健、齐、适宜、批量生产的共性特点。

(1)纯。纯是指种苗品种纯度高，品种典型性状表现一致，无其他品种株，也无杂草等其他植物苗。

(2)壮。壮即苗壮，是指种苗生长发育良好。苗壮的表现为：根系发达，侧根数量多，根系分布幅度大，水肥吸收能力强，活力旺盛；茎粗壮而柔韧，有一定的叶片数，叶色正常；具有较强的抗病抗逆性。

(3)健。健是指种苗健康，无病斑、虫孔，未感染病毒和根茎类病害等。

(4)齐。齐是指种苗群体整齐一致。

(5)适宜。适宜是指种苗大小适应种植地生态环境和种植方式的要求，有利于移栽成活和栽培管理。一般按照不同品种特点，从种苗真叶数、茎高、根等指标进行衡量。

(6)批量生产，适时供应。现代种苗生产是在人工控制环境下，能快速批量生产统一质量等级要求的苗木，及时满足市场需求。随着 IT、自动化和智能化等技术的发展和应用，一些园艺类作物的种苗已能实现在全封闭设施内周年进行自动化控制生产。

## 32.种苗的生产方式有哪些?

农作物品种类型多，在长期的种苗生产实践中，人们根据不同品种的特点和环境条件，创造了多种不同的种苗生产方式。

按照种苗生产使用的设施和方法，分为阳畦育苗、酿热温床育苗、电热温床育苗、保温育苗、温室育苗等。

按照种苗生产所用基质，分为有土和无土两种方式。有土方式是指用天然土壤作为栽培基质进行种苗生产；无土方式是指用营养液或用砂砾、蛭石、珍珠岩、锯木、秸秆、泥炭、炉渣等固体基质加营养液进行种苗生产的方法。仅使用营养液进行种苗生产的方式，称为水培；使用营养液和含有营养成分的潮湿空气进行种苗生产的方式，称为雾培。

按照繁殖原理不同，分为播种、扦插、嫁接、组织培养、分生、压条和利用根茎等生产种苗的方式。

按照植株生长形式不同，分为容器育苗和非容器育苗。容器育苗使用营养块、育苗钵、穴盘、育苗箱、育苗板等作为种苗生长的容器。其中穴盘育苗以草炭、蛭石等轻基质材料作育苗基质，采用机械化精量播种，一次成苗，是广泛使用的种苗生产方式。

## 33.什么是工程化育苗?

工程化育苗是现代化育苗的方法体系集成，是指以土壤、肥料、气象、育种、栽培、环境保护、农业经济等学科为依据，综合应用各种工程方法和技术，为种苗生产提供各种工具、设施和能源，创造最适于种苗生产的环境，并改善劳动者的工作条件，降低劳动强度，获得达到质量标准的批量种苗。优质种苗是种植栽培的基础生产资料，工程化育苗通过种子生产良种化、育苗工厂化、供应市场化、种苗标准化等技术体系的实施，有效保证了优质种苗的生产和获得。工厂化集中育苗技术是运用工程化育苗方法的典型范例，已经形成了成套技术，有完备的设施设备、育苗技术、生产操作规程、种苗标准、储运规范等保证体系，并向自动化、智能化、网络化、远程控制方向发展。

## 34.什么是工厂化育苗?

工厂化育苗(nursery factory)是运用工程化育苗方法，利用泥炭、蛭石、珍珠岩、锯木、秸秆、炉渣等轻质材料作育苗基质，用育苗盘装填基质，采用机械化精量播种，在温室内使用营养液培养成苗的种苗生产方式。工厂化育苗的育苗容器常采用穴盘，播种时一穴一粒，成苗时一穴一株，因此，这种苗又称为穴盘苗。使用穴盘作为育苗容器的工厂化育苗通常称为穴盘无土育苗或机械化育苗。工厂化育苗技术使育苗实现了专业化，生产过程实现了机械化，种苗供应实现了市场化，因而这种育苗技术得到不断发展和迅速推广。近年来，随着生物学、工程学、IT等学科领域的深入发展和相关新技术不断应用于工厂化育苗，使这一育苗技术日趋完善和成熟。

## 35.工厂化育苗有哪些优点?

工厂化育苗具有以下优点：

(1)选用轻质基质和营养液代替土壤育苗，安全卫生，减轻重量，有利操作和运输。土壤常带有不利于种子和幼苗正常生长的有害生物，基质、育苗场地和营养液，以及种子都经过消毒，卫生条件好，降低了育苗风险，有利于大规模的商品化育苗。

(2)工厂化育苗有利于保护农业环境。基质育苗不使用土壤，避免带走当地土壤，有利于当地土壤保护；使用营养液精量控制水肥的施用，避免粗放式农业生产造成的浪费，节约成本；营养液的回收和处理可以有效避免对农业生产造成的面源污染治理难题。

(3)提高育苗效率。工厂化育苗可以提高土地利用率，实现密植和立体育苗；使用穴盘等育苗容器，播种密度高，成苗率高，种苗抗性强，节省用种量，减少农药、肥料和人工投入，可以有效降低成本；工厂化育苗是集约化生产，工序明确，可操作性强，有利于集中管理。

(4)节约社会资源，实现降费增效。工厂化育苗的整个播种和育苗管理过程实现了机械化、自动化或半自动化，满足从出芽到成苗之间各阶段的温、光、水、肥等条件，保证苗的迅速、健壮生长，缩短育苗时间；播种机、剪叶机、移栽机等各类机械设备的不断完善和大规模使用，使工厂化育苗省工、省力，实现降费增效。

(5)实现种苗的规范化管理，提高农业标准化水平。工厂化育苗采用集约化生产，有利于实现种苗的规范化管理。生产的种苗规格统一，不仅方便储运，还有利于实现种苗移栽的机械化，可有效提升农业标准化水平。

## 36.什么是集约化育苗?

集约化育苗是在一定面积的育苗场内，利用先进的育苗设施，采用先进技术和设备，按照科学的工艺流程，集中、规范、批量、高效化培育优质幼苗的方式。

集约化育苗的苗床面积一般在2000 m²以上或者年育苗量120万株以上，育苗场由育苗设施、辅助性设施、配套设施和管理设施组成。育苗设施是指培育幼苗的保护性设施，包括日光温室、塑料大棚、连栋温室等；辅助性设施是指为幼苗培育、商品苗销售提供直接服务的设施设备，包括催芽室、播种车间、消毒池、仓储间、种子健康检测室、新品种试验田等；配套设施是指为育苗提供基本保障条件，包括供暖设施、灌排系统、供电系统、道路系统、运输工具等；管理设施是指生产管理所需的配套设施，包括办公室等。

## 37.什么是容器育苗？

容器育苗是指在装有培养基质的各种器具中培育种苗或苗木的方法，培育出的种苗或苗木称为容器苗。工厂化容器育苗是指在人工控制的环境条件下，按照技术规程，通过配制基质、制作营养钵、播种、成苗等育苗程序，批量生产质量符合要求的种苗或苗木。

育苗容器应根据作物种类、种苗规格、育苗时限、育苗方法、运输条件和种苗或苗木标准等，选择结实耐用，经济实惠，适合种苗或苗木生长发育，并具有一定规格的容器。如蔬菜和草本花卉种苗生产使用的育苗容器为不同规格的穴盘；木本植物的苗木繁育使用钵状容器；组培苗的生产使用一定规定的锥形瓶或玻璃罐头瓶等。

容器育苗使用的基质根据培育的作物品种类型配制，配制基质的土壤可就地取材，应选择疏松、通透性好的壤土，加入黄心土、火烧土、腐殖质土、沙土、泥炭和适量基肥等，按一定比例混合后使用，也可加入适量蛭石、珍珠岩等。配制基质的土壤不能选用菜地及其他污染严重的土壤。配制基质时，应将基质 pH 值调整到育苗作物品种的适宜范围，基质配制好后，要严格进行消毒后方可使用。

## 38.什么是穴盘育苗？

穴盘育苗是以穴盘为育苗容器，利用草炭、蛭石、珍珠岩等轻质材料为基质代替传统土壤，采用手工或机械播种，在设施条件下，采取相应作物种类的育苗技术方法进行种苗生产。用穴盘生产培育出来的种苗统称为穴盘苗。穴盘育苗方式适应范围广泛，可根据育苗目的和经济条件，建造多种形式和规格的育苗设施，播种不同的作物种类和生产不同规格的种苗，采用精量播种，一次成苗的育苗方式，育出的秧苗整齐一致，秧苗根系与基质紧密缠绕，定植后无缓苗期，有利于栽培管理，适宜蔬菜、花卉和经济作物的专业化和规模化育苗。

穴盘是用于装载育苗基质和作物秧苗的容器，一般是采用聚乙稀(PE)、聚苯乙稀(PP)或发泡聚苯乙稀等材料按照一定规格制成的联体多孔器具，孔穴形状为圆锥体或方锥体，底部有排水孔的容器。穴盘上孔穴的数量、深度、大小、尺寸是根据所生产作物种苗的类型不同而设计的。生产上常根据作物种类和成苗标准，选择适宜孔径的穴盘，宜使用与精量播种机等机械匹配的标准化穴盘。

## 39.什么是组织培养育苗？

组织培养育苗是指采用植物组织培养技术，将器官、组织、细胞、原生质体等各种离体植物材料在培养容器中进行无菌培养，使其生长、分化、增殖、再生出达到假植标准的根、茎、叶俱全的完整小植株。通过组织培养技术获得的种苗，统称为组培苗或试管苗。

组织培养育苗具有用材少、繁育周期短、繁殖率高、培养条件全程可人工控制等优点，能连续运行，周年生产，有利于工厂化集约化种苗生产。同时，自动化控制技术的广泛应用，使种苗生产管理简便易行。

与其他种苗繁殖方法相比，组织培养育苗具有以下优势：一是组织培养育苗能生产质量高度一致且同源母本基因的幼苗。二是利用植物茎尖为材料，通过组织培养技术繁殖脱毒种苗，能有效解决因植物病毒引起的种性退化现象，并可批量生产品质好、种性强的种苗。三是组织培养技术可用于扩繁基因工程植物。四是组织培养育苗周期短、速度快，繁殖系数高，能实现高度集约化和程序化的种苗生产方式，满足周年供应市场的需求。如在蝴蝶兰、万代兰、大花蕙兰、石斛、红掌、百合等花卉品种生产中，利用组织培养技术，在立体培养架上将微型繁殖材料批量培育成苗。立体培养架每平方米一次可生产组培苗 1 万株，其单产是常规育苗的几十倍。五是利用组织培养技术将植物种质资源培育成试管苗可长期保存，有利于植物种质资源的保护。

## 40.什么是扦插育苗？

扦插育苗是利用植物营养器官具有再生能力，通过切取一段植株营养器官，插入基质中，使其生根发芽，发育成新植株的繁殖方法。扦插所用的一段营养体称为插穗，按照插穗来源的营养体不同，扦插育苗可分为茎(枝)插、叶插和根插等类型。在果树和花卉等园艺类作物种苗生产中，最常用的是茎(枝)插。通过扦插繁殖获得的种苗称为扦插苗。

扦插育苗繁殖的苗木株型整齐，性状一致，插穗来自母体植株上的某一营养器官，故遗传性状稳定，可以保持原有品种的特性。同时，扦插育苗操作简便，能快速批量生产种苗，并且成本低廉，是果树、花卉等园艺作物普遍采用的繁殖方式。与种子繁殖育苗相比，扦插育苗有以下几方面优势：

(1)扦插育苗的新植株，能够完全保留母体植株的遗传性状，在果树和花卉等园艺作物中，用种子繁殖的苗木很容易退化。

(2)扦插育苗的新植株比种子繁殖的植株成长快，可提早开花、结实。如葡萄苗从扦插到结果要比种子繁殖快3～4年。

(3)对于不育性强或多年才能结实，结实性不强或种子产量不稳定等不适合种子繁殖的作物品种，生产上宜采用扦插等无性繁殖方式培育新植株。

(4)节省种子。扦插使用植物营养器官繁殖幼苗，极大地减少了种子使用量。

工厂化生产扦插苗，是在温室等设施内，通过培养土配制混合、装载及消毒等机械设备配制装载基质，将插穗插入扦插床、钵、盘等育苗容器中，在可控光照条件下，使用电热加温系统和自动间歇喷雾湿度控制系统提供适宜的育苗温湿度，用水、肥、药喷灌设备进行水、肥供给和病害控制，完成对插穗的规模化扦插育苗生产。

## 41.什么是嫁接育苗？

嫁接又称接木，是将植物的部分枝或芽，接到另一株带根系的植物枝干上，使之愈合成活为一个具共生关系的新植株。用作嫁接的枝或芽称为接穗，承受接穗带有原根的植物称为砧木。嫁接育苗指使用嫁接方法繁育生产种苗，通过嫁接培育的苗木称为嫁接苗。嫁接通常用符号“＋”表示，即砧木＋接穗；也可以用“/”表示，但接穗在前，如蛇瓜/葫芦，表示蛇瓜是接穗，嫁接在葫芦砧木上。

嫁接避免了有性繁殖过程，利用生长势、抗性强的品种作为砧木，所以嫁接苗能保持品种优良特性，并提高接穗品种的抗性和适应性。此外，嫁接苗还可利用砧木的适应性扩大栽培区域，提高产量和品质。因此，嫁接育苗广泛用于果树、蔬菜、木本花卉，以及不能扦插或种子繁殖困难的园艺作物苗木生产中。在蔬菜生产中，为避免或减轻土传病害，克服连作障碍，通过选择适宜的砧木生产嫁接苗，使种苗提高抗病性和抗逆性，增强种苗对不利环境条件的适应能力，提高根系对水肥的吸收能力，促进蔬菜生长发育，从而达到提早收获、增产、品质提升的目的。在蔬菜嫁接苗生产中，西瓜、黄瓜、甜瓜嫁接苗栽培面积最大，其次是茄子、番茄、甜椒和西葫芦等品种。

嫁接育苗是利用接穗和砧木之间存在亲和性的原理。亲和性强，接穗和砧木经嫁接后愈合能力强，嫁接苗容易成活，这是由遗传因素所决定。因此，影响嫁接成活的内因是接穗和砧木亲和性，外因是温度、湿度、光照等环境条件，以及嫁接技术。在进行嫁接育苗时，首先要选择亲和力强、生命力强，质量好的砧木和接穗；其次是选择适宜的环境条件和嫁接时期；第三是利用植物激素促进愈合；第四是要严格按照技术规范进行嫁接操作。在具体操作时要做到“快、平、准、紧、严”，即动作要快，削面要平、形成层要对准、包扎捆绑要紧，以及封口要严。

嫁接是植物繁殖的一种重要方式，除枝、芽、根等嫁接技术的持续发展和广泛运用外，嫁接技术还向微型化发展，叶、花序、子房、柱头、果实、胚芽、细胞等均可嫁接。如茎尖嫁接，是在试管内将砧木与接穗进行嫁接，是嫁接技术和组织培养技术相结合发展出的微型嫁接技术。微型嫁接技术在实验室内进行，人工控制环境条件，不受时间限制、不占用土地，可持续进行，极大地提高了品种选育和育苗效率。目前，微型嫁接技术已经在苹果、柑橘、核桃、葡萄、油梨和桃等果树上得到运用。

传统嫁接育苗操作不便，费时费力，且受个人技术限制，难以保证较高质量和批量生产。工厂化嫁接苗生产上使用嫁接夹、套管等辅助工具和自动控制的机械化嫁接机，在蔬菜、果树等部分作物嫁接苗生产中，可快速完成砧、穗接合，避免切口长时间氧化和苗内液体的流失，提高嫁接成活率和效率，降低劳动强度。如套管式嫁接育苗，适用于黄瓜、西瓜、番茄、茄子等蔬菜作物，在砧木切口上插入套管，然后再往套管里插上接穗，让两切面吻合；套管松的，用嫁接夹固定。又如使用平面嫁接法的自动化嫁接机，将砧木和接穗平切，切面喷涂生物胶粘合砧木和接穗，作业速度快，缺点是生物固定胶成本较高。

## 42.怎样选择嫁接砧木?

合适的砧木是嫁接成功的关键，砧木的选择应满足以下条件：

(1)对土传病害具有较高的免疫性。

(2)对不良环境有较强的抗逆性。

(3)与接穗具有较高的嫁接亲和力，且对品质无不良影响或影响较小。

(4)能明显提高产量。

(5)为当地主栽品种或适应当地环境的品种。

## 43.什么是分株育苗?

分株育苗是利用某些植物具有自然分生能力的特点而进行种苗繁殖生产的方法。分株育苗是无性繁殖方法，新植株能保持母株的遗传性状，具有方法简便，成活率高，成苗快等优点，但繁殖系数较低。在生产上，分株育苗在容易产生根蘖、匍匐茎、根茎、块茎、球茎、鳞茎、吸芽、珠芽、块根等器官并易发新根的植物中应用较多，如枣树、石榴、芦荟、虎尾兰、草莓、吊兰等，主要在作物休眠期和半休眠期进行，生长季节以不影响母株和子苗生长的时期为佳。

根蘖分株法常用于枣、树莓、樱桃、李、石榴等果树和牡丹、玫瑰、茉莉、兰花等园艺作物的繁殖上。这些作物的根系在自然条件或外界刺激下可以产生大量不定芽，当这些不定芽发出新枝、长出新根后剪离母体成为一个独立植株。这种育苗方式称为根蘖育苗，所产生的幼苗称为根蘖苗。枣树常用根蘖分株繁殖，生产上采用断根促苗的方法增加根蘖苗数量，再按大小分级后移植到苗圃中培养，促进根系发育，使苗木生长健壮、大小均匀，移植成活率高。

匍匐茎和走茎分株法是利用草莓、草坪草(如狗牙根、野牛草等)等作物的匍匐茎节处或吊兰叶丛抽生出来的走茎节上能产生不定根和芽，将不定根和芽从茎上剪断，移栽后能得到独立的幼苗。草莓常通过匍匐茎育苗方式进行种苗生产。草莓的茎为缩短的地下茎，茎基部有一对托叶包在短茎上，在每片叶的叶腋部分都生着腋芽，腋芽具有早熟性，当年形成即可萌发，在高温长日照条件下，便可形成大量匍匐茎。草莓匍匐茎是细而节间又长的地下茎，特点是偶数节能生长不定根，奇数节不生长不定根。育苗时，将偶数节埋入土中，以促其不定根生长，当小苗长出 4～6 片叶，即可与母株分离成独立生活的苗。由匍匐茎形成的秧苗和母株分离后称为匍匐茎苗。

## 44.什么是压条育苗?

压条育苗是指在枝条与母体不分离的状态下，将拟生根部位进行机械创伤处理后，压入土中或包埋于生根介质中，使其生根后，与母体分离，成为独立植株的育苗方法。压条育苗的原理是利用枝条的木质部仍与母株相连，可以不断得到水分和营养，枝条不会失水而枯死，而且受伤部位易积累上部合成的营养，容易形成愈伤组织及不定根，待生根后剪离，栽植成独立新植株。压条时，通过对生根部位进行遮光处理，在伤口部位涂生长素，并采取覆土、用保湿基质材料包裹伤口等措施，使枝条包埋处叶绿素含量降低，壁细胞增多，利于根原基突破壁组织生成根系。压条繁殖苗木，由于在生根过程中仍能得到母株的养分，成活率高，成苗快，开花结果早，不需要进行特殊管理，而且能保持原品种的遗传特性。

按照压条时包埋压条位置和操作方法，压条育苗分为空中压条法、培土压条法、树顶压条法、波状压条法、单枝压条法、水平压条法等。由于植株枝条始终有限，采用压条育苗所得苗木数量较少，繁殖系数低，不适于大量繁殖苗木的需求。因此，压条育苗是规模化、工厂化苗木生产的补充，多用于丛生性强的灌木或枝条柔软的藤本植物。对一些扦插繁殖不易生根的种或品种，如玉兰、山茶花、桂花、樱桃、龙眼等，也可通过压条繁殖方法获得新植株。

## 45.什么是漂浮育苗?

漂浮育苗是 20 世纪 80 年代在美国、日本、加拿大等国家出现并推广的技术，我国于20世纪90年代中期首先在烟草育苗中试验成功后，得到迅速推广，很快扩展到蔬菜种苗的生产中。漂浮育苗可以更为高效地利用育苗场地，种苗生长便于调控，种苗大小、形状均匀一致，在病害控制方面优于托盘育苗。漂浮育苗是目前常用育苗技术中育苗效率最高的。

漂浮育苗的技术原理是采用聚苯乙烯泡沫格盘作漂浮育苗盘，格盘穴孔有多种规格，常用136、162、200、325穴格盘；单穴容积约27mL，呈倒梯台状，底部小孔直径0.5～0.6cm。在育苗盘孔穴里填充育苗基质，直接播种农作物种子1～2粒，将播种育苗盘漂浮在塑料小棚、大棚或温室内的育苗池营养液上，人为调控育苗温度、湿度、光照强度及水肥量，让种子出苗、生长，使种苗生长到成苗直接移栽到大田的一种育苗方式。漂浮育苗基质使用专用基质，基质材料包括草炭、膨化珍珠岩和蛭石等。

漂浮育苗池为长方形，长宽根据格盘的规格而定，深度为5～20 cm。育苗池底部平整拍实，用除莠剂和杀虫剂处理池底，用0.1～0.12mm的黑色薄膜铺底。有条件的，可采用硬化成型的育苗池。

## 46.常用的育苗容器类型有哪些?

规模化种苗生产的特点是利用容器来生产培育作物种苗，育苗容器是种苗生产最基本的器具，常用的育苗容器类型有以下几种：

(1)育苗盘。多由塑料制成，主要用于催芽。

(2)穴盘。穴盘的规格较多，按照制造材料不同可分为聚苯泡沫穴盘(EPS盘)和塑料穴盘(VET盘)两大类，上有数量、形状、大小各异的穴孔，适应不同类型的作物。穴孔的形状一般是圆形和方形两种，穴孔数量18～800穴/盘，单个穴孔容积7～70mL。

聚苯泡沫穴盘(EPS盘)为白色，尺寸大小67.8cm×34.5cm，常用规格72穴、128穴和200穴，多用于蔬菜漂浮育苗；塑料穴盘(VET盘)多为黑色，也有灰色和白色，尺寸大小54cm×28cm，常用规格50穴、72穴、128穴、200穴、288穴、392穴等，多用于蔬菜和园艺植物育苗。

(3)网袋容器(无纺布容器)。网袋容器一般采用可降解纤维材料为容器，以轻型基质为育苗基质的新型育苗容器。

(4)硬质塑料容器。用硬质塑料制成六角形、方形或圆锥形，底部有排水孔的容器。

(5)软质塑料容器。用软质塑料制成的杯状容器。

(6)塑料薄膜容器。一般是用厚度为0.02～0.06mm的无毒塑料薄膜制成的容器。

(7)泥容器。以泥炭、牛粪、苗圃土、塘泥等为主要原料加上腐熟的有机肥料和无机肥料配制而成，或者用土、秸秆、腐殖质、木屑、畜禽肥料等为原料制成的各型容器。

(8)纸容器。以纸浆和合成纤维等为原料制成，制成后可折叠，便于储运，并可自行分解，方便移栽，能提高育苗效率。

(9)其他容器。因地制宜使用竹篓、竹筒、泥炭以及木片、牛皮纸、树皮、陶土等制作的容器。

塑料类容器由聚乙烯、聚丙烯、聚氯乙烯、聚苯乙烯等材料制作而成，经济实用，但属于不可降解容器；网袋容器、泥容器、纸容器等使用可降解材料制作，对环境友好。

## 47.种苗生产常用育苗基质种类有哪些?

规模化或工厂化种苗生产使用的幼苗培养基质大多是无土基质。可以用作育苗基质的物质很多，如泥炭、蛭石、珍珠岩、煅烧土、沙、椰壳、锯木屑、秸秆、谷壳、碎树皮、树叶、蔗渣等。工厂化育苗最常用的无土基质是泥炭、蛭石和珍珠岩。

(1)泥炭。泥炭是由水生或沼泽植物形成具有特殊性质的半分解物质。根据形成植物的不同，分为草炭和泥炭两类。形成草炭的植物为莎草或芦苇，形成泥炭的植物是泥炭藓。泥炭具有良好吸水、持水性和通透性，是一种较为理想的栽培基质材料。

(2)蛭石。蛭石是将一种外表类似云母的叶片状矿物，经高温处理后，体积膨大 8～20 倍形成的膨化制品。蛭石孔隙度大，具有良好的无菌、保温、隔热、通气、保水，以及对液体的吸附性等物理特性，能提供一定量的钾、钙、镁等营养元素。是一种较为理想的育苗基质。

(3)珍珠岩。珍珠岩是将火山岩打碎筛选后，再经高温煅烧而成的膨化制品。珍珠岩质轻，通气良好，无营养成分，质地均一，不分解，无化学缓冲能力，阳离子交换量较低，pH 值 7～7.5，常与其他基质混合使用。由于珍珠岩较轻，浇水后常会浮于基质表面，造成基质分层，影响幼苗根系发育。因此，在配制混合介质时要控制珍珠岩的比例。

育苗所用基质可以是单一基质或者混合基质。单一基质是指以一种基质为培养基质，如沙。混合基质是指由两种或两种以上的基质按一定比例混合制成。种苗生产上为避免使用单一基质可能造成容量过轻、过重、酸碱度、通气不良或保水性差等理化性状缺陷，常将几种基质混合，形成混合基质使用。混合基质要根据培育品种的生物学特性配制。

容器育苗所用基质配制时可添加适量有机肥，作为基肥。有机肥是指以有机物为主的肥料，如堆肥、厩肥、绿肥、腐殖质、家禽粪、饼肥等。基肥用量按品种、培育期限、容器大小及基质肥沃度等确定，并控制使用量，以防容器苗陡长。基质必须严格消毒，并将 pH 值调整到育苗品种的适宜范围。

## 48.蔬菜穴盘成品苗的质量要求是什么?

蔬菜穴盘成品苗的质量要求包括纯度、幼苗的整齐度、生长状况、叶色、根系状态、病虫害和幼苗健康度等外部形态特征指标。一般通过目测进行评价，要求幼苗茎杆粗壮，节短，子叶完整，叶色正常，生长健壮，高度适中；无黄叶，无病虫害；整盘秧苗整齐一致；根系嫩白密集，根毛浓密，侧根多，根系将基质紧紧缠绕，形成完整根坨，不散坨。具有根系缠绕紧密的根坨是穴盘育苗的主要特点之一，因此，有无根坨形成是判断成品苗质量的一个重要标志。其次，苗龄和真叶数与幼苗移栽定植密切相关，是判断成品苗质量的两个重要指标。同一蔬菜品种采用不同穴盘规格育苗时，苗龄和真叶数的指标也不相同。主要蔬菜种类成苗的苗龄和真叶数质量要求参考指标见表 8-1。

表 8-1　主要蔬菜种类成苗苗龄和真叶数质量要求参考指标

| 种类 | 穴盘类型(穴/盘) | 苗龄(d) | 真叶数(片) |
| --- | --- | --- | --- |
| 瓜类(冬春) | 72 | 30 | 2 |
| | 50 | 40～45 | 3～4 |
| 瓜类(夏秋) | 50 | 10 | 2～3 |
| 茄果类(冬春) | 50 | 60 | 5 |
| | 72 | 55～70 | 4～5 |
| 茄果类(夏秋) | 50 | 30～35 | 4～5 |
| | 72 | 25～30 | 3～4 |
| 甘蓝类 | 72 | 30 | 3～4 |
| | 128 | 20～25 | 3 |
| 大白菜 | 72 | 25 | 4～5 |
| | 128 | 20～22 | 3～4 |
| 芦笋 | 72 或 128 | 50 | 3～5 根地上茎 |
| 芹菜 | 128 | 60 | 4～6 |
| 生菜 | 128 | 28～40 | 3～5 |
| 莴苣 | 128 | 28～40 | 3～5 |
| 大葱 | 200 或 288 | 30～40 | 3 |

## 49.怎样对蔬菜穴盘成苗进行质量检验?

蔬菜穴盘成苗质量检验包括抽样、检测指标、检测方法和判定规则等四部分内容。

(1)抽样。同一产地、同一品种、同一批量相同等级的穴盘苗作为一检验批次。按一个检验批次随机抽样，所检样品量为一个包装单位。

(2)检测指标。蔬菜穴盘成苗质量检测指标主要包括形态指标、种苗的整齐度、病虫害发生情况、异品种苗、杂草和机械损伤等。

(3)检测方法。目测和测量相结合的检测方法。目测叶片数、叶片大小、叶色，子叶是否完整，株型是否合理，根系生长情况；一般用卡尺测量茎粗，直尺测量株高、茎节间长度。盘根松散率的判定是将苗取出自 50cm 左右高处自由落下，根系与基质不散开为不松散。

形态指标：按照具体蔬菜种类的质量指标要求，分别计算样品苗中叶片数、茎粗、株高、茎节间长度等指标不合格的百分率。

种苗整齐度：目测评定。计算样品苗中弱小和徒长苗的百分率。

病虫害：目测评定。计算样品苗中病虫害苗的百分率。

机械损伤：目测评定。计算样品苗中机械损伤苗的百分率。

异品种苗和杂草：目测评定。分别计算样品苗中异品种苗和杂草的百分率。

(4)判定规则。蔬菜穴盘苗分级标准参照具体蔬菜种类的标准执行，以完全符合某级的所有条件为达到某级标准。

## 50.茄果类蔬菜穴盘成苗的质量要求是什么？

茄果类蔬菜主要指番茄、辣椒和茄子三种蔬菜作物，性喜温暖，不耐霜寒，适于夏季露地栽培和设施周年栽培。按照《茄果类蔬菜穴盘育苗技术规程》(NY/T 2312—2013)的规定，茄果类蔬菜穴盘成苗质量要求为：子叶完整，叶色正常；根系嫩白密集，根毛浓密，根系将基质紧紧缠绕，形成完整根坨；无机械损伤，无病虫害；株高、茎粗、叶片数等指标要求见表 8-2。

表 8-2　茄果类蔬菜穴盘成苗质量要求

| 蔬菜种类 | 株高(cm) | 茎粗(mm) | 叶片数(片) |
| --- | --- | --- | --- |
| 番茄 | 12～17 | >3 | 4～5 |
| 茄子 | 12～15 | >3 | 4～5 |
| 辣椒 | 12～20 | >2 | 6～7 |

## 51.怎样进行茄果类蔬菜穴盘成苗质量检验？

茄果类蔬菜穴盘成苗质量检验包括抽样、检测指标、检测方法和判定规则等四部分内容。

(1)抽样。抽样原则和方法：同一产地、同一品种、同一批量相同等级的穴盘苗作为一检验批次；按一个检验批次随机抽样，所检样品量为一个包装单位。抽样数量：一个检验批次的穴盘成苗总盘数在 200 盘以下时，取样盘数 3 盘；一个检验批次的穴盘成苗总盘数为 201～1000 盘时，取样盘数 4 盘；一个检验批次的穴盘成苗总盘数为 1001～5000 盘时，取样盘数 5 盘；一个检验批次的穴盘成苗总盘数在 5000 盘以上时，取样盘数按下面的公式计算：

$$n = 0.5 \times \sqrt[3]{N}$$

上式中，$n$ 为取样盘数，$N$ 为每批样品的总盘数。

(2)检测指标。茄果类蔬菜穴盘成苗质量检测指标主要包括形态指标、病虫害和机械损伤等。

(3)检测方法。采用目测和测量相结合的检测方法。

形态指标检测：目测检查子叶是否完整，叶色是否正常，根系颜色和成坨情况；用游标卡尺测量茎粗，直尺测量株高。成坨情况是将穴盘苗取出，距地面 50 cm 左右处自由落下，根系与基质不散开为成坨。

病虫害：目测幼苗病害、虫害发生情况。

机械损伤：目测幼苗机械损伤情况。

异品种苗和杂草：目测评定。分别计算样品苗中异品种苗和杂草的百分率。

(4)判定规则。单项指标不合格率≥5%，或综合指标不合格率≥20%，判定该批次为不合格。

## 52.蔬菜穴盘成苗的包装、标识和运输有什么要求？

(1)包装。用定制的瓦楞纸箱或硬塑箱、穴盘托架等包装。把带幼苗的育苗穴盘逐盘分层装入瓦楞纸箱或硬塑箱内，每个专用穴盘架内放入 1 个穴盘。或在运输车辆上安装专用多层育苗架，把育苗穴盘逐层装在育苗架上随车装运。短距离运输的，可把育苗穴盘中的幼苗取出，放在筐内或箱内装运。

(2)标识。成苗包装箱上应贴上标签，注明种苗种类、品种、苗龄、规格、数量、生产者及地址、联系电话、生产日期和使用说明、注意事项等。

(3)运输。长距离运输采用专用保温车，配套穴盘搁架。车内温度冬季保持 10～15℃，其他季节不高于 25℃；车内空气相对湿度保持在 70%左右。

## 53.花卉种苗的包装、标识、贮藏和运输有什么要求？

(1)种苗包装。组培瓶苗连培养基和瓶完整放在泡沫箱里，再将泡沫箱放入纸箱，高温季节泡沫箱内最好加冰袋。无培养基种苗洗去琼脂后，装入小塑料盒或塑料袋，放进泡沫箱里，再将泡沫箱放入纸箱，高温季节泡沫箱内最好加冰袋。穴盘苗连穴盘装在小纸箱内，再将小纸箱装入大纸箱内，每箱 3～4 个穴盘，高温季节包装箱内最好加冰袋。

切花种苗用专用种苗袋或塑料薄膜包裹，种苗袋为 0.05～0.08mm 透明塑料薄膜制成，大小 35cm×25cm。袋上打 12～16 个直径 5mm 的透气孔，装袋时须将带基质的根部朝下，茎叶部朝上整齐排列。香石竹等较小的种苗可用种苗袋包装，月季等较大的种苗可按一定数量捆成一扎，根部用塑料薄膜包扎保湿。种苗包好后装入专用种苗箱。种苗箱需用具有良好承载能力和耐湿性好的瓦楞纸板制成，有不同大小的规格，纸箱两侧需留有透气孔。袋装苗装箱时，应直立放，包扎的种苗装箱应头尾交叉，逐扎横放箱内。装箱后用胶带封好箱口。

(2)种苗标识。种苗包装箱上应贴上标签，注明种苗种类、品种名称、质量级别、装箱数量、生产单位、产地、生产日期、联系人、使用说明和注意事项等；如有品牌应标注品牌标识；还应标注方向性，防雨防湿，防挤压及保鲜温度要求等标识，避免运输中的机械损伤。

(3)种苗贮藏。种苗装箱后，短期贮藏不超过3d，应将包装箱袋打开，分散置于阴凉潮湿的库房中，冬季注意温度不要低于10℃，夏季不要超过28℃。包装袋务必要口朝上直立，保持种苗茎叶朝上的姿态。在2～4℃的冷库中，将种苗包装箱分层放在架子上通风透气，菊花种苗最多可贮藏2周，月季种苗最多可贮藏3～4周。

(4)种苗运输。一般采用带少量基质装箱运输，种苗箱叠放时应注意方向，叠放层次不能太多，以免压坏纸箱，损伤种苗。穴盘苗运输尽量带盘装箱运输。夏季运输，应有冷藏条件，保持2～8℃温度条件。瓶苗和穴盘苗运输时，为防止上下倒置，最好使用托盘。

## 54.花卉组培苗的通用性质量要求是什么？

按照《花卉种苗组培快繁技术规程》(NY/T 2306—2013)的规定，花卉组培苗的通用性质量要求由种苗形态特征、纯度、病虫害等指标内容组成。

(1)组培苗的质量标准

株形：苗粗壮、挺直有活力，叶片大小协调、有层次感，色泽正常，叶色具原品种特性；

根系：有不定根长出(一般3条以上)，根长适中，色白健壮，根基处基本无愈伤组织；

苗高：组培苗高度适中，一般3～8cm；

叶片数：具有适宜和正常的叶片数，一般不少于3片；

整齐度：同一批次95%以上的苗高度基本一致；

纯度：变异率低于5%；

健康度：无污染及病虫害。

(2)组培穴盘苗的质量标准

株形：苗健壮、挺拔，株形丰满、完整，叶片大小协调，叶色具母本特性、有光泽；

根系：应具有完整而发达的根系，根系充满穴盘孔，能轻易拔出而基质不散开；

苗高：穴盘苗矮壮敦实，一般10～15cm；

叶片数：具有较多的叶片数，一般 4 片以上；

整齐度：同一批次 95%以上的苗高度一致；

纯度:变异率低于 5%；

病虫害状况：穴盘苗无检疫性病虫害，无其他病虫害的危害症状，不带有杂草及有害植物。

## 55.什么是脱毒种苗？

脱毒种苗是指对同一茎尖组织培养形成的植株经 2～3 次鉴定，确认脱除了该地区的主要病毒，达到了脱毒效果的苗木。种苗生产中，将鉴定通过的脱毒苗在不同质量等级要求的隔离条件下，扩繁而成的种苗通称为脱毒种苗。

## 56.为什么推广使用脱毒苗？

苗木的繁殖大多通过嫁接、扦插、分株、块茎、块根等无性繁殖方式进行，在繁殖过程中，病毒可通过营养体中的维管束进行传导，逐代累积，病毒浓度越来越高，危害越来越严重，轻则减产或使产品品质下降，重则可能绝收。研究和生产实践证明，脱毒苗植株田间表现为植株健壮，整齐一致，可明显提高产量和确保产品品质。因此，使用脱毒种苗是解决因病毒侵染导致品种优良性状退化的最有效方式。

## 57.什么是脱毒试管苗？

脱毒试管苗又称为脱毒原原种苗，是由茎尖组织脱毒培养的试管苗和试管微繁苗，经 2～3 次特定病毒检测为不带病毒，主要用于繁育脱毒原种苗。

## 58.什么是脱毒原种苗？

由脱毒试管苗在严格隔离条件下繁育获得，无明显病毒感染症状，病毒感染率等指标符合该种作物种苗相应等级的质量指标要求。脱毒原种苗主要用于繁育生产用种。隔离效果好，病毒感染率低的，可继续用作本级种苗繁育，但一般不能超过 3 年。

## 59.什么是生产用脱毒种苗？

生产用脱毒种苗，简称脱毒苗。由脱毒原种苗在适当隔离条件下繁育而获得，病毒症状轻微或可见症状消失，允许的病毒感染率等指标应符合该种作物种苗相应等级的质量指标要求。生产用脱毒种苗主要用于供应生产使用。隔离条件好，病毒感染率低的生产用脱毒种苗可用于扩繁本级种苗，但一般不超过2～3年。

## 60.怎样繁殖脱毒种苗?

脱毒，是指使用物理、化学，以及植物组织培养等技术与方法，把病毒(virus)、类病毒(viroid)、植原体(phytoplasma)、螺原体(spiroplasma)、韧皮部及木质部限制性细菌等病源从外植体上全部或部分去除，从而获得脱除病毒且能正常生长的植株的过程。植物脱毒的方法有茎尖培养脱毒、热处理脱毒、茎尖微芽嫁接脱毒、愈伤组织培养脱毒、珠心组织培养脱毒、病毒抑制剂处理培养脱毒等方法。使用最多的脱毒方法是茎尖培养脱毒和热处理脱毒。

茎尖分生组织细胞分裂旺盛，代谢活性强，具有竞争优势，病毒类病原难以复制增殖，因此，茎顶端分生区域的病原浓度很低或不含有病毒。利用这一原理，茎尖组织培养脱毒法以茎尖作为外植体，消毒处理后，在无菌条件下把外植体接种在适宜的培养基上进行培养，经多次病毒检测，去除感病株系，保留无病毒株系进入继代培养和试管苗扩繁，进而获得无病毒植株的方法。

热处理脱毒是利用病毒及类病毒与植物的耐热性不同，将植物材料在高于正常温度的环境条件下处理一定时间，使植物体内的病原钝化或失去活性，而植物的生长受到较小的影响，或在高温条件下植物的生长加快，病毒的增殖速度和扩散速度跟不上植物的生长速度，使植物的新生部分不带病毒，及时选取植株的新生枝条顶端部分进行嫁接或扦插培养，获得脱毒植株。

## 61.影响茎尖脱毒苗培养效果的因素有哪些?

影响茎尖脱毒效果的因素主要有培养基，外植体生理状态、大小和培养条件等因素。

(1)培养基。培养基主要是由营养成分和生长调节物质组成的液态或固态物质，不同培养基营养成分中含有的大量元素和微量元素不同，要根据作物类型和特点，正确选择培养基。

(2)外植体生理状态。外植体生理发育时期会影响茎尖培养脱毒的效果。一般从活跃生长的芽上切取茎尖组织，如在香石竹和菊花中，使用顶芽茎尖培养比腋芽茎尖效果好。

(3)外植体大小。在适宜的培养条件下，较大的外植体形成再生植株的成活率较高，外植体越靠近生长点，即外植体越小，病原浓度越低。因此，外植体大小应综合考虑成活率和脱毒效率。在脱毒苗繁育实践中，带有2～3个叶原基的顶端分生组织才能再生成完整植株。

(4)培养条件。茎尖组织培养中，通常光照培养效果优于暗培养；一些特殊的植物，如天竺葵茎尖培养需要进行暗培养。此外，茎尖组织培养的温度，一般在25℃±2℃的条件下进行。

## 62.什么是脱毒种苗的繁育体系？

脱毒种苗的繁育体系是指为农业生产和向市场提供质量合格的脱毒种苗，充分发挥优质种苗增产增收效果，提升农产品质量水平，经过规划建立包括茎尖组织培养、病毒检测、脱毒苗快繁、各级种苗生产与供应等环节并有机结合起来的组织系统，以完成脱毒种苗各层次、各级别、各环节的繁育任务，从而达到种苗生产经营、种苗质量和经济效益、社会效益最优的目的。脱毒种苗的繁育体系一般由脱毒培养株繁殖中心、原原种脱毒苗繁殖中心、原种脱毒苗繁育中心、脱毒苗生产基地等不同级别脱毒苗繁殖场所组成，主要包括以下内容和环节：

(1)脱毒培养株繁殖。调查了解该作物受病毒危害的种类及发病情况，确定茎尖脱毒的培养方法、取材大小及处理措施。选取合适的茎尖培养获得脱毒培养株，或者经热处理、化学处理方式脱毒后，采其新枝扦插或组织培养成新的植株；对脱毒培养株进行多次病毒鉴定，合格的进行繁殖与移栽。

(2)试管脱毒苗(原原种脱毒苗)繁殖与保存。对经确认无病毒携带的脱毒培养株进行扩繁，再经病毒检测，确认不带有病毒，认定为试管脱毒苗(原原种脱毒苗)，用于原种脱毒苗生产。试管脱毒苗(原原种脱毒苗)可在1～9℃温度条件下保存，每年转接1～3次，可保存利用5～10年。

(3)原种脱毒苗生产、保存与确认。用试管脱毒苗(原原种脱毒苗)在生物隔离条件下，繁殖生产不带有害病毒的原种脱毒苗。原种脱毒苗的确认，是将脱毒苗的每个无性系取5～10株分别种植，旁边种同一品种的母株作对照，直至开花，观察比较其主要性状，如无差异，则可确认为原种；如有差异，则整个无性系应淘汰。原种苗的保存可采取组培法保存，每3个月取分枝转接一次；也可以在防虫网室(300目网纱)内扦插繁殖保存，或建立母本圃保存。

(4)母本苗生产。母本苗是在防虫设施条件下，用脱毒原种苗生产繁殖的脱毒种苗。母本苗用于繁育生产种苗。在母本苗的生产中，可通过从鉴定无病毒的原种苗上选取插穗扦插扩繁，或者采集外植体，通过组织培养方式进行扩繁。组培扩繁时继代次数控制在10～15代，增殖比例控制在2.5～3.5倍之间。

(5)生产用脱毒苗繁殖。生产用脱毒苗是用母本苗在防虫设施条件下生产出符合种苗质量标准或质量要求的种苗。

(6)质量控制。建立质量控制部门，负责各级脱毒种苗生产的质量检测和质量控制，确保生产的各级别脱毒种苗质量合格。

(7)种苗供应与追溯体系。了解掌握市场需求情况，保证种苗供应。建立质量追溯体系，当病毒发生变化或有新病毒感染时，及时采取措施，组织生产新的脱毒种苗，确保农业生产的顺利进行。

## 63.脱毒种苗有哪些病毒检测方法?

脱毒种苗是解决因病毒感染导致品种退化的最有效方法，因此，种苗病毒检测是确保脱毒种苗质量合格的重要技术措施和质量控制手段，是各级别脱毒种苗生产过程中的必须环节。常用的病毒检测方法主要有病毒症状观察、指示植物传染试验、抗血清鉴定、酶联免疫检测、PCR 检测等。

(1)症状观察法。症状观察法是根据病毒侵入植株后出现的特有症状或典型症状，如花叶、畸形、斑驳等判断植株是否感染病毒。在继代培养中组培苗和苗木栽植后的一段时间内观察是否出现这些特有症状，来判断植株是否脱除病毒。如果植株出现典型症状，说明没有脱除病毒，生产的脱毒种苗不合格。症状观察法是判断植株是否带毒的最简便方法，需要具有对病毒症状正确识别的经验，一般只能作初步鉴定，对复杂症状或者具体病毒种类的判断需要结合其他检测方法确定。

(2)内含体观察法。有些病毒在寄主细胞内会形成特定形状的内含体等病变结构，在光学显微镜下可以观察到这些内含体。因此，可通过观察植物体内是否含有病毒内含体，判断植物体内是否存在病毒。

(3)指示植物鉴定法。也称为传染试验或者病毒寄主鉴别法。指示植物是指对某种病毒具有敏感反应，一旦感染能很快表现出明显症状的植物。指示植物鉴定法是将待鉴定病株的叶片或其他组织研磨成汁液，通过摩擦、媒介昆虫等方法接种或者将小叶嫁接在指示植物上，观察指示植物接种后的症状反应，可以初步鉴定所接种的病毒种类。指示植物鉴定法简单易行，适用于鉴定靠汁液传染的病毒，且不需要复杂仪器设备和昂贵药剂。不足之处是指示植物培育时间长，试验占用空间大，不能测出病毒的浓度，只能测出病毒的相对感染力。为提高检测的准确性，指示植物应在严格防虫条件下隔离繁殖，防止交叉感染。

(4)抗血清鉴定法。抗血清鉴定具有特异性高，测定速度快等优点，是植物病毒鉴定中快速有效的方法之一。缺点是程序复杂，对技术和成本要求高。

(5)电子显微镜检查法。利用电子显微镜对病原物进行直接观察，检查植物体内有无病原物存在，从而确定植物是否脱除了病原物。该法对设备、技术和成本的要求高，操作复杂，一般需要对病毒或病毒株系进行鉴定时才使用电镜观测。

(6)分光光度法。分光光度法适合测量已知病毒的样品，对未知病毒样品的测定，需要与血清法结合起来使用。

(7)组织化学检测法。利用迪纳氏染色法反应来判断植株是否带有病原物，即病梢切片经迪纳氏染色后呈阳性，健康枝梢切片呈阴性。这种方法简单、迅速，但有时具有非特异性反应，不够准确，需要与其他检测方法相结合。

(8)荧光染色检测法。该法是根据待检材料染色后，在荧光显微镜下发出荧光的情况来判断，精确性不高。

(9)PCR 检测法。PCR(polymerase chain reaction)检测法，即聚合酶链式反应检测技术，是通过放大扩增病毒特定的 DNA 片段后进行测定的方法。PCR 检测技术灵敏程度高，特异性强，已经成为香蕉、非洲菊、甜樱桃、瓯柑、马铃薯、草莓等植物脱毒苗病毒检测的最重要手段之一。

在脱毒种苗生产实践中，症状观察和内含体观察以及指示植物鉴定法具有简便实用成本低的优点，是进行病毒鉴定最常用的方法。PCR 检测法灵敏度高，多用于经济价值较高的园艺作物病毒检测中。抗血清鉴定法、电子显微镜鉴定法，鉴定结果虽然准确而且快速，但是对设备、技术条件的要求较高。

## 64.怎样评价种苗质量?

种苗质量包括单株种苗质量和一个批次种苗整体的质量表现，评价种苗的质量主要从外观质量和内在质量两个方面进行。

(1)外观质量。外观质量主要由反应种苗形态特征的指标组成，包括地径、苗高、根系状况、叶片数、整体感、整齐度等指标。

地径是指靠近栽培基质处的茎干直径。不带基质的种苗以最上一轮根在茎上的着生位置的顶部作为测量点，带基质的种苗以最上一轮根在茎上的着生位置至最下一叶的着生位置之间的部位作为测量点。检测方法是用游标卡尺垂直交叉测量 2 次，读数精确到 0.01cm，取平均值。作物种类不同，对地径的要求不同。

苗高是指从栽培基质处到顶部叶片最高点之间的距离。用直尺或钢卷尺测量，读数精确到 0.1cm。

根系状况是指种苗根系生长均匀、完整、无缺损，基质四周是否布满新根。通过目测评定，按照作物类型和质量要求，分为一级、二级、三级和等外级。

叶片数是指种苗植株上着生的所有叶片数，目测计数，应为整数。如有未展开心叶，则根据心叶与相邻叶的比较来定，若心叶长度超过相邻叶 1/2 时计为一片叶，短于相邻叶长 1/2 则不计数。

整体感是指对种苗的整体观感，目测观察种苗整体长势、形态、新鲜程度、茎干状况、叶部状况等特征。优质种苗具有生长旺盛，形态完整、均匀和新鲜，茎干粗壮、挺拔、匀称，叶色有光泽，质硬而厚等特点。

整齐度是指种苗地径或苗高的一致性程度，是对整个批次种苗的评价指标，不是单株指标。常用一个批次种苗中地径或高度平均值10%上下范围内的种苗数占被测样品总数的百分率表示，数值越高，说明种苗地径或苗高的一致性程度越高，该批次种苗整齐度好。一般要求一级苗地径或苗高的整齐度不低于90%，二级苗不低于85%，三级苗不低于80%。

(2)内在质量。内在质量分为健康度、种苗真实性和品种纯度三方面。

种苗健康度是指种苗的健康状况，通过目测观察种苗是否出现各种病斑、组织溃烂、坏死、穿孔、褪色等病虫害症状，以及缺损、机械损伤等情况，对可疑症状进行实验室检测。种苗健康度是反映种苗健康程度的重要质量指标，对控制病虫害的发生和传播蔓延，保证种苗质量具有极其重要的意义。

种苗真实性是指一批次种苗所属品种、种或属与文件(标签、品种证书或质量检验证书)描述是否相同，是判断种苗真假的重要指标。种苗真实性判断最简便实用的方法是通过对幼苗形态特征进行鉴定。当形态鉴定不能判断种苗品种真实性时，可结合采用蛋白质、同工酶电泳鉴定，鉴定细胞核内染色体特征的细胞标记法，以及分子标记检测等方法进行种苗品种鉴定。

品种纯度指品种在特征特性方面典型一致的程度，用该批次本品种种苗数占种苗总数的百分率表示。这是评价种苗品种一致性程度高低的指标。通过目测观察种苗形态特征，并与标准种苗品种进行比较判断。

不同种苗类型对种苗质量的要求不同，实践中可根据具体品种和种苗繁殖方式，选取适当的指标进行质量评价，才能较好地反映种苗的真实质量状况。如组培瓶苗的质量标准，除种苗健康度、真实性和纯度等内在质量指标外，根系状况、整体感、苗高和叶片数等指标是影响组培苗移植成活率的重要指标。根系状况包括根的有无、长势和色泽。根的有无直接影响到移植成活率；根的长势包括根的长度和均匀性，根过长可能是超期苗，缓苗期长；根过短，说明苗龄短，幼嫩，抗逆性差，管理困难；根的均匀性指根的分布情况，一边有根而另一边无根的半边苗成活率很低；根的色泽应是白亮、上有细细根毛才容易成活，后期的长势旺盛；根发黄或者发黑的苗，成活困难。因此，根系状况对移植成活率影响最大，合格的瓶苗必须有根，且长势好，色白健壮。对于无根、长势不好、色黑的瓶苗，可以直接判定为质量不合格瓶苗。整体感指种苗在瓶内的长势和整体感观，如长势是否旺盛、粗壮挺直、幼苗形态是否符合本品种特性等。苗高并不是越高越好，超过指标后，说明质量下降，继续生长会变成徒长、瘦弱的超期苗，会降低移植成活率；苗过于矮小，栽种困难，也不易成活。叶片数指能够进行光合作用的有效叶数，对花卉种苗要注意识别莲座化及已经发生变异的组培瓶苗。莲座化苗后期无法抽薹开花，变异苗会引起花朵变异影响观赏性。

## 65.怎样评价苗木质量？

苗木质量直接影响栽植的成活率和苗木对不良环境的抗逆性效果。反映苗木质量的指标包括形态指标、生理指标、生物物理指标和活力指标等。

(1)形态指标。苗木形态指标包括苗高、地径、根系发育状况(主根、侧根)、高径比、茎根比、茎倾斜度、苗木重量、病虫害等。苗木形态指标通过目测观察和测量进行，直观易操作，简便实用。苗木形态指标相对比较稳定，在许多情况下，苗木内部生理状况已发生很大变化，但外部形态却基本保持不变。因此，形态指标只反映苗木的外部特征，难以说明苗木内在生命力的强弱。因此，形态指标测定应当和其他反映苗木内在质量的测定方法结合，才能得出完整全面的质量状况。

(2)生理指标。苗木生理指标主要有苗木水分(水势和含水量)、糖类含量、导电能力、矿质营养状况、根系活力(根系脱氢酶活性)、叶绿素荧光等。生理指标可通过仪器设备直接测定，指标值反映苗木的生理状况和生活力。

(3)生物物理指标。苗木生物物理指标主要有电阻抗、热差分析等。测定苗木电阻抗主要用于评价苗木受冻害程度，是一种快速无损的检测方法，但该法对测定温度要求较高，在田间难以测定。

(4)活力指标。苗木活力指标是评价苗木成活的重要指标，包括根生长势、耐寒性、OSU 活力测定等。根生长势是苗木在适宜环境条件下新根发生及生长的能力，是评价苗木活力最可靠的方法，也是评价苗木质量的最主要指标之一，而且可以作为其他测定方法的参照。根生长势测定，是将苗木露白的新根剪去后置温室或生长箱中培养，2～4 周后测定新根生长指数；该测定方法操作简便，实用性强，缺点是测定时间较长。耐寒性测定，是将冷冻处理后的苗木置温室中培育，数周后检查苗木生长和根系情况。OSU 活力测定是将苗木在人工逆境下处理，然后在控制条件下培养，监测苗木生长情况；若长势良好，说明该批次苗木健壮、活力强。

## 66.种苗质量检测常用的仪器设备有哪些？

种苗质量评价指标较多，不同指标值的检测需要专门的仪器设备和设施。在生产实践和监督检查中，使用最多的检测方法是形态指标检测和病毒检测，苗木通常还要进行根生长势检测等。

(1)形态指标检测常用设备：钢卷尺、直尺、游标卡尺、量角器、样品袋、样品容器等。

(2)病毒检测常用设备设施：传染试验常用的设备设施有研钵、剪刀、花盆、消毒土、培养室等；实验室检验常用的仪器设备有：显微镜、培养皿、三角瓶、剪刀、解剖刀(针)、超净工作台、高压灭菌锅、生物培养箱、电子天平(感量0.1g、0.01g、0.001g、0.0001g)、冰箱、离心机、水浴锅、PCR仪、台式高速离心机、电泳仪、凝胶成像系统、BIOLOG微生物鉴定系统、微量可调加样器和离心管、低温冰箱(-80℃)、酶联检测仪、pH仪、微量榨汁机、微量移液器、酶联板、研钵、过滤柱(CS过滤柱、CR吸附柱)、涡旋混匀器、微量滴定板、微量可调进样器及配套吸头、eppendorf管、分光光度计等。

(3)根生长势检测常用设备设施：样品袋、样品容器、剪刀、枝剪、容器、基质、温室或生长箱或水培设施等。

(4)其他检测设备：各种规格玻璃容器、试管、烘箱、压力室、电导仪、分光光度计等。

# 第九章 食用菌篇

## 1.什么是食用菌？

食用菌(edible mushroom)是指可食用的大型真菌，包括食药兼用和药用大型真菌。多数为担子菌，如双孢蘑菇、香菇、草菇、牛肝菌等，少数为子囊菌，如羊肚菌、块菌等。其中，大型真菌是指肉眼可见、徒手可采摘的真菌，药用菌是指具有药用价值并收入《中国药典》的大型真菌，如灵芝等。广义的食用菌还包括用于食品工业的酵母、米曲霉、黑曲霉等真菌。

食用菌含有蛋白质、糖类、脂类、维生素、氨基酸、矿物质元素等多种营养成分，是一种营养丰富并兼具营养保健价值与药用价值的农产品。食用菌具有降解并吸收有机物的能力强，生长发育速度快，能实现立体栽培等优点，栽培生产可利用农林废弃物如秸秆、牛粪、枝条、木屑等，在为人类提供丰富食用菌产品，增加食物产量和经济效益，改善膳食结构增强民众健康的同时，这些农林废弃物经过菌类的物质转化形成菌渣，可加工成优质饲料或有机肥，形成“种养业→农林废弃物→食用菌→有机肥或饲料→种养业”的循环经济发展模式，使农业资源得到高效、优质、生态、安全的循环利用，实现改善农业生态环境，获得最佳经济效益的目的。因此，食用菌及其产业已成为现代农业的一个重要组成部分，也是农业生态系统中的重要环节。

## 2.什么是食用菌的生活史？

食用菌生活史是指食用菌生长发育的循环过程，一般是指从孢子→菌丝→子实体→孢子的整个生长发育循环周期，包括无性繁殖及有性繁殖两种循环过程。无性繁殖主要通过体细胞菌丝的生长和体细胞特化产生的无性孢子(分为分生孢子、粉孢子、节孢子、厚垣孢子等)萌发生长来实现。有性繁殖要经过质配、减数分裂和有性孢子的产生等过程。质配有同宗配合与异宗配合两种类型，减数分裂发生在子实层的担子或子囊中。同宗配合是在完全隔离的状态下单个同核体孢子能够独立进行有性生殖的过程。异宗配合是指携带不同交配型因子的两个孢子需经历交配才能完成有性生殖的过程。大多数食用菌的生活史为异宗配合类型，如平菇、香菇、杏鲍菇和金针菇等，双孢蘑菇为同宗配合类型。

## 3.食用菌常见类型有哪些？

食用菌属于异养生物，生长发育需要从周围环境中吸收利用营养物质。按照吸收营养的方式，食用菌可分为腐生、共生、寄生三种类型。腐生类食用菌从正在分解或已经死亡的植物体以及无生活力的有机体上吸收养料，大部分食用菌属于这一类型。按照腐生生活方式，腐生菌可分为草腐菌、木腐菌、土生菌 3 个生态群。草腐菌自然发生于草本植物残体上，如蘑菇属、包脚菇属的种类；木腐菌自然发生于枯立木、倒木、腐木上，按照腐朽木材呈现的颜色，分为白腐菌(如香菇、平菇、黑木耳等)和褐腐菌(如滑菇、榆耳、茯苓等)两大类；土生菌自然发生于森林腐烂落叶层、牧场、草地、肥沃田野等特定场所。共生类食用菌的营养物质来源于互利共生的生物体，与植物共生的称为菌根菌，如松茸；与动物共生的称为虫生菌，如与白蚁共生的鸡㙡。寄生类食用菌多侵染树木的根，形成根状菌索，在树皮下或树木间延伸，随着根的生长而生长，严重时导致树木枯死，如奥氏蜜环菌。

此外，根据产业发展和科学研究需要，食用菌常按照用途、形态特征、生长环境等分为不同的类型。按照用途的不同，食用菌分为食用、药用、食药兼用三大类型。食用类型是指直接作为食物的种类，如香菇、木耳等；药用类是指用作药材或药物原料的种类，如灵芝、猪苓等；食药兼用类是指既可直接作为食物又可作为药用或药物原料的种类，如茯苓、猴头菇等。按照形态特征的不同，食用菌可分为形似伞状、质地多为肉质的伞菌，如香菇、牛肝菌等；菌盖下方的繁殖结构呈孔状的多孔菌，如灵芝、云芝等；形似耳状或片状的胶质菌，如木耳、银耳、金耳等；外形呈块状的菌类，如茯苓、猪苓、块菌、马勃、猴头菇等；其他还有形似马鞍状、棒状、花头状、不规则状等类型。按照菌类自然发生的生态环境，食用菌可分为林地菌、草地菌、土生菌、粪生菌、木材腐朽菌、地下菌等类型。食用菌对生态和环境的要求是人工驯化栽培的重要依据。

人工栽培生产的食用菌品种起源于对野生食用菌的驯化育种。易于驯化成功的野生食用菌大多属于腐生菌类型，因此，栽培的食用菌品种以草腐菌和木腐菌为主。目前，人工栽培的食用菌常见类型主要有以下几种：

(1)草腐菌类。栽培的食用菌品种中，双孢蘑菇、巴西蘑菇、草菇、鸡腿菇等属于草腐菌。这类菌的栽培特点是接种前，培养料要进行发酵处理(堆肥发酵)，草菇、鸡腿菇的培养料可以不需要发酵处理，但使用发酵培养料的栽培效果更好；在栽培期间，必须进行覆土管理，才能顺利出菇。

(2)木腐菌类。栽培的食用菌品种中，香菇、木耳、银耳、平菇、姬菇、杏鲍菇、白灵菇、金针菇、真姬菇(蟹味菇)、茶树菇、猴头菇、滑菇、灵芝、灰树花等属于木腐菌。这类菌的栽培特点是使用代料栽培。木腐菌主要以木质素为碳源，野外环境下多生长于枯朽的立木、倒木、树桩、断枝上。人工栽培木腐型菌时，利用各种农林废弃物，如木屑、棉籽壳、甘蔗渣、玉米秸、玉米芯等，代替原木作为培养料进行栽培。

(3)共生菌类。人工栽培的共生菌类中，猪苓需要与蜜环菌共生，银耳需要与香灰菌共生，金耳需要与毛韧革菌共生。

(4)土生菌类。人工栽培的土生菌类主要是竹荪和羊肚菌。

## 4.什么是食用菌菌种?

广义的食用菌菌种，是指具有繁衍能力，遗传特性相对稳定的孢子、组织或菌丝体及其载体。农业生产上，食用菌菌种是指生长在适宜基质上具有结实性的菌丝体培养物，通常是由菌丝体和培养基质组成的繁殖材料，按照培养基质物理状态，可分为固体菌种和液体菌种两大类型。

菌种是食用菌栽培生产最基本的材料，菌种质量直接关系到食用菌的产量和品质，甚至是食用菌生产的成败。菌种质量主要由品种特性和菌种本身质量两方面决定。菌种品种特性即种性，由品种的遗传特性决定；菌种本身质量主要包括菌种一致性、稳定性和活力等方面，与品种遗传特性、培养基质、生产工艺、培养条件等因素密切相关。

## 5.什么是食用菌品种?

食用菌品种常称作菌株或品系，是指经分离、诱变、杂交、筛选等方法选育出来具特异性、一致性和稳定性并可用于商业栽培的食用菌纯培养物。同一种食用菌的不同品种，它们之间应具有不同的特异性。特异性是指品种在重要特征(如形态、品质、抗病抗虫性等)方面具有独特的性状；一致性是指同世代中，该品种的特征应呈现出均一或者一致的状态；稳定性指扩繁后的品种特征必须保持稳定。

## 6.什么是菌株?

菌株是种或变种内在遗传特性上有区别的菌丝培养物。菌株之间有明显差异性，通常按出菇温度不同，可分为低温型、中温型、高温型等不同菌株；按色泽不同划分各种颜色的菌株；按子实体颗粒大小分为大粒、中粒、小粒菌株；按适用培养料的不同分为段木种、袋料种等。

## 7.什么是食用菌的种性?

食用菌的种性是指食用菌的品种特性，由品种的遗传特性决定，包括生理特性、农艺性状和商品性状。生理特性包括温度、湿度、酸碱度(pH值)、氧气、二氧化碳、光线以及其他必须生物因子等环境条件要求，以及菌丝特征、菌丝生长速度、原基发生时间、子实体发生方式等；农艺性状包括发菌天数、后熟天数、转色天数(需要转色处理的菌类)、出菇早迟、出菇潮数、栽培周期、生物学效率、抗逆性、丰产性及栽培习性等指标内容；商品性状包括大小、重量、色泽、品质等指标内容。

种性是进行食用菌品种鉴别和评价品种优劣的重要依据和标准。生产经营的菌种品种应该与其描述的品种特性相一致，否则即是假菌种。

## 8.什么是食用菌菌种的级别?

食用菌菌种是通过继代培养，逐级扩大繁殖的方式生产的，按照菌种来源、繁殖世代以及质量控制的需要，我国食用菌菌种的级别分为母种(一级种)、原种(二级种)和栽培种(三级种)三个等级。菌种按级别生产，实行母种(一级种)、原种(二级种)和栽培种(三级种)三级繁育体系。下一级菌种只能用上一级菌种生产，栽培种不得再用于扩繁菌种。

## 9.什么是母种(一级种)?

母种(一级种)是指经各种方法选育得到的具有结实性的菌丝体纯培养物及其继代培养物，以玻璃试管为培养容器和使用单位。母种通常是从子实体或耳木和基内分离选育出来的菌丝，因此也称为一级种或者一级菌种。通常是接种在试管内的琼脂斜面培养基上培养，故又称为试管种或者试管母种。母种通常用于繁殖原种或者作为保藏种。

用于生产经营的母种(一级种)，每年都需要进行出菇试验，检查品种是否退化变异，是否与其描述的品种特性相一致。

## 10.什么是原种(二级种)?

原种(二级种)是指由母种移植、扩大培养而成的菌丝体纯培养物。原种是经过第二次扩大繁殖产生的菌种，因此也称为二级种或者二级菌种。原种常以玻璃菌种瓶或塑料菌种瓶或15cm×28cm聚丙烯塑料袋为容器。原种主要用于生产栽培种，也可直接用作生产栽培。

## 11.什么是栽培种(三级种)?

栽培种(三级种)是指由原种移植、扩大培养而成的菌丝体纯培养物，作为生产栽培的菌种。栽培种是经过第三次扩大繁殖产生的菌种，因此也称为三级种或者生产用种。栽培种常以玻璃瓶、塑料瓶或塑料袋为容器。栽培种只能用于生产栽培，不可再次扩大繁殖菌种。

## 12.什么是固体菌种?

固体菌种是指培养基为固体的菌种，即生长在固体培养料上的菌种。固体菌种具有生产成本低，操作简便，菌种保藏期长，稳定性好，可通过目测鉴别质量等优点。缺点是培养周期长，菌龄一致性差。生产销售的各级菌种大多为固体菌种，如以试管为容器的斜面母种(一级种)和以菌种瓶或者聚丙烯塑料袋为容器的原种(二级种)、栽培种(三级种)。

按照培养基不同，固体菌种分为麦(谷或颗)粒种、木屑种、枝条(木塞)种、草料种、粪草种、菌材等类型。麦(谷或颗)粒种是以小麦、玉米、谷子等禾谷类作物种子为培养基质制成的菌种，适合大多数食用菌原种和栽培种的生产。木屑种是以阔叶树木屑为主料，配以一定比例的麦麸、米糠等辅料做成的培养基质，适合生产木腐型食用菌的原种和栽培种。枝条(木塞)种，是以具一定形状的竹木枝条或者粒块状木塞为原料，配以一定比例的木屑培养料作填充物制成的菌种；枝条菌种多应用于香菇和黑木耳的袋料栽培，木塞菌种主要用于香菇、黑木耳、银耳等的段木栽培。草料种是以稻麦玉米等禾本科作物秸秆、籽壳为原料，配以一定比例麦麸作为培养基料而制成的菌种，适合多种草本袋料栽培的菌种生产，如平菇、凤尾菇、草菇、金针菇、鸡腿菇等。粪草种是以畜粪和稻麦玉米等禾本科作物秸秆作为培养基料而制成的菌种，主要用于草菇、双孢菇、鸡腿菇等菌类栽培种生产。菌材是以木枝或细小段木为培养基的药用菌栽培种。

## 13.什么是液体菌种?

液体菌种是使用液体培养基，利用液体发酵技术培养获得的菌种。使用耐高温(126℃以上)锥形玻璃瓶、摇床、发酵罐等作为培养设备，运用液体发酵技术，将食用菌菌种在生长发育过程中所需的碳、氮、矿物质、微量元素、维生素和生长因子等营养物质溶解在水中作为培养基，灭菌后接入菌种，控制适宜环境条件进行培养制成的菌种。液体菌种分为液体原种和液体栽培种两个级别。液体原种，又称为摇瓶液体菌种，是指将母种移植到液体培养基中，在摇床上恒温震荡扩大培养而成的菌丝体纯培养物。液体栽培种，又称为发酵罐液体菌种，是由摇瓶液体菌种(液体原种)移植到发酵罐液体培养基中恒温培养而成的菌丝体纯培养物。

液体菌种生产中使用的培养罐是密闭可控系统，能提供和控制菌种培养所需最适温度、氧气、碳氮比、酸碱度等条件，菌种处于液体环境中，分布均匀，菌丝生长迅速整齐。因此，液体菌种具有菌种生产周期短，菌龄整齐一致、活力强，成本低、适宜工厂化规模化生产等优点。同时，液体菌种接种采用配套接种设备将菌液注入瓶(袋)料内，接种方便，能有效防止菌种生产过程中的杂菌、病虫污染。由于液体菌种生产使用工业化技术，随着机械化等专业化程度的提高，能实现和获得自动化、规模化、无菌化、生产周期短、成本低、菌种质量稳定的优势，为食用菌产业化、标准化发展提供优质稳定的种源条件，是食用菌发展的新方向。

另一方面，液体菌种使用液体培养基，菌种易老化，制成后应立即投入食用菌栽培生产，不宜存放，且不便于运输。即使在2～4℃条件下，储存时间也不宜超过1周。液体菌种适合规模化、工厂化生产，投资规模大，对设施设备和技术要求高，在我国当前食用菌生产以农户、小企业为主的情况下，液体菌种的适应范围和应用范围都比较小。

## 14.对生产经营的食用菌菌种有什么要求?

生产经营的食用菌菌种应当是质量合格，包装合格无破损，易携带和方便运输，并具有菌种标签和使用说明的商品。《食用菌菌种管理办法》规定，销售的食用菌菌种应当附有标签和菌种质量合格证。标签应当标注菌种种类、品种、级别、接种日期、保藏条件、保质期、菌种生产经营许可证编号、执行标准及生产者名称、生产地点。标签标注的内容应当与销售菌种相符。

菌种生产经营者应当向购买者提供菌种的品种种性说明、栽培要点及相关咨询服务，并对菌种质量负责。

## 15.什么是假菌种?

按照《食用菌菌种管理办法》的规定，有下列情形之一的，为假菌种：

(1)以非菌种冒充菌种。

(2)菌种种类、品种、级别与标签内容不符的。

## 16.什么是劣菌种?

按照《食用菌菌种管理办法》的规定，有下列情形之一的，为劣菌种：

(1)质量低于国家规定的种用标准的。

(2)质量低于标签标注指标的。

(3)菌种过期、变质的。

## 17.怎样选择食用菌菌种的生产场地?

获得优良食用菌菌种的关键，取决于内因和外部环境条件两大因素。内因是要有纯度高的优良菌种种源，外因是影响菌种品质的环境条件，主要是空气、水和土壤等因素。按照《农产品安全质量无公害蔬菜产地环境要求》(GB/T 184071—2001)和《无公害食品食用菌产地环境条件》(NY 5358—2007)的要求，菌种生产场地应当远离污染源，选择地势高燥，通风良好，排水畅通，交通便利的地块，周围至少300m之内无禽畜舍，无垃圾(粪便)场，无污水和其他污染源(如大量扬尘的水泥厂、砖瓦厂、石灰厂、木材加工厂等)。

## 18.食用菌菌种生产场地的布局设计应当遵循什么原则?

生产场地的建造应按照菌种生产工艺流程合理布局，严格划分带菌区和无菌区，两区之间应有隔离距离。灭菌、冷却、接种、培养等环节应设置在无菌区；原料、晒场、配料、装料、办公场所、出菇试验、质量检验、后勤保障等设施属于带菌区。在设计时，要考虑各工序环节之间的联系，既有利于控制杂菌传播感染，又能够形成流水作业。菌种每日生产量与冷却室、接种室、培养室的面积应当相适应，菌种生产量与冷却室、接种室、培养室面积的比例为500∶5∶1∶36。即预计每天生产量为1000瓶(袋)菌种，冷却室面积约需10 m²，接种室面积约需2 m²，培养室面积约需72 m²。培养室内应配备培养架，培养架占地面积一般为培养室总面积的65%。

厂房和设施建造应从结构和功能上满足食用菌菌种生产的基本需要。原辅料仓库、配料、分装、灭菌、冷却、接种、培养、洗涤、贮存等各环节的设施规模要配套。冷却室、接种室、培养室和贮存室都应配有调温设备。摊晒场要求平坦高燥、通风良好，光照充足、空旷宽阔、远离火源；原材料库要求高燥、通风良好，防雨、远离火源；配料分装室(场)要求水电方便，空间充足。如安排在室外，应有天棚，防雨防晒；灭菌室要求水电安全方便，通风良好，空间充足，散热畅通；冷却室要求洁净、防尘、易散热；接种室要设缓冲间，防尘换气性能良好，内壁和屋顶光滑，经常清洗和消毒，做到空气洁净；培养室和贮存室墙壁要加厚，利于控温，内壁和屋顶光滑，便于清洗和消毒；菌种检验室要求水电方便，利于装备相应的检验设备和仪器。

## 19.食用菌菌种生产作业设施的功能有哪些要求?

食用菌菌种生产作业设施也称为作业间，是菌种生产的主要工作场所，包括洗涤室、配料分装室、消毒室、隔离间、接种室、培养室和检验室等。

洗涤室是清洗菌种瓶和其他用具的作业间。室内应有下水道、清洗池、刷瓶工具等。

配料分装室是配制菌种培养基和装瓶的操作间。室内要有配料操作台、拌料机或手工拌料的大号盆及其他拌料、装料机械和用具等。

消毒室是对培养基和其他用具进行消毒灭菌处理的房间。室内安放高压灭菌器或灭菌锅以及干燥箱等设备。

隔离间是进入检验室或接种室的缓冲间和操作人员无菌操作的预备室。室内应备有接种工具、工作服，以及操作人员双手消毒的药物和用具。

接种室是用于菌种接种的房间，要求清洁干燥的无菌环境。接种室由缓冲间和接种间两部分组成，用推拉门相连；缓冲间配备接种专用的衣、帽、鞋等和消毒杀菌药剂、喷雾器等设备；接种间设置工作台、接种工具、超净工作台等设备。

培养室是用于培养菌种的房间，具体大小应与菌种生产规模相适应，室内设置一定数量的培养架。

检验室是检验、鉴别菌种质量、观察菌种发育情况，以及调配药品的作业室。房间内设置仪器橱、药品橱、作业台、冰箱、天平、玻璃器皿及显微镜等设备。

## 20.食用菌菌种生产常用的设备有哪些?

食用菌菌种生产除按要求进行生产场地或厂房建设和布局外，还需要配备相应的设备设施。按照菌种生产各环节要求和设备设施的使用功能，食用菌菌种生产常用的设备设施分为原料制备和分装设备、灭菌设备、洁净设备、接种设备、培养设备、贮藏设备和检验设备七大类。

(1)原料制备和分装设备。包括切片、粉碎、搅拌、分装设备，如切片机、粉碎机、切碎机、切草机、翻堆机、过筛机、原料搅拌机、装瓶机、装袋机等。

(2)灭菌设备。高压灭菌设备常用的有手提式灭菌锅，蒸汽灭菌锅等，应使用经特种设备质检机构检验合格的产品。常压灭菌设备可由生产者自己设计建造，常用的有常压蒸汽炉、简易灭菌灶(锅)等。

(3)洁净设备。包括净化、消毒设备。如空气净化器、洁净层流罩、空气过滤装置、紫外灯、臭氧发生器、氧原子消毒器等。

(4)接种设备。分为固体和液体菌种接种设备。固体菌种接种设备常用的有接种箱和超净工作台；液体菌种接种设备指液体发酵罐及配套设备，由液体发酵罐、供气装置、过滤贮料装置、喷头总成、控制面板等部分组成。

(5)培养设备。包括培养箱、液体培养设备和培养室。培养箱主要用于母种和少量原种的培养，常用的有隔水式电热恒温培养箱、电热恒温培养箱、生化培养箱、恒温恒湿培养箱等。液体培养设备主要用于液体菌种培养和杂菌检测，常用的有摇床、发酵罐等。培养室是菌种生产必备的设施，一般要设置数间，以满足在同一时间培养不同种类或有不同温度要求的菌种。培养室中要配置控温(加热、降温设备)、除湿、照明设备和培养架。培养架的层距不应低于 0.4m，顶层距屋顶不应低于 0.75m，底层离地面不低于 0.3m。

(6)贮藏设备。包括用于中、低温菌类母种贮藏的电冰箱、冷藏库等和菌种贮藏库配备的控温制备，如制冷常用的空调、制冷机组等，加热常用的暖风机、空调、暖气、红外线器等。

(7)检验设备。感官检验常用显微镜、测量菌丝宽度和孢子大小的测微尺等；实验室检验包括培养基制作与分装、灭菌、洁净、接种、培养设备、生物显微镜和菌种真实性检验所需的仪器设备。

## 21.食用菌菌种生产常用的用具用品有哪些?

菌种生产除配备必要的设施设备外，还使用大量用具和用品，常用的有：

(1)用具。称量用具，常用电子天平(百分之一、千分之一)或托盘天平、磅秤等；定容用具，常用量杯、三角瓶、量筒等；培养基分装用具，由试管分装架、灌肠桶、漏斗、橡胶管、止水夹、玻璃滴管等器械组装而成；接种用具，常用接种针、钩、环、刀、铲、匙、棒、枪和扒瓶钩、镊子、解剖刀等；测温用具，常用水银或酒精温度计；测湿用具，常用湿度计；测量培养基水分的测定仪；打孔器具，常用一头削尖磨光 20cm 长的小木棍；运输用具，常用推车、周转筐等；其他用具，包括酒精灯、烧杯、刀、锅、电炉或电磁炉、漏斗架、试管架、玻璃棒、药品橱、玻璃器皿柜、工作台、铁丝筐、斜面摆放台板、扫帚、锄头、铲子、料耙、箩筐、土箕、水桶、水管、喷头等。

(2)用品。容器，母种常用玻璃试管和试管塞，原种和栽培种常用玻璃菌种瓶、塑料小口瓶和瓶塞、聚丙烯塑料袋和袋塞；植物性有机物质，如马铃薯、米糠、麦麸、木屑等；生物制剂，如葡萄糖、麦芽糖、酵母粉、蛋白胨、维生素、琼脂等；化学试剂，如磷酸二氢钾、硫酸镁、醋酸、柠檬酸、碳酸氢钠等；培养主料和辅料；套颈，用于固定栽培种袋口棉塞；其他用品，包括纱布、牛皮纸、橡皮筋、尼龙绳、记号笔、标签、酒精瓶、酒精棉球、洗涤剂、试管刷、瓶刷等。

## 22.怎样获得母种(一级种)?

母种(一级种)是通过选育、菌种分离或者以引进方式获得具有结实性的菌丝体纯培养物。选育、分离纯化后得到的母种(一级种)应进行出菇试验，确证其生产性能后方可用于后续的菌种生产。选育、分离获得的母种(一级种)数量少，需要进行扩大繁殖才能满足后续菌种生产需要。一般将分离纯化后获得的第一代母种称为母代母种，用代号“P”

标注标明，经扩大培养成的母种称为子代母种，用代号“F”标注标明。母种每次扩大时，按照扩大次数分别称为第一代子代母种或第二代子代母种、第三代子代母种，在子代母种代号“F”右下角用阿拉伯数字标明代数，如 $F_1$ 、$F_2$ 、$F_3$ 等。扩繁时，选择菌丝粗壮、生长旺盛、颜色纯正、无杂菌感染的试管母种(一级种)，进行 2～3 次转管，以增加母种(一级种)数量。扩大培养时，每次要培养 1 批，每次使用其中的一部分，剩余的保藏起来备用。

食用菌母种(一级种)的生产是为原种(二级种)生产提供优质种源，扩大培养时要避免多次转管，降低菌种的生活力，同时应防止杂菌污染，保证菌种的纯度和活力。

## 23.怎样获得原种(二级种)和栽培种(三级种)?

食用菌原种(二级种)是指由母种(一级种)移植扩大培养而成的菌丝体纯培养物。将母种(一级种)菌丝体转接到由粪、草、木屑、棉籽壳或麦粒等原料配制成的培养料上，培养成的菌种就是原种(二级种)。栽培种(三级种)是指由原种(二级种)再扩大培养成的菌种，用于食用菌栽培，因此也称为生产种。

菌种按级别生产，下一级菌种只能用上一级菌种生产，栽培种不得再用于扩繁菌种。生产原种(二级种)、栽培种(三级种)的目的是将优质母种(一级种)扩大培养，增加菌种数量以满足食用菌生产的需要。

## 24.怎样进行接种?

接种是在无菌条件下，将菌种移接到培养基上的操作技术。在食用菌的科学研究和菌种生产过程中，菌种分离、纯化、鉴定、扩大繁殖等环节都必须进行接种。接种时要避免其他微生物的污染，关键在于严格的无菌操作。

接种前，接种室接种箱等要用紫外线、药剂等消毒，或者通入无菌空气维持接种空间的无菌状态；接种时，双手和菌种管、瓶外壁用 75%乙醇棉球涂擦消毒，在超净工作台或接种箱内燃烧的酒精灯火焰旁进行无菌移接的操作。将接种针放在火焰上灼烧，冷后，在火焰附近拔开试管棉塞，钩取一小块带培养基母种，移接到斜面培养基的中部，将试管口在酒精灯火焰上灭菌，然后立即塞上棉塞。每支斜面菌种可扩大繁殖 30 支左右。母种接原种时，可将母种斜面横切成 6～8 段，弃去先端，其余每段连同培养基一起接入原种培养基上。原种移接栽培种时，先弃去原种靠近瓶口 3cm 左右的表层原种以减少栽培种的杂菌污染，再将下层菌块移接到栽培种培养料的表面，1 瓶原种可转接栽培种 50～60 瓶。

## 25.怎样进行菌种培养和管理?

接种后的母种，置于25℃左右的恒温箱中培养。2～3d后，逐管检查菌种是否萌发定植，同时检查试管内有无杂菌污染。若在接种块上或斜面培养基表面产生独立小菌落霉菌或奶油状小点的细菌，均应立即剔除。纯菌种经过7～15d的培养，母种菌丝即可长满斜面培养基。

原种及栽培种接种后置于培养室培养。维持培养室温度25℃左右，空气相对湿度60%～70%，避光，加强通风换气。菌种培养前期，每2～3d严格检查1次，菌丝覆盖培养基表面后，每隔7～10d检查1次。如在瓶壁、料面或接种块发现红色、绿色、黄色、黑色等孢子，说明有链孢霉、青霉、曲霉、根霉等杂菌污染，应予淘汰。如检查时间间隔过长，杂菌菌落可能被生长旺盛的食用菌菌丝体掩盖，造成隐性污染。塑料袋制种因体积大，在培养架上放置时切勿挤压，且不宜多次翻倒，以免菌丝损伤或塑料袋破损。

在适宜的环境条件下，一般经过20～40d的培养，菌丝即可扩展蔓延至整个培养料，再经过7～10d的培养，即可用于转接栽培种或用于生产。制备的菌种如暂时不用，可在凉爽干燥、通风避光、清洁的室内短期存放，以确保菌种的质量。

## 26.出菇试验主要观察鉴定哪些内容?

对分离或引入、长期保藏的菌种，在推广销售前，必须进行出菇试验，鉴定其遗传性状、产量高低、品质优劣等。出菇试验内容包括：农艺性状鉴定，主要是对菌丝生长速度、种性特征、环境适应性、出菇时间等指标进行测定；经济性状鉴定，主要是对菇体形态、生物学效率等指标进行测定。

菌丝生长速度，记录菌丝日生长速度、布满全瓶的时间等。

种性特征，观察并记录菌丝体长满培养料后的特征，包括抗杂菌污染能力、显蕾期、首潮菇采收期、有无畸形菇等。

环境适应性，测定菌丝生长和子实体形成与发育的最适温度、湿度、光照等。

出菇时间，记录在适宜的生态环境条件下，原基分化子实体形成的时间，长菇潮次，间隔时间等。

菇体形态，观察并记录子实体形态特征，包括菇蕾色泽、菌盖形态、颜色、大小、厚度、质地、有无鳞片等；菌柄着生位置、粗细、长短；菌裙色泽，香味浓淡等。

生物学效率，测量并记录各潮产菇数量、品质，最后进行累计总产量，计算生物学效率。

进行出菇试验的各级菌种必须是在相同的培养基成分、培养条件、培养时间下制作，并在相同栽培环境下进行对比试验。每一菌株设3～4个重复，采用相同管理措施，并作详细记录。通过对各项指标的测定、记录和试验数据分析，选出综合性状符合要求的菌株，再进行达到最高产量和最佳质量指标的试验，获得该菌种品种的最适生长条件，即可推广应用。

## 27.怎样使用目测观察法对母种（一级种）进行检查认定？

通过各种方式获得的母种(一级种)，必须通过培养检查，逐项认定，淘汰不合格菌株。母种(一级种)培养期间每天都要进行检查，发现不良个体，及时剔除。母种(一级种)的检查认定，首先是通过目测观察的方式，检查菌种感官、菌丝生长情况、菌丝生长速度、形态特征、菌落边缘等指标项目是否满足母种(一级种)的质量要求，对目测观察中发现的疑问，进行微生物学、菌丝生长速度培养、真实性、出菇试验等检测予以确认。

(1)感官检查：通过目测对各指标进行逐项检测。观察菌种是否有杂菌污染，有无出现黄色、红色、绿色、黑色等不同颜色的斑点；检查菌种外观，包括菌丝生长量(是否长满整个斜面)，菌丝体特征，观察菌丝体的颜色、密集程度、生长是否舒展、旺健及其形态；观察菌丝体是否生长均匀、平展、有无角变现象；菌丝颜色、数量，有无分泌物；菌落边缘生长是否整齐等方面；检查试管斜面背面，包括培养基是否干缩、颜色是否均匀、有无暗斑和明显色素；检测气味，是否具有本品种特有的气味、有无异味等。

(2)菌丝生长情况检查：同一品种、同一来源的母种(一级种)，经接种扩繁后，无论扩繁量有多大，只要营养和培养条件相同，试管与试管之间菌丝的生长外观应没有明显的差异。生长外观包括长速、色泽、菌落的厚薄及气生菌丝的多寡等。

(3)菌丝生长速度检查：不同品种、不同菌株的母种(一级种)，在一定的营养和培养条件下，无论保藏时间多长，应该保持其原有的生长速度，生长变快或变慢都是不正常的。

(4)形态特征检查：不同品种、不同菌株的母种(一级种)，在一定的营养和培养条件下，均有其各自的形态特征，如菌丝的色泽、浓密程度、菌落形态、生长边缘、气生菌丝多寡、培养基中有无色素沉淀和色泽等特征。多数食用菌菌种在母种阶段不形成色素，如果出现色素，说明菌种退化严重。

(5)菌落边缘：菌落生长边缘外观应饱满、整齐、长势旺盛。

经过检测认定的不合格或有病状的母种(一级种)，应及时淘汰。

## 28.什么是菌种保藏？

菌种保藏是在低温、干燥、真空等条件下，尽可能降低菌种的代谢速度，抑制菌丝的生长和繁殖，使其处于休眠或半休眠状态，能够在较长时间内保持菌种原有性状和活力的稳定。同时，防止杂菌、病虫害感染，保持菌种纯度。当条件适宜时，菌丝又可以重新恢复生长繁殖。菌种是食用菌生产的基础生产资料，同时也是极其重要的种质资源。选育、分离获得的优良菌种，必须保持其优良性状的稳定，防止菌种衰退，才能长期在生产中使用。因此，菌种保藏在食用菌生产上具有重要意义。

为保持菌种的遗传稳定性和优良性状，通常以母种形式保藏。菌种保藏方法较多，原理都是采用低温、干燥、缺氧等方法，抑制菌丝生长、降低代谢速度，使菌丝处于休眠或半休眠状态。常用的保藏方法主要有低温保藏、液体石蜡保藏、冷冻干燥保藏、液氮超低温冻结保藏、无菌水或0.9%氯化钠保藏、担孢子滤纸保藏、自然基质保藏等。低温保藏法是菌种保藏最常用的方法，即将菌种在适宜的斜面培养基上培养成熟后，放入4～6℃冰箱中保存，一般4～6个月移植一次。

## 29.什么是菌种老化？

菌种老化是指菌种随着培养时间的增加，菌龄增加，不断消耗养分，出现生理机能衰退的现象。老化的菌种培养时常呈现出菌丝生命力衰弱，色素分泌增加，细胞中空泡增多、甚至破裂的状况。老化的菌种接入培养料后，表现为菌丝生长慢，抵抗杂菌能力弱，出菇迟。菌种老化是培养方式或培养条件不当引起的，不会传给子代，与菌种退化不同。采用新的培养基及适合的培养条件后，菌株生长会恢复原状。

## 30.什么是菌种退化？

菌种退化是指在食用菌生长过程中，由于遗传变异导致优良性状下降。退化菌种培养和栽培中常出现菌丝生长势、生活力变弱，优良性状减退，易受病虫害感染，产量降低，质量变差的现象。菌种退化的本质是菌种不纯、自体杂交、基因突变等因素使菌株遗传物质发生变异后，菌种种性表现出严重衰退状态。发生变异的原因主要是培养过程中混入其他菌种，使原有品种纯度降低后表现出生产性状的改变；经多代移植，使原有品种遗传性状发生突变，导致菌种农艺性状退化；菌种受病毒感染后使菌丝产生有害突变，进而产生菌种退化。此外，菌种培养、保藏环境条件改变，机械创伤等因素也会使菌种退化。

## 31.防止菌种退化的措施有哪些？

防止菌种退化，就是要避免菌种出现遗传物质的变异，保持菌种的优良性状。菌种生产过程中应从防止菌种混杂、控制繁殖代数、菌种保藏、菌种生产条件及防止病毒感染等方面采取措施防止菌种退化。

(1)防止菌种的混杂。在菌种扩繁接种等过程中，要加强品种隔离，减少品种间的混杂，以保证优良品种的遗传组成在较长时间内保持相对稳定。

(2)控制母种转管次数。菌种扩繁转管次数越多，产生变异的概率就越高，进而发生菌种退化的概率就增大，因此生产上应严格控制菌种的转管移接次数。

(3)采用适宜的菌种保藏方法。菌种保存应是短期、中期和长期相结合，生产上应根据不同要求选择适宜的保藏方式保存菌种，尽量减少菌种保藏期间的衰退。

(4)创造适宜的菌种生产条件。菌种生产条件包括营养条件和环境条件等。营养条件应适合菌种的生理特性，才能使菌种生长健壮，减少退化的发生；环境条件包括温度、湿度、空气、光线、酸碱度等，条件适宜，菌种生长正常，不易退化，反之，使菌种生长不良，引起菌种的退化。

(5)防止病毒感染。被病毒感染的菌种，菌株易发生有害变异。菌种生产中应加强检验，及时淘汰感染病毒菌株。

## 32.什么是菌种复壮?

菌种复壮是菌种繁育中防止种性退化的技术措施。在食用菌菌种生产中，为了避免菌种优良性状的退化，一般在性状尚未退化前就要进行菌种复壮。菌种复壮是从衰退的菌株群体中找出尚未衰退的个体，进行分离、培养，从而达到恢复菌种优良性状的目的。

## 33.菌种复壮的方法有哪些?

常用的菌种复壮方法主要有：

(1)定期菌种分离。反复进行扩繁的菌种会衰退，因此，生产上应用的菌种应该定期进行菌种分离复壮，持续保持本菌种的优良性状。选择具有本品种典型性状的幼嫩子实体进行组织分离和培养，从中优选出具有该品种典型性状的新菌株，逐渐替代原始菌株，可不断地使该品种得到恢复。定期菌种分离是生产上常用的复壮方法，也可以采用孢子分离法、基内菌丝分离法进行分离复壮。采用菌种分离得到的菌种要经过出菇检验证明其性状优良后，才能应用于生产。

(2)分离培养复壮。从衰退的菌株群体中找出尚未衰退的个体，进行分离培养，从中挑选生长健壮的菌丝进行转接作为母种。经过检验后，证明同原来的菌种性状一致，即说明菌种得到复壮，可用于生产。

(3)菌丝尖端分离。挑取健壮菌丝体顶端部分，进行纯化培养，以保持菌种的纯度，使菌种恢复原来的生活力和优良种性，达到复壮目的。生产上，可在每次转接菌种时都挑取健壮菌丝进行接种培养，是防止菌种衰退的简便有效措施。

(4)更换培养基。长期在同一培养基上继代培养的菌种，生活力可能逐渐下降。在菌种保藏传代中，在保证其生长健壮的前提下，尽量降低营养浓度，或者调换不同成分的培养基，改变碳源和氮源等。也可以在原有的培养基中添加酵母膏、麦芽汁、氨基酸类物质和维生素等，以刺激菌丝生长，提高菌种活力，从而达到菌种复壮效果。

## 34.什么是食用菌菌种的质量要求?

食用菌菌种的质量要求是对菌种质量优劣或合格与否进行判断的依据，也是菌种质量标准的重要组成部分。食用菌菌种的质量要求由容器、菌种感官、培养特征、微生物学要求、菌丝生长速度、种性要求、真实性要求等项目指标组成。

(1)容器是装载容纳菌种和培养基料的装置。母种(一级种)、原种(二级种)和栽培种(三级种)的生产制作需要不同规格的容器，各种规格的容器应符合标准规定。

(2)感官是由反映菌种内外性状一系列指标的外观表现，由容器、棉塞或无棉颜料盖、培养基灌入量、接种量(接种块、接种物大小、接种数)、气味、菌丝生长量、菌丝体特征、菌丝分泌物、菌落边缘、杂菌菌落、斜面背面外观、角变、虫(螨)体、拮抗现象、高温抑制线(高温圈)、菌皮、表面分泌物、子实体原基等指标组成。合格菌种的各项感官指标都应符合要求。

(3)培养特征是菌种培养物表面、背面和边缘的外观特征，包括菌丝色泽、长势、形状、有无色素、边缘形状等指标项目。

(4)微生物学要求由菌丝生长状态、形态和杂菌等指标项目组成。

(5)菌丝生长速度是在规定培养温度和适宜培养基下，菌丝长满标准容器的天数应符合规定要求。

(6)种性要求是对母种要经过出菇试验确证农艺性状和商品性状等种性指标合格。

(7)真实性要求是对菌种的真实性进行鉴定。

## 35.怎样通过目测观察判断食用菌菌种质量?

可通过目测观察初步判断食用菌菌种质量。

(1)销售的菌种必须附有标签和使用说明。判断食用菌菌种质量时，首先应当检查是否具有菌种标签和使用说明，并仔细阅读。菌种标签应注明菌种种类、品种、级别、接种日期、保藏条件、保质期、菌种生产经营许可证编号、执行标准及生产者名称、生产地点等项信息；使用说明应当标注菌种种性、培养基配方、使用范围、栽培方法及措施、适应性等使用条件的说明以及风险提示、技术服务信息等内容。标签和使用说明标注内容完整规范，说明该菌种的质量证明文件是合格的。

(2)对菌种进行感官检查。菌种的感官特征是鉴别菌种质量的重要依据。查看菌种容器(试管、菌种瓶、袋)是否完整、无损，管、瓶塞(盖)的松紧度、干燥度是否适度，是否洁净；目测观察培养基上表面距瓶(袋)口的距离是否合适(一般 5cm 左右)、菌落边缘形状、是否有杂菌菌落、虫(螨)体及其他污染物、菌丝体特征(颜色、形状、长势等)是否符合该菌种特征；是否有拮抗现象、高温圈、菌丝表面是否有分泌物、是否有子实体原基、子实体原基出现的多少、是否有脱落、积水等情况；闻气味，检查是否有酸腐臭等异味。通过对菌种感官指标的逐项观察，若所有指标都符合该菌种的感官特征，说明该菌种的感官质量合格；如果在观察中发现有一项指标不符合要求的，即可判定为不合格菌种。

(3)观察菌种的存放场所。菌种是活的微生物，新陈代谢旺盛，通常保质期都较短。一般是将菌种保存在低温、干燥、缺氧的环境中，通过降低菌种的新陈代谢，从而实现较长期保存的目的。因此，菌种存放场所需要低温冷藏或温控设备，母种(一级种)应在4～6℃的冰箱中贮存，原种(二级种)和栽培种(三级种)应在温度不超过20℃、清洁、干燥通风(空气相对湿度50%～70%)、避光的室内存放。如发现菌种存放场所温度高，无冰箱或温控设施，乱堆乱放等现象，说明该环境条件不适宜菌种存放。

## 36.怎样判定菌种真实性？

通过测定供检菌种(待测菌种)与对照菌种或标准菌种样品的符合性，进行菌种真实性判定。食用菌菌种真实性鉴定除通过常规栽培试验进行农艺性状的观测鉴定外，实验室内使用的方法有三种，分别是测定菌种酯酶同工酶酶谱的酯酶同工酶电泳法、测定菌种基因组DNA中反相重复的微卫星序列数目和间隔长短的简单重复序列间区法(ISSR法)、分析测定菌种基因组DNA序列的随机扩增多态性DNA标记法(RAPD法)。三种方法的鉴定结果都与对照品种相同的，为品种相同，判定为菌种真实。三种方法的鉴定结果都与对照品种不同的，为品种不同，判定为菌种不真实。

对异宗结合的食用菌品种，可通过拮抗试验判断菌种的真实性。供检菌种(待测菌种)与对照菌种接种后，进行对峙培养，观察培养物表面两菌株菌落交界处菌丝是否呈现拮抗反应。与对照品种有拮抗反应的，为不同品种，判定为菌种不真实。没有出现拮抗反应，还需要用其他方法进一步确定是否为相同品种。

## 37.怎样进行食用菌菌种质量检验？

菌种质量的优劣是食用菌生产成败的关键，对菌种进行质量检验，是实现菌种全程质量控制的重要环节和必备手段，也是菌种质量监督管理的最有效方法。在进行食用菌菌种质量检验时，应当按照《食用菌菌种通用技术要求》(NY/T 1742—2009)和被检测菌种的质量标准、食用菌菌种检验规程要求，对菌种质量指标进行逐项检验。

食用菌菌种质量检验程序包括抽样、留样、试验和检验规则等流程环节。其中试验方法主要包括感官检验、微生物学检验、菌丝生长速度检测、母种栽培性状检测、菌种真实性鉴定等指标项目的检验方法和技术。

## 38.怎样对食用菌菌种进行抽样?

在食用菌菌种质量检验中，检验检测抽取的样品应具有代表性。具体抽样方法如下：

(1)菌种批划分。母种(一级种)按品种、培养条件、接种时间分批编号，原种(二级种)、栽培种(三级种)按菌种来源、制种方法和接种时间分批编号；按批随机抽取被检样品。

(2)抽样数量。母种(一级种)、原种(二级种)、栽培种(三级种)的抽样量分别为该批菌种量的10%、5%、1%；每批抽样数量不应少于10支(瓶、袋)；超过100支(瓶、袋)的，可进行两级抽样。

## 39.什么是食用菌菌种的留样?

食用菌菌种的留样是按规定保存，用于质量追溯或质量调查的菌种样品。各级菌种都应留样备查，留样的数量每个批号菌种3～5支(瓶、袋)，除草菇菌种于15～20℃贮存外，一般于4～6℃下贮存至该批菌种正常条件下第一潮菇采收。一般情况下，该批次母种(一级种)和原种(二级种)样品保存6个月、栽培种(三级种)样品保存4个月。

## 40.怎样进行食用菌菌种的感官检验?

食用菌菌种的感官检验是采用以目测(肉眼观察)为主，辅以镜检的检验方式，对菌种感官特征进行实际观察和检测。感官检验项目和检验方法按照表9-1逐项进行，并记录检验结果。

表9-1 感官要求检验方法

| 检验项目 | 检验方法 |
|---|---|
| 容器 | 肉眼观察 |
| 棉塞、无棉塑料盖 | 肉眼观察 |
| 培养基上表面距瓶(袋)口的距离 | 肉眼观察、测量 |
| 斜面长度 | 肉眼观察、测量 |
| 接种量 | 肉眼观察、测量 |
| 菌落边缘 | 肉眼观察 |
| 斜面背面外观 | 肉眼观察 |
| 气味 | 鼻嗅 |
| 外观各项[杂菌菌落、虫(螨)体、子实体原基除外] | 肉眼观察、测量 |
| 杂菌菌落、虫(螨)体 | 肉眼观察，必要时用5放大镜观察 |
| 子实体原基 | 随机抽取样本100瓶(袋),肉眼观察有无原基，计算百分率 |

## 41.怎样进行食用菌菌种的微生物学检验？

食用菌菌种的微生物学检验是检测菌种培养物中是否被细菌、真菌等杂菌污染。具体检验方法如下：

在无菌环境和无菌操作下，将检验样本接种于 PDA 培养基中，28℃培养。疑有细菌污染的样本培养 1～2d，观察斜面表面是否有细菌菌落长出，有细菌菌落长出者，为有细菌污染，必要时用显微镜检查；无细菌菌落长出者为无细菌污染。疑有霉菌污染的样本培养 3～4d，出现非食用菌菌丝形态菌落的，或有异味者为霉菌污染物，必要时进行水封片镜检。

## 42.怎样进行食用菌菌种的菌丝生长速度检验？

食用菌菌种的菌丝生长速度检验方法如下：

(1)母种(一级种)。在 90mm 直径的培养皿中，按 25mL/皿的量倒入 PDA 培养基，以菌龄 7～10d 的菌种为接种物，用灭菌过的 5mm 直径的打孔器在菌落周围相同菌龄处打取接种物，接种于平板中央，按照 26℃±2℃或该菌种适宜的培养温度，避光培养，计算长满培养皿所需天数。

(2)原种(二级种)和栽培种(三级种)。平菇、香菇、黑木耳、毛木耳、金针菇、榆黄蘑、白灵菇、杏鲍菇、鸡腿菇、灵芝、猴头菌、灰树花用木屑料培养基，双孢蘑菇用腐熟料培养基，茶树菇、滑菇用棉籽壳料培养基，茯苓用阔叶木种木料培养基，草菇用棉籽壳或稻草为主的培养基；使用 750mL 菌种瓶培养，培养料装至瓶肩，中间打孔至瓶底，按照 26℃±2℃或该菌种适宜的培养温度，避光培养，计算长满菌种瓶所需天数。

## 43.怎样对母种(一级种)的栽培(农艺)性状进行检验？

将被检母种(一级种)制成原种(二级种)。根据种类的不同，选用不同的培养基：平菇、香菇、黑木耳、毛木耳、金针菇、榆黄蘑、白灵菇、杏鲍菇、鸡腿菇、灵芝、猴头菌、灰树花用木屑料培养基，双孢蘑菇用腐熟料培养基，茶树菇、滑菇用棉籽壳料培养基，茯苓用阔叶木种木料培养基，草菇用棉籽壳或稻草为主的培养基；制作菌袋 45 个。接种后分 3 组(每组 15 袋)，按试验设计要求排列，进行常规管理，根据表 9－2 所列项目，做好栽培记录，统计检验结果。同时将该母种的初发菌株设为对照，做同样处理。对比二者的检验结果，以时间计的检验项目中，被检母种任何一项的时间，较对照菌株推迟 5d 以上(含 5d)者，为不合格；产量显著低于对照菌株者，为不合格；菇体(子实体)外观形态与对照明显不同或畸形者，为不合格。母种栽培性状检验按表 9-2 记录。

表 9-2 母种栽培性状检验记录(平均值)

| 检验项目 | 检验结果 | 检验项目 | 检验结果 |
|---|---|---|---|
| 长满菌袋所需时间(d) | | 总产(kg) | |
| 出第一潮菇所需时间(d) | | 平均单产(kg) | |
| 第一潮菇产量(kg) | | 形态 | |
| 第一潮菇生物学效率(%) | | 质地 | |
| 总生物学效率(%) | | | |

## 44.食用菌菌种的检验规则是什么？

食用菌菌种的检验规则是按质量要求进行逐项检验。菌种的真实性，菌丝微观形态、培养特征、杂菌和虫(螨)体、菌丝生长速度、母种栽培性状、标签及感官中的菌种外观、斜面背面外观、气味等检验项目全部符合要求时，为合格菌种，其中任何一项不符合要求，为不合格菌种。

## 45.什么是食用菌菌种的标签和使用说明？

标签是食用菌菌种的标志，销售的菌种必须附有标签，标签标注的内容应当与销售的菌种相符。食用菌菌种的标签分为产品标签和包装标签。

食用菌菌种的产品标签应贴在每支(瓶、袋)菌种外，并清晰注明以下要素：种类及品种；级别(注明该菌种级别，按母种或一级种及其代数、原种或二级种、栽培种或三级种标注)；食用菌菌种生产经营许可证编号；生产单位(菌种生产企业)；接种日期；执行标准；生产地点；保质期；保藏条件。

食用菌菌种的包装标签贴在菌种包装物外，并清晰注明以下要素：食用菌种类名称、品种名称；生产单位名称、地址、联系电话；出厂日期；保质期、贮存条件；数量；执行标准。

按照《种子法》的规定，食用菌菌种的产品标签和包装标签还应标注信息代码。信息代码以二维码标注，具有唯一性，一个二维码对应唯一一个最小销售单元的菌种。二维码应包括下列信息：菌种名称、生产经营者名称或进口商名称、单元识别代码、追溯网址四项信息。四项内容必须按以上顺序排列，每项信息单独成行。产品追溯网址由企业提供并保证有效，通过该网址可追溯到菌种扩繁代次、生产批号，以及物流或销售信息；网页应具有较强的兼容性，可在PC端和手机端浏览。不得在二维码图像或识读信息中添加引人误解或误导消费者的内容以及宣传信息。二维码印制要清晰完整，确保可识读。

菌种使用说明是指对菌种种性、培养基配方、使用范围、栽培方法及措施、适应性等使用条件的说明，以及风险提示、技术服务信息等内容。菌种使用说明与标签分别印制的，应当包括菌种种类、品种名称和菌种生产经营者信息。

销售的食用菌菌种必须附有菌种标签和使用说明，菌种生产经营者负责菌种标签和使用说明的制作，对其标注内容的真实性和菌种质量负责。

## 46.食用菌菌种的包装有什么规定？

母种（一级种）先用纸张包好，外包装采用木盒或有足够强度的纸箱，内部用具有缓冲作用的轻质材料填满。原种（二级种）、栽培种（三级种）外包装宜采用有足够强度的纸箱或塑料箱，菌种之间用具有缓冲作用的轻质材料填满。菌种包装箱上应注明小心轻放、防水防潮防冻、防晒防高温、防止倒置、防止重压等标志。箱内附产品合格证书和使用说明（包括菌种种性、培养基配方及使用范围等）。

## 47.食用菌菌种的运输应注意哪些事项？

运输食用菌菌种应保证安全，不应与有毒物品混装，不应挤压。运输温度条件应不高于 25℃（但草菇不低于 10℃）。运输过程中应有防震、防晒、防尘、防雨淋、防冻、防杂菌污染的措施。

## 48.食用菌菌种的贮存有什么规定？

母种（一级种）应在 4～6℃的冰箱中贮存，贮存期不超过 50d。

原种（二级种）和栽培种（三级种）应在温度不超过 20℃、清洁、干燥通风（空气相对湿度 50%～70%）、避光的室内存放，贮存期不超过 20d。在 15～20℃下贮存时，贮存期不超过 30d。在 1～6℃下贮存，贮存期不超过 60d。

草菇菌种应在 15～20℃下贮存，贮存期不超过 10d。

## 49.食用菌引种时要注意哪些方面？

食用菌引种应遵循以下原则和程序，避免对栽培生产造成不利影响。

（1）核实菌种和供种单位信息。应选择经省级以上食用菌品种审定委员会登记的品种，并且菌种种性清楚。不应选择来源和种性不清的菌种和生产性状未经系统试验验证的组织分离物作为引进种源。应从具有相应技术资质的供种单位引种。供种单位为菌种育种单位，应查询通过认定的食用菌品种名录，确认选育单位、品种名称、认定编号等信息；供种单位为菌种生产经营企业，核实供种企业《食用菌菌种生产经营许可证》是否具有母种(一级种)和原种(二级种)生产经营资质。为确保引种质量，还应详细了解供种单位的专业技术水平、设备设施条件和信誉度等信息。

(2)明确引种目的。食用菌品种类型繁多，不同品种适宜的环境条件和区域不同，生产特性以及收获物也有差异。要根据市场和引入地气候特点，明确引进品种是用于普通环境条件下季节性栽培收获鲜品，还是用于工厂化生产，或者是收获用于加工的原料菇等目的。所以，引种前要认真细致收集相关菌种信息，广泛了解和比较，客观认识菌种品种特性是否符合引种目的。

(3)掌握拟引进品种的生物学特性和栽培要点。对于已决定引进的品种，一定要详细了解其生物学特性、生产性状和栽培技术要点，如子实体的品质、适宜的培养料配方、出菇周期、发菌和出菇的温度、抗逆性及抗杂菌、抗病虫的能力，产品的耐贮性和产量潜能等。

(4)先试种再扩大。对于已决定引进的品种，应遵循先试种再扩大的原则。可选择 2～3 个品种试种，同时设立对照品种。试种期间要仔细观察记录，总结经验后再扩大生产。

(5)良种良法配套。要根据引入菌种品种特性的营养生理来选择合适的培养料和栽培技术，良种良法配套，才能取得最优经济效益。

## 50.怎样认定食用菌品种?

食用菌品种认定是菌种管理的基础工作。国家鼓励和支持单位及个人从事食用菌品种选育和开发，鼓励科研单位与企业相结合选育新品种，引导企业投资选育新品种。选育的新品种可以依法申请植物新品种权，国家保护品种权人的合法权益。食用菌品种选育(引进)者可自愿向全国农业技术推广服务中心申请品种认定。全国农业技术推广服务中心设有食用菌品种认定委员会，承担品种认定的技术鉴定工作。食用菌品种名称应当规范。此外，部分省也成立食用菌品种认定委员会，承担该省辖区内的食用菌品种认定工作。

认定品种由育种者自主开展试验、自愿申请认定，并承诺对品种的合法性、真实性、安全性负责。在种植过程中如发现存在不可克服的严重缺陷，按照规定程序予以撤销认定。

通过认定的食用菌品种由各级食用菌品种认定委员会对外发布。通过认定的食用菌品种一般包括认定编号(国品认菌四位数年号三位数序号)、品种名称、选育单位、品种特性、培养基、栽培技术、适应性、保藏条件等项信息。

## 51.黑木耳菌种的质量要求是什么?

黑木耳[*Auricularia auricula*(L. ex Hook.)Underw]又名木耳、云耳等，属担子菌

门、层菌纲、木耳目、木耳科、木耳属。野生环境下，黑木耳生于腐朽的阔叶树树枝、树干、树桩上，对生长势弱的树木有一定的弱寄生能力，喜温暖、潮湿的气候。黑木耳富含蛋白质、糖类、脂肪、粗纤维、18 种氨基酸和多种维生素等成分，营养全面丰富，其中的胶质和纤维素酶具有一定的消化和润肺功能，且质地细腻、脆滑爽口，是我国珍贵的药食兼用胶质真菌。黑木耳栽培历史悠久，人工利用木屑、棉籽壳等代用料栽培。根据《黑木耳菌种》(GB 19169—2003)，黑木耳菌种的级别分为母种(一级种)、原种(二级种)、栽培种(三级种)三个级别。各级菌种的质量要求包括容器规格、感官要求、微生物学要求、菌丝生长速度、母种栽培性状等指标项目。黑木耳各级菌种质量指标应符合表 9-3 规定。

表 9-3　　　　黑木耳菌种的质量要求

<table>
<tr><th colspan="2">质量指标项目</th><th>母种(一级种)</th><th>原种(二级种)</th><th>栽培种(三级种)</th></tr>
<tr><td colspan="2">容器规格</td><td>试管 18mm×180mm 或 20mm×200mm</td><td colspan="2">650～750mL，耐 126℃无色或近无色玻璃菌种瓶，或 850mL 耐 126℃食品接触用塑料菌种瓶，或 15cm×28cm 耐 126℃食品接触用聚丙烯塑料袋。栽培种还可使用≤17cm×35cm 耐 126℃食品接触用聚丙烯塑料袋</td></tr>
<tr><td rowspan="10">感官要求</td><td>容器</td><td colspan="3">完整、无破损、无裂纹</td></tr>
<tr><td>棉塞或无棉塑料盖</td><td colspan="3">干燥、洁净，松紧适度，能满足透气和滤菌要求</td></tr>
<tr><td>培养基灌入量/培养基上表面距瓶(袋)口的距离</td><td>培养基量为试管总容积的 1/5～1/4</td><td colspan="2">培养基上表面距瓶(袋)口 50mm±5mm</td></tr>
<tr><td>斜面长度</td><td>顶端距棉塞 40～50mm</td><td colspan="2">—</td></tr>
<tr><td>菌丝生长量</td><td>长满斜面</td><td colspan="2">长满容器</td></tr>
<tr><td>接种量</td><td>接种块大小：(3～5)mm×(3～5)mm</td><td>每支母种接原种数：4～6 瓶(袋)，接种物大小：≥12mm×15mm</td><td>每瓶(袋)原种接栽培种数：40～50 瓶(袋)</td></tr>
<tr><td>菌种正面外观</td><td>洁白、纤细、平贴培养基生长、均匀、平整、无角变，菌落边缘整齐，无杂菌菌落</td><td colspan="2">—</td></tr>
<tr><td>斜面背面外观</td><td>培养基不干缩，有菌丝体分泌的黄褐色色素于培养基中</td><td colspan="2">—</td></tr>
<tr><td>菌丝体特征</td><td>—</td><td colspan="2">白色至米黄色，细羊毛状，生长旺健，菌落边缘整齐</td></tr>
<tr><td>培养基及菌丝体</td><td>—</td><td>培养基变色均匀，菌种紧贴瓶壁，无干缩</td><td>培养基变色均匀，菌种紧贴瓶(袋)壁或略有干缩</td></tr>
</table>

续表　9-3

| 质量指标项目 | | 母种(一级种) | 原种(二级种) | 栽培种(三级种) |
|---|---|---|---|---|
| 感官要求 | 菌丝分泌物 | — | 允许有少量无色至棕黄色水珠 | |
| | 杂菌菌落 | — | 无 | |
| | 拮抗现象及角变 | — | 无 | |
| | 耳芽(子实体原基) | — | 允许有少量胶质、琥珀色颗粒状耳芽 | 允许有少量浅褐色至黑褐色菊花状或不规则胶质耳芽 |
| | 气味 | 有黑木耳菌种特有的清香味，无酸、臭、霉等异味 | | |
| 微生物学要求 | 菌丝形态 | 粗细不匀，常出现根状分枝，有锁状联合 | | |
| | 杂菌 | 无 | | |
| 活力要求 | 菌丝生长速度 | 在 PDA 培养基上，在适温(26℃±2℃)下，10～15d 长满斜面 | 在适宜培养基上，在适温(26℃±2℃)下，40～45d 长满容器 | 在适宜培养基上，在适温(26℃±2℃)下，一般 35～40d 长满容器 |
| 种性要求 | 母种栽培性状 | 供种单位所供母种需经出菇试验确证农艺性状和商品性等种性合格后，方可扩繁或出售 | — | |

[PDA 培养基：马铃薯 200g(用浸出汁)，葡萄糖 20g，琼脂 20g，水 1000mL，pH 值自然。]

## 52.香菇菌种的质量要求是什么?

香菇(*Lentinus edodes*)，属担子菌纲、伞菌目、口蘑科、香菇属。香菇富含多种氨基酸和矿物质成分等营养物质，含有的香菇酸分解生成香菇精是香菇香味的主要成分。香菇具有促进新陈代谢，提高机体免疫力的保健作用，因此，香菇是我国久负盛名的食药用菌和调味品。根据《香菇菌种》(GB 19170—2003)，香菇菌种的级别分为母种(一级种)、原种(二级种)、栽培种(三级种)三个级别。各级菌种的质量要求包括容器规格、感官要求、微生物学要求、菌丝生长速度、母种栽培性状等指标项目。香菇各级菌种质量指标应符合表 9-4 规定。

表 9-4　　香菇菌种的质量要求

| 质量指标项目 | 母种(一级种) | 原种(二级种) | 栽培种(三级种) |
|---|---|---|---|
| 容器规格要求 | 试管 18mm×180mm 或 20mm×200mm | 650～750mL，耐 126℃无色或近无色玻璃菌种瓶，或 850mL 耐 126℃食品接触用塑料菌种瓶，或 15cm×28cm 耐 126℃食品接触用聚丙烯塑料袋。栽培种还可使用≤17cm×35cm 耐 126℃食品接触用聚丙烯塑料袋 | |

续表　9-4

<table>
<tr><th colspan="3">质量指标项目</th><th>母种(一级种)</th><th>原种(二级种)</th><th>栽培种(三级种)</th></tr>
<tr><td rowspan="16">菌丝感官要求</td><td colspan="2">容器</td><td colspan="3">完整、无损</td></tr>
<tr><td colspan="2">棉塞或无棉塑料盖</td><td colspan="3">干燥、洁净，松紧适度，能满足透气和滤菌要求</td></tr>
<tr><td colspan="2">培养基灌入量/培养基上表面距瓶(袋)口的距离</td><td>培养基量为试管总容积的 1/5～1/4</td><td colspan="2">培养基上表面距瓶(袋)口 50mm±5mm</td></tr>
<tr><td colspan="2">培养基斜面长度</td><td>顶端距棉塞 40～50mm</td><td colspan="2">—</td></tr>
<tr><td colspan="2">接种量</td><td>接种块大小：(3～5)mm×(3～5)mm</td><td>每支母种接原种数：4～6 瓶(袋)，接种物大小：≥12mm×15mm</td><td>每瓶(袋)原种接栽培种数：30～50 瓶(袋)</td></tr>
<tr><td rowspan="9">菌种外观</td><td>菌丝生长量</td><td>长满斜面</td><td colspan="2">长满容器</td></tr>
<tr><td>菌丝体特征</td><td>洁白浓密、棉毛状</td><td colspan="2">洁白浓密、生长旺健</td></tr>
<tr><td>菌丝体表面/培养物表面菌丝体/不同部位菌丝体</td><td>菌丝体表面应均匀、平整、无角变</td><td>培养物表面菌丝体应生长均匀，无角变，无高温抑制线</td><td>不同部位菌丝体应生长均匀，无角变，无高温抑制线</td></tr>
<tr><td>培养基及菌丝体</td><td>—</td><td>紧贴瓶壁，无干缩</td><td>紧贴瓶(袋)壁，无干缩</td></tr>
<tr><td>菌丝分泌物/培养物表面分泌物</td><td>无</td><td>无，允许有少量深黄色至棕褐色水珠</td><td>无或有少量深黄色至棕褐色水珠</td></tr>
<tr><td>菌落边缘</td><td>整齐</td><td colspan="2">—</td></tr>
<tr><td>杂菌菌落</td><td colspan="3">无</td></tr>
<tr><td>拮抗现象</td><td>—</td><td colspan="2">无</td></tr>
<tr><td>子实体原基</td><td>—</td><td colspan="2">无</td></tr>
<tr><td colspan="2">斜面背面外观</td><td>培养基不干缩，颜色均匀、无暗斑、无色素</td><td colspan="2">—</td></tr>
<tr><td colspan="2">气味</td><td colspan="3">有香菇菌种特有的香味，无酸、臭、霉等异味</td></tr>
<tr><td rowspan="3">微生物学</td><td colspan="2">菌丝生长状态</td><td colspan="3">粗壮、丰满、均匀</td></tr>
<tr><td colspan="2">锁状联合</td><td colspan="3">有</td></tr>
<tr><td colspan="2">杂菌</td><td colspan="3">无</td></tr>
<tr><td>活力要求</td><td colspan="2">菌丝生长速度</td><td>在 PDA 培养基上，在适温(24℃±1℃)下，10～14d 长满斜面</td><td>在适宜培养基上，在适温(23℃±2℃)下，菌丝长满容器应 35～50d</td><td>在适宜培养基上，在适温(23℃±2℃)下，菌丝长满容器一般 40～50d</td></tr>
<tr><td>种性要求</td><td colspan="2">母种栽培性状</td><td>供种单位所供母种需经出菇试验确证农艺性状和商品性等种性合格后，方可扩繁或出售</td><td colspan="2">—</td></tr>
</table>

## 53.双孢蘑菇菌种的质量要求是什么？

双孢蘑菇(*Agaricus bisporus*)又称白蘑菇、蘑菇、洋蘑菇，属担子菌门、层菌纲、伞菌目、蘑菇科、蘑菇属。双孢蘑菇富含人体必需氨基酸、多糖类、维生素和矿物质元素等物质，营养丰富全面，肉质肥厚、味道鲜美，可鲜食、罐藏、盐渍。双孢蘑菇的菌丝还作为制药的原料。双孢蘑菇栽培起源于法国，是世界性栽培和消费的菇类，有“世界菇”之称。根据《双孢蘑菇菌种》(GB 19171—2003)，双孢蘑菇菌种的级别分为母种(一级种)、原种(二级种)、栽培种(三级种)三个级别。各级菌种的质量要求包括容器规格、感官要求、微生物学要求、菌丝生长速度、母种遗传和栽培性状等指标项目。双孢蘑菇各级菌种质量指标应符合表 9-5 规定。

表 9-5　　双孢蘑菇菌种的质量要求

<table>
<tr><th colspan="3">质量指标项目</th><th>母种(一级种)</th><th>原种(二级种)</th><th>栽培种(三级种)</th></tr>
<tr><td colspan="3">容器规格要求</td><td>试管 18mm×180mm 或 20mm×200mm</td><td colspan="2">650～750mL，耐 126℃无色或近无色玻璃菌种瓶，或 850mL 耐 126℃食品接触用塑料菌种瓶，或 15cm×28cm 耐 126℃食品接触用聚丙烯塑料袋。栽培种还可使用≤17cm×35cm 耐 126℃食品接触用聚丙烯塑料袋</td></tr>
<tr><td rowspan="9">丝感官要求</td><td colspan="2">容器</td><td colspan="3">完整、无损</td></tr>
<tr><td colspan="2">棉塞或无棉塑料盖</td><td colspan="3">干燥、洁净，松紧适度，能满足透气和滤菌要求</td></tr>
<tr><td colspan="2">培养基灌入量/培养基上表面距瓶(袋)口的距离</td><td>培养基量为试管总容积的 1/5～1/4</td><td colspan="2">培养基上表面距瓶(袋)口 50mm±5mm</td></tr>
<tr><td colspan="2">培养基斜面长度</td><td>顶端距棉塞 40～50mm</td><td colspan="2">—</td></tr>
<tr><td colspan="2">接种量</td><td>接种块大小：(3～5)mm×(3～5)mm</td><td>每支母种接原种数：4～6)瓶(袋)，接种物大小：≥12mm×15mm</td><td>每瓶(袋)原种接栽培种数：30～50 瓶(袋)</td></tr>
<tr><td rowspan="4">菌种外观</td><td>菌丝生长量</td><td>长满斜面</td><td colspan="2">长满容器</td></tr>
<tr><td>菌丝体特征</td><td>洁白或米白、浓密、羽毛状或叶脉状</td><td colspan="2">洁白浓密、生长旺健</td></tr>
<tr><td>菌丝体表面/培养物表面菌丝体/不同部位菌丝体</td><td>菌丝体表面应均匀、平整、无角变</td><td>培养物表面菌丝体应生长均匀，无角变，无高温抑制线</td><td>不同部位菌丝体应生长均匀，无角变，无高温抑制线</td></tr>
<tr><td>培养基及菌丝体</td><td>—</td><td colspan="2">紧贴瓶(袋)壁，无干缩</td></tr>
</table>

续表 9-5

| 质量指标项目 | | | 母种（一级种） | 原种（二级种） | 栽培种（三级种） |
|---|---|---|---|---|---|
| 丝感官要求 | 菌种外观 | 菌丝分泌物/培养物表面分泌物 | 无 | | |
| | | 菌落边缘 | 整齐 | — | |
| | | 杂菌菌落 | 无 | | |
| | | 拮抗现象 | — | 无 | |
| | | 子实体原基 | — | 无 | |
| | 斜面背面外观 | | 培养基不干缩，颜色均匀、无暗斑、无色素 | — | |
| | 气味 | | 有双孢蘑菇菌种特有的香味，无酸、臭、霉等异味 | | |
| 微生物学要求 | 菌丝 | | 粗壮 | | |
| | 杂菌 | | 无 | | |
| 活力要求 | 菌丝生长速度 | | 在 PDA 培养基上，在适温（24℃±1℃）下，10～20d 长满斜面 | 在适宜培养基上，在适温（24℃±1℃）下，菌丝长满容器不超过45d | 在适宜培养基上，在适温（24℃±1℃）下，菌丝长满瓶（袋）不超过45d |
| 种性要求 | 母种遗传和栽培性状 | | 供种单位需对所供母种进行酯酶（Est）同工酶类型鉴定，确认其遗传类型与对照相同后，再经出菇试验确证农艺性状和商品性等种性合格后，方可用于扩繁或出售 | | — |

## 54.平菇菌种的质量要求是什么？

平菇（*Pleurotus ostreatus*）也称侧耳、蚝菇等，台湾又称秀珍菇，属于担子菌门、层菌纲、伞菌目、侧耳科、侧耳属。平菇分布广泛，具有适应性强、生长快，抗逆性强的优点，适于多种原料和多种条件栽培，是世界性分布和栽培的食用菌。根据 GB《平菇菌种》（19172—2003），平菇菌种的级别分为母种（一级种）、原种（二级种）、栽培种（三级种）三个级别。各级菌种的质量要求包括容器规格、感官要求、微生物学要求、菌丝生长速度、母种栽培性状等指标项目。平菇各级菌种质量指标应符合表 9-6 规定。

表 9-6　　　　　　　　**平菇菌种的质量要求**

<table>
<tr><th colspan="3">质量指标项目</th><th>母种(一级种)</th><th>原种(二级种)</th><th>栽培种(三级种)</th></tr>
<tr><td colspan="3">容器规格要求</td><td>试管 18mm×180mm 或 20mm×200mm</td><td colspan="2">650～750mL，耐 126℃无色或近无色玻璃菌种瓶，或 850mL 耐 126℃食品接触用塑料菌种瓶，或 15cm×28cm 耐 126℃食品接触用聚丙烯塑料袋。栽培种还可使用≤17cm×35cm 耐 126℃食品接触用聚丙烯塑料袋</td></tr>
<tr><td rowspan="17">菌丝感官要求</td><td colspan="2">容器</td><td colspan="3">完整、无损</td></tr>
<tr><td colspan="2">棉塞或无棉塑料盖</td><td colspan="3">干燥、洁净，松紧适度，能满足透气和滤菌要求</td></tr>
<tr><td colspan="2">培养基灌入量/培养基上表面距瓶(袋)口的距离</td><td>培养基量为试管总容积的 1/5～1/4</td><td colspan="2">培养基上表面距瓶(袋)口 50mm±5mm</td></tr>
<tr><td colspan="2">培养基斜面长度</td><td>顶端距棉塞 40～50mm</td><td colspan="2">—</td></tr>
<tr><td colspan="2">接种量</td><td>接种块大小：(3～5)mm×(3～5)mm</td><td>每支母种接原种数：4～6 瓶(袋)，接种物大小：≥12mm×15mm</td><td>每瓶(袋)原种接栽培种数：30～50 瓶(袋)</td></tr>
<tr><td rowspan="10">菌种外观</td><td>菌丝生长量</td><td>长满斜面</td><td>长满容器</td><td></td></tr>
<tr><td>菌丝体特征</td><td>洁白、浓密、旺健、棉毛状</td><td>洁白浓密、生长旺健</td><td>洁白浓密，生长旺健，饱满</td></tr>
<tr><td>菌丝体表面/培养物表面菌丝体/不同部位菌丝体</td><td>菌丝体表面应均匀、舒展、平整、无角变</td><td>培养物表面菌丝体应生长均匀，无角变，无高温抑制线</td><td>不同部位菌丝体应生长均匀，色泽一致，无角变，无高温抑制线</td></tr>
<tr><td>培养基及菌丝体</td><td>—</td><td>紧贴瓶壁，无干缩</td><td>紧贴瓶(袋)壁，无干缩</td></tr>
<tr><td>菌丝分泌物/培养物表面分泌物</td><td>无</td><td colspan="2">无，允许有少量无色或浅黄色水珠</td></tr>
<tr><td>菌落边缘</td><td>整齐</td><td colspan="2">—</td></tr>
<tr><td>杂菌菌落</td><td colspan="3">无</td></tr>
<tr><td>拮抗现象</td><td>—</td><td colspan="2">无</td></tr>
<tr><td>子实体原基</td><td>—</td><td>无</td><td>允许少量，出现原基总量≤5%</td></tr>
<tr><td>斜面背面外观</td><td>培养基不干缩，颜色均匀、无暗斑、无色素</td><td colspan="2">—</td></tr>
<tr><td colspan="2">气味</td><td colspan="3">有平菇菌种特有的清香味，无酸、臭、霉等异味</td></tr>
<tr><td rowspan="3">微生物学要求</td><td colspan="2">菌丝生长状态</td><td colspan="3">粗壮、丰满、均匀</td></tr>
<tr><td colspan="2">锁状联合</td><td colspan="3">有</td></tr>
<tr><td colspan="2">杂菌</td><td colspan="3">无</td></tr>
</table>

续表　9-6

| 质量指标项目 | | 母种(一级种) | 原种(二级种) | 栽培种(三级种) |
|---|---|---|---|---|
| 活力要求 | 菌丝生长速度 | 在PDA培养基上，在适温(25℃±2℃)下，6～8d长满斜面 | 在适宜培养基上，在适温(25℃±2℃)下，菌丝长满容器应25～30d | 在适温(25℃±2℃)下，在谷粒培养基上菌丝长满瓶应(15±2)d，长满袋应(20±2)d；在其他培养基上长满瓶应20～25d，长满袋应30～35d |
| 种性要求 | 母种栽培性状 | 供种单位所供母种需经出菇试验确证农艺性状和商品性状等种性合格后，方可扩繁或出售 | — | |

## 55.杏鲍菇和白灵菇菌种的质量要求是什么？

杏鲍菇(*Pleurotus eryngii*)，又名刺芹侧耳，刺芹菇，雪茸，属真菌门、担子菌纲、伞菌目、侧耳科、侧耳属。杏鲍菇是我国栽培和出口的主要食用菌之一，具有肉质肥厚鲜嫩，风味清新独特，营养丰富均衡的品质特点。白灵菇(*Pleurotus ferulae* Lanzi)，又名阿魏蘑、阿魏菇、阿魏蘑菇、白阿魏蘑、阿魏侧耳，属于真菌门、担子菌纲、伞菌目、侧耳科、侧耳属，白灵菇为掌状阿魏菇的商品名，以其形状近似灵芝，全身为纯白色故称为白灵菇。

根据《杏鲍菇和白灵菇菌种》(NY 862—2004)，杏鲍菇和白灵菇菌种的级别分为母种(一级种)、原种(二级种)、栽培种(三级种)三个级别。各级菌种的质量要求包括容器规格、感官要求、微生物学要求、菌丝生长速度、母种栽培性状、生物学效率等指标项目。杏鲍菇和白灵菇各级菌种质量指标应符合表9-7规定。

表9-7　杏鲍菇和白灵菇菌种的质量要求

| 质量指标项目 | | 母种(一级种) | 原种(二级种) | 栽培种(三级种) |
|---|---|---|---|---|
| 容器规格要求 | | 试管18mm×180mm或20mm×200mm | 650～750mL，耐126℃无色或近无色玻璃菌种瓶，或850mL耐126℃食品接触用塑料菌种瓶，或15cm×28cm耐126℃食品接触用聚丙烯塑料袋。栽培种还可使用≤17cm×35cm耐126℃食品接触用聚丙烯塑料袋 | |
| 菌丝感官要求 | 容器 | 洁净、完整、无损 | | |
| | 棉塞或无棉塑料盖 | 干燥、洁净，松紧适度，能满足透气和滤菌要求 | | |
| | 培养基上表面距瓶(袋)口的距离 | — | 培养基上表面距瓶(袋)口50mm±5mm | |
| | 培养基斜面长度 | 顶端距棉塞40～50mm | — | |
| | 接种量 | 接种块大小：(3～5)mm×(3～5)mm | 接种物大小：≥12mm×15mm | — |

续表 9-7

| 质量指标项目 | | | 母种（一级种） | 原种（二级种） | 栽培种（三级种） |
|---|---|---|---|---|---|
| 菌丝感官要求 | 菌种外观 | 菌丝生长量 | 长满斜面 | 长满容器 | |
| | | 菌丝体特征 | 洁白、健壮、棉毛状 | 洁白浓密、生长旺健 | 洁白浓密，生长旺健，饱满 |
| | | 菌丝体表面/培养物表面菌丝体/不同部位菌丝体 | 菌丝体表面应均匀、舒展、平整、无角变、色泽一致 | 培养物表面菌丝体应生长均匀，无角变，无高温圈 | 不同部位菌丝体应生长均匀，色泽一致，无角变，无高温圈 |
| | | 培养基及菌丝体 | — | 紧贴瓶（袋）壁，无明显干缩 | |
| | | 菌丝分泌物/培养物表面分泌物 | 无 | 无 | |
| | | 菌落边缘 | 较整齐 | — | |
| | | 杂菌菌落 | | | 无 |
| | | 虫（螨）体 | | | 无 |
| | | 拮抗现象 | — | 无 | |
| | | 菌皮 | — | 无 | |
| | | 出现子实体原基的瓶（袋）数 | — | 杏鲍菇≤3%；白灵菇无 | 杏鲍菇≤5%；白灵菇无 |
| | 斜面背面外观 | | 培养基无干缩，颜色均匀、无暗斑、无明显色素 | — | |
| | 气味 | | 具特有的香（清香）味，无异味 | | |
| 活力要求 | 菌丝生长速度 | | 杏鲍菇在PDA培养基上，在适温（25℃±1℃）下，10～12d长满斜面；在90mm培养皿上，8～10d长满平板。白灵菇在PDPYA培养基上，在适温（25℃±1℃）下，10～12d长满斜面，在90mm培养皿上，8～10d长满平板；在PDA培养基上，12～14d长满斜面；在90mm培养皿上，9～11d长满平板 | 在培养室室温（23℃±1℃）下，在谷粒培养基上20d±2d菌丝长满容器，在棉籽壳麦麸培养基和棉籽壳玉米粉培养基上30～35d菌丝长满容器，在木屑培养基上35～40d菌丝长满容器 | 在培养室室温（23℃±1℃）下，在谷粒培养基上菌丝长满瓶应20d±2d，长满袋应25d±2d；在其他培养基上长满瓶应25～35d，长满袋应30～35d |
| 种性要求 | 母种栽培性状 | | 供种单位所供母种需经出菇试验确证农艺性状和商品性状等种性合格后，方可扩繁或出售 | — | |
| | 生物学效率 | | 在适宜条件下，杏鲍菇不低于40%，白灵菇不低于30% | — | |

［PDPYA培养基：马铃薯300g（用浸出汁），葡萄糖20g，蛋白胨2g，酵母粉2g，琼脂20g，水1000mL，pH值自然。］

## 56.草菇菌种的质量要求是什么？

草菇（*Volvariella volvacea*）又名兰花菇、苞脚菇、麻菇等，因常常生长在潮湿腐烂的稻草中而得名，属于担子菌门、层菌纲、伞菌目、光柄菇科、小苞脚菇属。草菇具有菌肉肥嫩、肉厚、柄短、爽滑等特点，营养丰富，味道鲜美。除鲜食外，可加工制成速冻草菇、干草菇、罐头、草菇酱油等产品，是我国大规模栽培的食用菌品种。根据《草菇菌种》（GB/T 23599—2009），草菇菌种的级别分为母种（一级种）、原种（二级种）、栽培种（三级种）三个级别。各级菌种的质量要求包括容器规格、感官要求、微生物学要求、菌丝生长速度、种性要求、真实性要求等指标项目。草菇各级菌种质量指标应符合表 9-8 规定。

表 9-8　草菇菌种的质量要求

<table>
<tr><th colspan="3">质量指标项目</th><th>母种（一级种）</th><th>原种（二级种）</th><th>栽培种（三级种）</th></tr>
<tr><td colspan="3">容器规格要求</td><td>试管 18mm×180mm 或 20mm×200mm</td><td colspan="2">650～750mL，耐 126℃无色或近无色玻璃菌种瓶，或 850mL 耐 126℃食品接触用塑料菌种瓶，或 15cm×28cm 耐 126℃食品接触用聚丙烯塑料袋。栽培种还可使用≤17cm×35cm 耐 126℃食品接触用聚丙烯塑料袋</td></tr>
<tr><td rowspan="8">菌丝感官要求</td><td colspan="2">容器</td><td colspan="3">完整、无损</td></tr>
<tr><td colspan="2">棉塞或硅胶塞或无棉塑料盖</td><td colspan="3">干燥、洁净，松紧适度，能满足透气和滤菌要求</td></tr>
<tr><td colspan="2">培养基灌入量/培养基上表面距瓶（袋）口的距离</td><td>培养基量为试管总容积的 1/5～1/4</td><td colspan="2">培养基上表面距瓶（袋）口 50mm±5mm</td></tr>
<tr><td colspan="2">培养基斜面长度</td><td>顶端距棉塞或硅胶塞 40～50mm</td><td colspan="2">—</td></tr>
<tr><td colspan="2">接种量</td><td>接种块大小：（3～5）mm×（3～5）mm</td><td>每支母种接原种数：4～6 瓶（袋），接种物大小：≥12mm×15mm</td><td>每瓶（袋）原种接栽培种数：30～50 瓶（袋）</td></tr>
<tr><td rowspan="3">菌种外观</td><td>菌丝生长量</td><td>长满斜面</td><td colspan="2">长满容器</td></tr>
<tr><td>菌丝体特征</td><td>淡白色至黄白色、半透明、旺健、丰满、爬壁力强、气生菌丝旺盛、菌种表面允许有少量红褐色的厚垣孢子</td><td colspan="2">菌丝显淡白色至灰白色、生长旺健、饱满、菌种表面允许有少量红褐色的厚垣孢子</td></tr>
<tr><td>菌丝体表面/培养物表面菌丝体/不同部位菌丝体</td><td>菌丝体表面应舒展、无角变</td><td>培养物表面菌丝体应无角变，无高温抑制线</td><td>不同部位菌丝体应生长齐整，色泽一致，无角变，无高温抑制线</td></tr>
</table>

续表 9-8

| 质量指标项目 | | | 母种（一级种） | 原种（二级种） | 栽培种（三级种） |
|---|---|---|---|---|---|
| 菌丝感官要求 | 菌种外观 | 培养基及菌丝体 | — | 紧贴瓶壁，无干缩 | 紧贴瓶(袋)壁，无干缩 |
| | | 菌丝分泌物/培养物表面分泌物 | 无 | 无 | |
| | | 菌落边缘 | 整齐 | — | |
| | | 杂菌菌落 | 无 | | |
| | | 拮抗现象 | — | 无 | |
| | | 子实体原基 | — | 无 | |
| | 斜面背面外观 | | 培养基不干缩，颜色均匀、无暗斑、无色素 | — | |
| | 气味 | | 有草菇菌种特有的清香味，无酸、臭、霉等异味 | | |
| 微生物学要求 | 菌丝生长状态 | | 粗壮、丰满，显微镜下观察，有直径≥8μm的粗壮菌丝，菌丝线形，分枝均匀，呈直角或近于直角 | | |
| | 细菌和霉菌 | | 无 | | |
| 活力要求 | 菌丝生长速度 | | 在PDA培养基上，在黑暗、适温(32℃±1℃)条件下，3～5d长满斜面 | 在适宜培养基上，在适温(32℃±1℃)条件下，应7～12d菌丝长满容器 | 在适宜培养基上，在黑暗、适温(32℃±1℃)条件下，应7～12d菌丝长满容器 |
| 种性要求 | 母种栽培性状 | | 供种单位所供母种需经出菇试验确证农艺性状和商品性状等种性合格后，方可扩繁或出售 | — | |
| | 产量性状 | | 在正常条件下，在适宜栽培培养基下，生物学效率应不低于20% | — | |
| 真实性要求 | 菌丝可溶性蛋白电泳图谱特征 | | 电泳图谱在 *Rf*=0.75(*Rf* 为电泳条带的相对迁移率)处具染色很深的蛋白带 | — | |
| | ITS(内部转录间隔区)序列特征 | | 供试菌株ITS序列与草菇V23ITS序列的相似性应达98%以上 | — | |

## 57.金针菇菌种的质量要求是什么？

金针菇(*Flammulina velutipes*)也称冬菇、朴蕈、绒毛柄金钱菌等，属于担子菌门、层菌纲、伞菌目、口蘑科、金钱菌属。金针菇含丰富的蛋白质、维生素、矿物质，营养价值介于肉类和蔬菜之间，其中，赖氨酸、精氨酸和可食用纤维素等成分含量高，具有益智、增加胃肠道蠕动、促进消化、排除重金属离子、增强人体免疫力等功效，是药食兼用、广泛栽培的食用菌。根据《金针菇菌种》(GB/T 37671—2019)，金针菇菌种按照培养基质的形态分为固体菌种和液体菌种两个类型。其中，固体菌种的级别分为母种(一级种)、原种(二级种)、栽培种(三级种)三个级别；液体菌种分为液体原种和液体栽培种两个级别。

金针菇各级固体菌种的质量要求包括容器规格、感官要求、微生物学要求、菌丝生长速度、种性要求等指标项目，各等级菌种质量指标应符合表 9-9 规定。

表 9-9 金针菇固体菌种的质量要求

| 质量指标项目 | | | 母种(一级种) | 原种(二级种) | 栽培种(三级种) |
|---|---|---|---|---|---|
| 容器规格要求 | | | 试管 18mm×180mm 或 20mm×200mm | 650～750mL，耐 126℃无色或近无色玻璃菌种瓶，或 850mL 耐 126℃食品接触用塑料菌种瓶，或 15cm×28cm 耐 126℃食品接触用聚丙烯塑料袋。栽培种还可使用≤17cm×35cm 耐 126℃食品接触用聚丙烯塑料袋 | |
| 菌丝感官要求 | 容器 | | 洁净、透明、完整、无损 | | |
| | 棉塞或硅胶塞或塑料盖 | | 干燥、洁净，松紧适度，能满足透气和滤菌要求 | | |
| | 培养基上表面距瓶(袋)口的距离 | | — | 培养基上表面距瓶(袋)口 40mm±5mm | |
| | 培养基斜面长度 | | 顶端距棉塞或硅胶塞 40～50mm | — | |
| | 接种量 | | 接种块大小：(3～5)mm×(3～5)mm | 每支母种接原种数：4～6 瓶(袋)，接种物大小：≥12mm×15mm | 每瓶(袋)原种接栽培种数：30～50 瓶(袋) |
| | 菌种外观 | 菌丝生长量 | 长满斜面 | 长满容器 | |
| | | 菌丝体特征 | 白色、浓密、有绒毛状气生菌丝，有锁状联合 | 菌丝洁白、浓密，生长均匀，无角变，无高温圈 | 洁白、浓密，生长均匀、旺盛，无角变，无高温圈 |
| | | 菌丝体表面/培养物表面菌丝体/不同部位菌丝体特征 | 菌丝体表面应均匀、平整、无角变、无原基 | 菌丝洁白、浓密，生长均匀，无角变，无高温圈 | 洁白、浓密，生长均匀、旺盛，无角变，无高温圈 |
| | | 培养基及菌丝体 | — | 紧贴瓶(袋)壁，无干缩 | |

续表 9-9

<table>
<tr><th colspan="3">质量指标项目</th><th>母种(一级种)</th><th>原种(二级种)</th><th>栽培种(三级种)</th></tr>
<tr><td rowspan="9">菌丝感官要求</td><td rowspan="7">菌种外观</td><td>菌丝分泌物/培养物表面分泌物</td><td>无</td><td>无</td><td>允许有少量无色或浅黄色水珠</td></tr>
<tr><td>拮抗现象</td><td>—</td><td colspan="2">无</td></tr>
<tr><td>菌落边缘</td><td>整齐</td><td colspan="2">—</td></tr>
<tr><td>粉孢子</td><td colspan="3">无或少量</td></tr>
<tr><td>杂菌菌落</td><td colspan="3">无</td></tr>
<tr><td>螨虫</td><td>—</td><td colspan="2">无</td></tr>
<tr><td>子实体原基</td><td>无原基</td><td>无原基，无子实体</td><td>允许有少量原基但无子实体</td></tr>
<tr><td colspan="2">斜面背面外观</td><td>培养基不干缩，颜色均匀、无暗斑</td><td colspan="2">—</td></tr>
<tr><td colspan="2">气味</td><td colspan="3">有金针菇菌种特有的香味，无酸、臭、霉等异味</td></tr>
<tr><td rowspan="3">微生物学要求</td><td colspan="2">菌丝生长状态</td><td colspan="3">菌丝洁白、浓密，生长均匀，无角变，无高温圈</td></tr>
<tr><td colspan="2">锁状联合</td><td colspan="3">有</td></tr>
<tr><td colspan="2">细菌和霉菌</td><td colspan="3">无</td></tr>
<tr><td>活力要求</td><td colspan="2">菌丝生长速度</td><td>在 PDA 培养基上，17～22℃避光恒温培养，菌丝 10～14d 长满斜面</td><td>在适宜培养基上，17～22℃避光恒温培养，菌丝 35～45d 长满容器(750mL 菌种瓶)</td><td>在适宜培养基上，17～22℃避光恒温培养，菌丝 30～40d 长满容器(750mL 菌种瓶)</td></tr>
<tr><td rowspan="2">种性要求</td><td colspan="2">母种栽培性状</td><td>供种单位所供母种需经出菇试验确证农艺性状和商品性状等种性合格后，方可扩繁或出售</td><td colspan="2">—</td></tr>
<tr><td colspan="2">产量性状</td><td>在室温小于 17℃条件下，在适宜培养基中培养出菇，生物学效率应不低于 80%</td><td colspan="2">—</td></tr>
</table>

金针菇液体原种，又称为摇瓶液体菌种，是指将母种移植到液体培养基中，在摇床上恒温振荡扩大培养而成的菌丝体纯培养物。金针菇液体栽培种，又称为发酵罐液体菌种，是将摇瓶液体菌种移植到发酵罐液体培养基中恒温培养而成的菌丝体纯培养物。金针菇液体菌种的质量要求包括容器规格、感官要求、培养条件要求等指标项目，各等级菌种质量指标应符合表 9-10 规定。

表 9-10 金针菇液体菌种的质量要求

<table>
<tr><th colspan="3">质量指标项目</th><th>(摇瓶)液体原种</th><th>(发酵罐)液体栽培种</th></tr>
<tr><td colspan="3">容器规格要求</td><td>耐 126℃的无色玻璃锥形瓶</td><td>耐 126℃的不锈钢发酵罐，阀门、安全阀、压力表完好，工作正常</td></tr>
<tr><td rowspan="9">菌丝感官要求</td><td colspan="2">容器</td><td>洁净、透明、完整、无损</td><td>洁净、完整、无损</td></tr>
<tr><td colspan="2">棉塞或硅胶塞</td><td>干燥、洁净，松紧适度，能满足透气和滤菌要求</td><td>—</td></tr>
<tr><td colspan="2">培养基装量/投料量</td><td>培养基装量为容器的 40%～60%</td><td>培养基投料量为罐体容积的 70%～80%</td></tr>
<tr><td colspan="2">母种接种块大小/接种量</td><td>母种接种块大小：(5～10)mm×(10～15)mm，接种量：2～6 块</td><td>接种量：培养基投料量的 10%</td></tr>
<tr><td rowspan="3">菌液外观</td><td>菌液色泽</td><td colspan="2">菌丝体白色，滤液清澈透亮</td></tr>
<tr><td>菌液形态</td><td colspan="2">有大量片状、丛状或球状菌丝体悬浮，分布均匀</td></tr>
<tr><td>杂菌菌丝</td><td colspan="2">无</td></tr>
<tr><td colspan="2">气味</td><td colspan="2">有金针菇菌种特有的香味，无酸、臭、霉、甜等异味</td></tr>
<tr><td rowspan="3">微生物学要求</td><td colspan="2">菌丝生长状态</td><td colspan="2">菌丝洁白、生长均匀</td></tr>
<tr><td colspan="2">锁状联合</td><td colspan="2">有</td></tr>
<tr><td colspan="2">细菌和霉菌</td><td colspan="2">无</td></tr>
<tr><td>活力要求</td><td colspan="2">菌丝生长速度</td><td>在适宜培养基上，17～22℃避光恒温培养，菌丝 35～45d 长满容器(750mL 菌种瓶)</td><td>在适宜培养基上，17～22℃避光恒温培养，菌丝 30～40d 长满容器(750mL 菌种瓶)</td></tr>
<tr><td rowspan="2">培养条件要求</td><td colspan="2">设备条件要求</td><td>摇床：振荡频率 80～100 次/min，振幅 6～10cm</td><td>不锈钢发酵罐：耐 126℃高温，通风量保持在 0.5～1.2L/min，罐压保持在 0.02～0.04MPa</td></tr>
<tr><td colspan="2">环境条件要求</td><td colspan="2">适宜培养基，温度 17～22℃，避光培养 6～10d</td></tr>
</table>

## 58.银耳菌种的质量要求是什么？

银耳(*Tremella fuciformis* Berk.)，又名白木耳、雪耳、银耳子等，属于担子菌门、银耳纲、银耳目、银耳科、银耳属。银耳外形美观，其子实体由数片至十几片纯白色或乳白色胶质瓣组成，呈菊花形、牡丹形或绣球形，口感滑爽富有弹性。其中含有的银耳多糖等活性物质具有养胃、美颜等养生保健功能，是深受民众喜爱，栽培广泛的食、药兼用食用菌。

野外环境中，银耳多生长在阔叶树朽木倒桩上，是一种木材腐生菌。银耳菌丝几乎没有分解纤维素的能力，在其生长过程中必须和香灰菌伴生，通过吸收香灰菌菌丝分解木材产生的中间产物进行营养生长和生殖生长，才能完成整个生活史。人工培育的银耳菌种是指生长在适宜基质上具有结实性的银耳菌丝和香灰菌丝的混合培养物，也就是说，目前栽培使用的银耳菌种(真实性)是同时含有银耳菌丝和香灰菌菌丝的菌种，是一种混合菌种。

根据《银耳菌种质量检验规程》(GB/T 35880—2018)和相关标准，银耳菌种的级别分为母种(一级种)、原种(二级种)、栽培种(三级种)三个级别。银耳母种(一级种)是指经混合培养或基内分离得到的具有结实性的银耳菌丝和香灰菌丝的混合培养物。银耳原种(二级种)是指由银耳母种移植、繁殖的培养物。银耳栽培种(三级种)是指由银耳原种移植、繁殖的培养物。各级菌种的质量要求包括容器规格、感官要求、微生物学要求、活力要求、真实性要求等指标项目。银耳各级菌种质量指标要求应符合表 9-11 规定。

表 9-11　　银耳菌种的质量要求

<table>
<tr><th colspan="3">质量指标项目</th><th>母种(一级种)</th><th>原种(二级种)</th><th>栽培种(三级种)</th></tr>
<tr><td colspan="3">容器规格要求</td><td colspan="3">试管 18mm×180mm 或 20mm×200mm ；650～750mL，耐 126℃无色或近无色玻璃菌种瓶，或 850mL 耐 126℃食品接触用塑料菌种瓶，或 15cm×28cm 耐 126℃食品接触用聚丙烯塑料袋。栽培种还可使用≤17cm×35cm 耐 126℃食品接触用聚丙烯塑料袋</td></tr>
<tr><td rowspan="11">菌丝感官要求</td><td colspan="2">容器</td><td colspan="3">完整、无损</td></tr>
<tr><td colspan="2">棉塞或硅胶塞或无棉塑料盖</td><td colspan="3">干燥、洁净，松紧适度，能满足透气和滤菌要求</td></tr>
<tr><td colspan="2">接种量</td><td>直径 5～7mm 的银耳菌丝块和直径 2mm 的香灰菌丝块于菌种瓶培养基表面中央混合培养</td><td>每瓶母种接原种数：50～100 瓶(袋)；接种物大小：0.2～0.3g/瓶</td><td>每瓶原种接栽培种数：50～100 瓶(袋)；接种物大小：0.2～0.3g/瓶</td></tr>
<tr><td rowspan="7">菌种感观</td><td>菌丝体外观</td><td colspan="2">白毛团结实圆润，香灰菌丝爬壁呈羽毛状，子实体耳片整齐、无异状</td><td>培养基表面出现许多小而紧实圆润的白毛团，香灰菌丝生长健壮、分布均匀、呈羽毛状</td></tr>
<tr><td>分泌物</td><td colspan="2">分泌的黑色素均匀无杂色，原基表面分泌液清澈透明</td><td>分泌的黑色素均匀无杂色，白毛团周围有淡黄色水珠</td></tr>
<tr><td>培养基</td><td colspan="3">紧贴瓶(袋)壁，无干缩</td></tr>
<tr><td>杂菌</td><td colspan="3">无</td></tr>
<tr><td>拮抗现象</td><td colspan="3">无</td></tr>
<tr><td>虫(螨)体</td><td colspan="3">无</td></tr>
<tr><td>子实体原基</td><td colspan="3">耳片整齐、无异状</td></tr>
<tr><td colspan="2">气味</td><td colspan="3">有银耳菌种特有的香味，无酸、臭、霉等异味</td></tr>
</table>

续表　9-11

| 质量指标项目 | | 母种(一级种) | 原种(二级种) | 栽培种(三级种) |
|---|---|---|---|---|
| 微生物学要求 | 菌丝生长状态 | 银耳菌丝透明、分枝、有横隔和明显的锁状联合；香灰菌丝粗壮、羽毛状，分枝、锁状联合多而密，无其他异常现象 | | |
| | 锁状联合 | 有 | | |
| | 细菌和霉菌 | 无 | | |
| 活力要求 | 漆酶活力/(U/L) | ≥2.78 | ≥5.56 | ≥1.39 |
| 真实性要求 | ITS(内部转录间隔区)序列特征分析 | ITS 序列分析过程中，电泳结果应同时出现 535bp 和 910bp 两条片段；535bp 的片段序列与银耳的 ITS 序列相似性达 98%以上，910bp 的片段序列和香灰菌的 ITS 序列相似性达 99%以上 | | |
| | | 银耳菌种应同时含有银耳 ITS 标记和香灰菌 ITS 标记 | | |

## 59.茶树菇菌种的质量要求是什么？

茶树菇(*Agrocybe cylindracea*) 因最早驯化栽培的茶树菇野生种质来自茶树蔸部，故以茶树菇为名，别名和俗名有杨树菇、茶薪菇、柳松茸、柱状田头菇等，其中白色的茶树菇又称雪莲菇，属担子菌亚门，层菌纲，无隔担子菌亚纲，伞菌目，粪锈伞科，田蘑属。茶树菇属于木腐菌类，分布广泛。茶树菇含有 18 种氨基酸和多种维生素及矿物质元素，营养丰富，味道鲜美，香气浓郁，菌柄脆嫩，菌盖肥厚，鲜嫩可口，是目前栽培广泛的食用菌品种。按照子实体菌盖颜色不同，茶树菇品种分为褐色和乳白色两大类型。按照出菇温度不同，分为低温型(16～20℃)、中温型(22～26℃)、高温型(28～32℃)三大类型。

根据《茶树菇菌种》(DB 53/T 661—2014)，茶树菇菌种的级别分为母种(一级种)、原种(二级种)、栽培种(三级种)三个级别。各级菌种的质量要求包括容器规格、感官要求、微生物学要求、菌丝生长速度、母种栽培性状、产量性状等指标项目。茶树菇各级菌种质量指标应符合表 9-12 规定。

表 9-12　茶树菇菌种的质量要求

| 质量指标项目 | | 母种(一级种) | 原种(二级种) | 栽培种(三级种) |
|---|---|---|---|---|
| 容器规格要求 | | 试管 18mm×180mm 或 20mm×200mm | 650～750mL，耐 126℃无色或近无色玻璃菌种瓶，或 850mL 耐 126℃食品接触用塑料菌种瓶，或 15cm×28cm 耐 126℃食品接触用聚丙烯塑料袋。栽培种还可使用≤17cm×35cm 耐 126℃食品接触用聚丙烯塑料袋 | |
| 菌丝感官要求 | 容器 | 完整、无损 | | |
| | 棉塞或硅胶塞或无棉塑料盖 | 干燥、洁净，松紧适度，能满足透气和滤菌要求 | | |

续表 9-12

| 质量指标项目 | | | 母种(一级种) | 原种(二级种) | 栽培种(三级种) |
|---|---|---|---|---|---|
| 菌丝感官要求 | 培养基灌入量/培养基上表面距瓶(袋)口的距离 | | 培养基量为试管总容积的1/5～1/4 | 培养基上表面距瓶(袋)口 50mm±5mm | |
| | 培养基斜面长度 | | 顶端距棉塞 40～50mm | — | |
| | 接种量 | | 接种块大小：(3～5)mm×(3～5)mm | 每支母种接原种数：6～8 瓶(袋)，接种物大小：≥12mm×15mm | 每瓶(袋)原种接栽培种数：20～25 瓶(袋) |
| | 菌种外观 | 菌丝生长量 | 长满斜面 | 长满容器 | |
| | | 菌丝体特征 | 菌丝粗壮，白色或米白色，浓密，呈绒毛状，有锁状联合 | 洁白浓密、生长旺盛，无菌索，有锁状联合 | 洁白浓密，生长旺盛，有锁状联合 |
| | | 菌丝体表面/培养物表面菌丝体/不同部位菌丝体 | 菌丝体表面应均匀、平整、无角变 | 培养物表面菌丝体应生长均匀，无角变，无高温圈 | 不同部位菌丝体应生长均匀，无角变，无高温圈 |
| | | 培养基及菌丝体 | — | 紧贴瓶(袋)壁，无干缩 | |
| | | 菌丝分泌物/培养物表面分泌物 | 无 | 无 | 允许有少量无色或浅黄色水珠 |
| | | 菌落边缘 | 整齐 | — | |
| | | 杂菌菌落 | 无 | | |
| | | 菌丝自溶 | 无 | — | |
| | | 脱壁 | 无 | 无明显脱壁 | |
| | | 色素 | 无或有少量红褐色斑纹 | | |
| | | 拮抗现象 | — | 无 | |
| | | 子实体原基 | — | 无 | 允许少量，出现原基总量≤5% |
| | 斜面背面外观 | | 培养基不干缩，颜色均匀 | — | |
| | 气味 | | 有茶树菇菌种特有的香味，无酸、臭、霉等异味 | | |
| 微生物学要求 | 细菌 | | 无 | | |
| | 霉菌或杂菌 | | 无 | | |
| 活力要求 | 菌丝生长速度 | | 在 PDA 培养基上，在室温 23～25℃条件下暗培养，10～15d 长满斜面 | 在适宜培养基上，在室温 23～25℃条件下暗培养，菌丝长满容器应 30～40d | 在适宜培养基上，在室温 23～25℃条件下暗培养，菌丝长满容器应 30～40d |
| 种性要求 | 母种栽培性状 | | 供种单位所供母种需经出菇试验确证农艺性状和商品性状等种性合格后，方可扩繁或出售 | — | |
| | 产量性状 | | 生物学效率不低于 50% | — | |

## 60.什么是拮抗现象？

一种物质被另一种物质所阻抑的现象称为拮抗现象。在食用菌菌种生产过程中，拮抗现象是指具有不同遗传基因的菌落间产生不生长区带或形成不同形式线形边缘的现象，也称作颉颃现象。拮抗现象的发生是不同菌株共同生长时，各菌株基因组内异核体不亲和位点(het 位点)相互识别，不亲和时，不同菌株为保持自身群体遗传多样性，菌株间就会产生拮抗反应，在两菌株菌落交界处形成隆起、沟或隔离等表现特征，从而防止遗传上明显不同的个体间菌丝的融合，以保持个体遗传上的独立和稳定。在菌种科研生产与质量控制中，可根据拮抗反应的原理对菌种进行区别性鉴定。

## 61.什么是食用菌菌种区别性鉴定？

食用菌菌种区别性鉴定是利用拮抗反应的原理，将两个菌种接种在一起培养，通过观察是否发生拮抗反应判断两个菌种是否有区别的一种菌种鉴定方法，但该方法不能最终确定两个菌种是否为相同品种。

通过拮抗反应试验进行食用菌菌种区别性鉴定时，接种组合应为 3 组。第 1 组：供检菌种与对照菌种，各接种 1 个接种块；第 2 组：供检菌种与供检菌种，各接种 1 个接种块；第 3 组：对照菌种与对照菌种，各接种 1 个接种块。每组 3 个重复。分别进行对峙培养。

使用培养皿平板 PDA(马铃薯葡萄糖琼脂培养基)或者 CPDA(综合马铃薯葡萄糖琼脂培养基)。严格按照无菌操作，用 Φ5mm 打孔器分别打取活化后适龄菌种菌落边缘作接种块，两接种块间隔 30mm，分别置于距平板中心点 15mm 处，菌丝朝上。按照不同种类食用菌菌丝培养条件，在适宜培养温度(一般 22～28℃)下，通风、避光培养至接种块菌丝接触后，再在自然光下培养 5～7d，进行观察和判断。

在灯下或者自然光下，观察培养物表面两菌株菌落交界处菌丝是否呈现隆起型、沟型、隔离型反应。培养物表面菌丝有隆起型、沟型、隔离型三者之一的为有拮抗反应，供检菌种与对照菌种为不同品种；培养物表面菌丝未呈现隆起型、沟型、隔离型三者之一的为无拮抗反应，但不能确定为相同品种。

## 62.什么是角变？

角变是指因菌丝体局部变异或感染病毒而导致菌丝变细、生长缓慢、菌丝体表面特征成角状异常的现象。

## 63.什么是锁状联合？

锁状联合是指双核细胞形成分裂产生双核菌丝体的一种特有形式，常发生在菌丝顶端，开始时在细胞上产生突起，并向下弯曲，与下部细胞连接，有丝分裂完成后，形成的两个双核(异核)子细胞的隔膜处残留下一个明显的突起，形如锁状，称为锁状联合。大部分食用菌的双核菌丝顶端细胞上常发生锁状联合，如平菇、香菇、银耳、木耳、金针菇、灵芝等都以锁状联合方式生长。锁状联合是双核菌丝细胞分裂的一种特殊形式，也是菌种鉴别的主要指标之一。

## 64.什么是高温抑制线？

高温抑制线是食用菌菌种在生长过程中受高温的不良影响，培养物出现的圈状发黄、发暗或菌丝变稀弱的现象。

## 65.什么是生物学效率？

生物学效率(biological efficiency，BE)是指单位数量培养料的干物质与所培养产生出的子实体或菌丝体干重之间的比率。生物学效率(*BE*)的计算公式为：

$$BE=Ffw/Sdw\times 100\%$$

上式中，*BE*：生物学效率；*Ffw*：蘑菇子实体鲜重；*Sdw*：基质干重。

生物学效率(*BE*)是食用菌栽培生产中衡量基质转化和投入产出关系的指标。很多品种的鲜菇含水量差异很大，如木耳、银耳等胶质菌，因此测定时，应规定鲜菇的标准含水量，通过对样品含水量的测定，折算鲜菇重量，再进行生物学效率(*BE*)计算。

## 66.什么是菇潮？

菇潮也称为出菇潮次，是指在一定时间内子实体大量集中发生的现象，菇潮在一个生长周期内可间歇发生若干次。

# 主要参考文献


[1] 颜启传. 种子学[M]. 北京：中国农业出版社，2002.
[2] 陈火英，等. 种子种苗学[M]. 上海：上海交通大学出版社，2011.
[3] 巩振辉. 园艺植物种子学[M]. 北京：中国农业出版社，2010.
[4] 张万松，等. 中国种子标准化概论[M]. 北京：中国农业出版社，2015.
[5] 农业部产业政策与法规司. 农业法规全书（上下）[M]. 北京：法律出版社，2017.
[6] 刘旭. 中国生物种质资源科学报告[M]. 北京：科学出版社，2003.
[7] 农业部种子管理局，等. 农作物种子标准汇编[M]. 北京：中国农业出版社，2016.
[8] 赵山普. 北京市农作物种子管理教程（第二版）[M]. 北京：中国农业出版社，2017.
[9] 冯志琴，等. 种子加工技术问答[M]. 北京：中国农业科学技术出版社，2016.
[10] 付威，等. 种子加工原理与设备[M]. 北京：中国农业科学技术出版社，2017.
[11] 周志魁. 农作物种子经营知识问答[M]. 北京：中国农业出版社，2005.
[12] 胡晋. 种子检验学[M]. 北京：科学出版社，2015.
[13] 胡晋, 等. 种子检验技术[M]. 北京：中国农业大学出版社，2016.
[14] 荆宇, 等. 种子检验[M]. 北京：化学工业出版社，2011.
[15] 王新燕, 等. 种子质量检测技术[M]. 北京：中国农业大学出版社，2008.
[16] 国际种子检验协会（ISTA）. 国际种子检验规程[M]. 北京：中国农业出版社，1999.
[17] 农业部全国农作物种子质量监督检验测试中心. 农作物种子检验员考核读本[M]. 北京：中国工商出版社，2006.
[18] 中国农业科学蔬菜研究所. 中国蔬菜栽培学[M]. 北京：农业出版社，1987.
[19] 李树德. 中国主要蔬菜抗病育种进展[M]. 北京：科学出版社，1995.
[20] 张振贤. 蔬菜栽培学[M]. 北京：中国农业大学出版社，2003.
[21] 郭尚. 蔬菜良种繁育学[M]. 北京：中国农业科学技术出版社，2010.
[22] 范双喜. 特种蔬菜栽培学[M]. 北京：中国农业出版社，2014.
[23] 马凯. 园艺通论[M]. 北京：高等教育出版社，2001.
[24] 吴志行. 根菜类蔬菜栽培技术[M]. 上海：上海科学技术出版社，2001.
[25] 山东农业大学. 蔬菜栽培学各论[M]. 北京：中国农业出版社，1999.
[26] 叶茵. 中国蚕豆学[M]. 北京：中国农业出版社，2003.
[27] 赵德婉. 生姜高产栽培[M]. 北京：金盾出版社，2002.
[28] 龙兴桂. 现代中国果树栽培（落叶果树卷）[M]. 北京：中国林业出版社，2010.

[29] 赵宋方，等.果树生产问答[M].上海：上海科学技术出版社，1988.
[30] 孙云蔚，等.中国果树史与果树资源[M].上海：上海科技技术出版社，1983.
[31] 河北农业大学.果树栽培学总论[M].北京：农业出版社，1983.
[32] 曹若彬.果树病理学[M].北京：农业出版社，1993.
[33] 郭巧生.药用植物资源学（第 2 版）[M].北京：高等教育出版社，2017.
[34] 卢宝伟.药用植物种苗繁育概论[M].青岛：中国海洋大学出版社，2019.
[35] 张丽萍，等.181 种药用植物繁殖技术[M].北京：中国农业出版社，2004.
[36] 马微微，等.药用植物规范种植[M].北京：化学工业出版社，2011.
[37] 黄璐琦.中国中药种子原色图典[M].福州：福建科学技术出版社，2019.
[38] 国家药典委员会.中华人民共和国药典 2020 年版一部[M].北京：中国医药科技出版社，2020.
[39] 李林玉，等.黄草乌种子生物学特性研究[J].中药材，2020，43（5）：1067-1070.
[40] 韩春艳，等.三七种子质量分级标准的研究[J].种子，2014，33（4）：116-121.
[41] 李恒，等.我国重楼种植业发展之路[J].云南林业，2010，22（8）：50-52.
[42] 李国庆，等.云木香种子生物学特性研究[J].江西农业学报，2015，3：28-31.
[43] 王明辉.云南天然药物图鉴[M].昆明：云南科技出版社，2008.
[44] 胡滇碧.中草药实用栽培技术[M].昆明：云南大学出版社，2015.
[45] 韩黎明，等.马铃薯质量检测技术[M].武汉：武汉大学出版社，2015.
[46] 刘玲玲.马铃薯种薯繁育技术[M].武汉：武汉大学出版社，2015.
[47] 原霁虹，等.马铃薯生产技术[M].武汉：武汉大学出版社，2015.
[48] 黑龙江省农业科学院马铃薯研究所.中国马铃薯栽培学[M].北京：中国农业出版社，1994.
[49] 全国农业技术推广服务中心，等.蔬菜集约化育苗技术操作规程汇编[M].北京：中国农业科学技术出版社，2014.
[50] 韦凤杰，等.烟草工程化育苗理论与技术[M].北京：中国农业出版社，2016.
[51] 吴少华，等.花卉种苗学[M].北京：中国林业出版社，2017.
[52] 张长青.园艺植物育苗原理与技术[M].上海：上海交通大学出版社，2012.
[53] 张国君，等.园林种苗繁殖与经营管理[M].北京：科学出版社，2018.
[54] 李洪忠，等.园艺植物种苗工厂化生产[M].北京：化学工业出版社，2019.
[55] 喻方圆，等.林木种苗质量检验技术[M].北京：中国林业出版社，2008.
[56] 吕作舟.食用菌引种与制种技术指导（南方本）[M].北京：金盾出版社，2010.
[57] 夏志兰.食用菌菌种生产与检验技术[M].长沙：湖南科学技术出版社，2012.
[58] 张胜友.食用菌菌种生产技术[M].北京：中国科学技术出版社，2017.
[59] 张金霞.中国食用菌菌种学[M].北京：中国农业出版社，2011.
[60] http://www.iplant.cn/